题 记

义不容辞，二十年如一日，风声雨声磋商声，声声入耳
道之所在，千万人吾往矣，家事国事天下事，事事关心①

---

① 此联是作者为 2016 年马拉喀什气候大会中国谈判代
表团所撰，大会期间在代表团办公室门口张贴。上联写代表
团为完成国际谈判的历史使命，二十余年风雨无阻；下联写
气候变化既是家事国事，又是天下事，积极应对全球气候变
化，是大势所趋、道义所在，应勇往直前。

道生太极：

中美气候变化战略比较

A WORLD OF TAIJI:

COMPARATIVE STUDY
OF CLIMATE CHANGE STRATEGY BETWEEN CHINA
AND THE UNITED STATES

田成川 等 著

人民出版社

序　一

科学研究表明，气候变化已是不争的事实，温度升高、海平面上升、极端气候事件频发，给世界各国带来了严峻而紧迫的挑战。积极应对全球气候变化，加快推动绿色低碳发展，成为世界各国实现可持续发展不可阻挡的潮流。

2015年底达成的《巴黎协定》，为2020年后全球应对气候变化行动做出了安排，标志着以广泛参与、各尽所能、务实有效、合作共赢为特征的全球气候治理体系正在逐步形成，也为全球绿色低碳发展指明了方向。从2015年12月12日巴黎气候大会通过、2016年4月22日175个国家齐聚联合国纽约总部签署协定，到11月4日协定正式生效，《巴黎协定》以国际协定历史上罕见的高效率走完了全部法律程序。在整个过程中，中美两国的有效沟通和合作，特别是两国元首的政治推动，发挥了至关重要的作用。正如时任联合国秘书长潘基文多次评价的，中国为《巴黎协定》的达成、巴黎气候大会的成功做出了历史性的贡献、基础的贡献、重要的贡献、关键的贡献！

中美两国作为世界上两个最大的经济体，其气候战略和政策一直备受国际社会的关注。中国作为负责任的发展中大国，不仅将应对气候变化作为应尽的国际义务，更作为实现自身可持续发展的内在要求和推进生态文明建设的重要途径。通过节能提高能效、调整产业结构、发展可再生能源、加强生态建设等一系列强有力的政策措施，超额完成了"十二五"期间应对气候变化各项目标任务。在中国提出的国家自主贡献文件中，中国已经明确到2030年左右二氧化碳排放达到峰值并尽早达峰、单位国内生产总值二氧化碳排放比 2005 年下降 60%—65%、非化石能源占一次能源消费比重达到 20% 左右、森林蓄积量比 2005 年增加 45 亿立方米左右等一系列行动目标。初步形成了推动低碳发展的倒逼态势，中国推进低碳发展和应对气候变化的政策体系、管理体系、治理机制不断完善，能力建设不断增强，基本形成了具有中国特色的绿色低碳发展战略框架。美国气候政策深受政党政治的影响，从克林顿政府到小布什政府、再到奥巴马政府，直到现在的特朗普政府，美国联邦政府的气候变化政策几经波折，其中奥巴马政府从第一个任期开始，就表现出对气候变化议题的高度关注，出台了一系列行动目标和政策措施，形成了美国气候变化战略的初步框架，并试图将气候变化问题打造成重要的政治遗产，但其政策行动因国内政治和认知的原因而无法有效实施，特朗普政府上台后，美国气候政策仍未明朗，但行动停滞已成事实。与此同时，美国地方层面的气候政策基本稳定。需要指出的是，凭借页岩气革命等举措，近年来美国碳排放实现了较大幅度下降，随着美国气候政策的调整，这种态势能否维持，需要进一步观察。

总之，研究、观察、比较中美两国的气候政策，对全球应对气候变化进程来说，是一个非常重要的研究课题。本书应该说在这方面进行了一个非常重要、具有开拓性的尝试，书中确立的研究思路、研究方法，特别是从中美两国体制机制、发展阶段、资源禀赋等各层面分析其气候战略的研究视角，相信对广大应对气候变化问题研究者和实际工作者，都具有很强的启发性和借鉴价值。

在此向广大读者热诚推荐这部气候变化领域令人耳目一新的研究著作。

是为序。

中国气候变化事务特别代表、
原国家发展改革委副主任

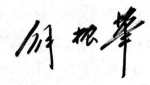

序 二

　　工业革命以来，世界各国的经济活动，特别是化石能源的大量使用，严重破坏了人与自然之间的关系，带来了资源短缺、环境污染、气候变化、生态失衡等一系列生态环境问题。积极应对气候变化，加快推进低碳发展，是人类可持续发展面临的战略选择。低碳发展是一种以低能耗、低污染、低排放为特征的可持续发展模式。低碳发展是"低碳"和"发展"的有机结合，重点是通过创新经济发展模式，一方面要降低二氧化碳排放，另一方面要实现经济社会发展，提高经济效益和竞争力。低碳发展的本质是发展模式的转型，国内外经验都已表明，实现低碳发展必须完成增长方式的低碳转型、能源系统的低碳转型、消费模式的低碳转型，实现上述三个转型，需要技术创新、体制创新、机制创新。增长转型就是要改变产业发展方式，靠技术进步和创新驱动产业增长，促进传统产业的低碳转型，大力发展新型的绿色低碳经济，逐步实现经济增长和碳排放的脱钩。能源转型就是要实施能源生产和消费革命，构建以清洁、低碳为特征的能源供应体系，合理控制能源需求总量，大幅提升能源利用效率和管理水平，逐步实现能源增长和碳排放的脱钩。消费转型就是要转变人类生活和消费方式，在满足合理消费需求和提升生活品质的同时，通过广泛的宣传教育和积极的政策引导，形成绿色、低碳、节约的消费理念和生活消费方式，逐步实现消费增长和碳排放的脱钩。2015 年的联合国气候大会达成了《巴黎协定》，确定了全球绿色低碳转型的目标和前进方向，世界各国都必须加快低碳转型，才能实现全球应对气候变化和可持续发展的目标任务。

　　当前，我国发展中不平衡、不协调、不可持续问题依然突出，实现全面建成小康社会和现代化目标，必须坚定不移地走绿色发展、循环发展、低碳发展的道路。尽管我国还是一个发展中国家，人均国内生产总值刚刚超过 8000 美元，但我国已是全球碳排放最大的国家，在全球气候变化谈判中成为各方关注的焦点。低碳发展关系人民福祉、关乎民族未来，是推进生态文明建设的基本途径，也是加快转变经济发展方式、调整经济结构、推进新的产业革命的重大机遇。我国一方面需要积极参与构建新的全球气候治理体制，争取比较宽松的碳排放空间，另一方面更加需要提高碳生产力，强化碳排放目标约束，从强度控制转向总量控制，尽早实现二氧化碳排放峰值，利用有限的碳排放空间实现我国经济社会可持续发展的各项目标。

本书作者长期从事应对气候变化战略和政策制定工作，是全球气候治理进程的亲历者和中国气候政策的参与者。本书作为对中美气候战略和政策进行追根溯源、梳理比较的开创性著作，是一项很有学术价值和实践参考价值的研究成果。书中首次对中美气候战略框架、重点行业气候政策、地方气候政策、碳市场政策进行了梳理，并从发展阶段、资源禀赋、国家体制、政策工具等多种视角对中美气候政策进行了比较，本书确定的研究框架和研究视角具有开创性，资料翔实，内容丰富，相信对读者深入了解中美两国的气候战略和政策，乃至全球应对气候变化进程，都具有重要的参考价值。特别是美国作为最大的发达国家，其气候政策几经波折，对全球应对气候变化进程来说，是一个重大的不确定因素，从这个角度来看，本书对美国气候政策制定过程、战略考量的深入挖掘和评论，具有突出的研究价值。相信读者能从中得到收获和启发。

北京大学社会科学学部主任、
全国政协常委

前　言

　　一部人类文明史几乎就是一部地球气候变迁史！如果不是1万多年前第四纪冰期结束，数十万年来一直靠狩猎采集为生的人类祖先就没有机会发展出大规模的农业耕作系统，人类也就不可能实现在农业文明基础上的文明积累和进步。而中世纪暖期导致欧洲人口大量增加，随着暖期结束、粮食减产导致的人口、资源紧张状况加剧，或许是欧洲人冒险出海、开辟大航海时代的重要外在推手，从而为人类第一次工业革命拉开了序幕。工业革命结束了上万年来人类靠天吃饭、仰赖自然恩惠滋生繁衍的被动境地，首次使人类获得了大规模改造自然的能力，在开创史无前例的工业文明的同时，也将人类自身推向了不可预知而又难以驾驭的未来。

　　气候变化便是其中一个颇具代表性的历史课题！早在1896年，科学家就意识到，大气中温室气体的增加将产生温室效应，导致全球变暖，并初步估算，大气中二氧化碳浓度加倍将导致全球平均气温上升5℃至6℃。正是由于工业革命以来，人类大规模使用煤炭、石油、天然气等化石能源，以及大规模的毁林拓荒，排放大量的温室气体，导致了首次由人类活动影响占主导的全球气候变化问题。据测算，1750年至2011年，全球人为累积二氧化碳排放量为2万亿吨，其中30%被海洋吸收，30%被自然陆地生态系统吸收，剩余40%仍留存在大气中。根据最新监测，2015年大气中温室气体浓度已超过400ppm[①]，达到了800万年来前所未有的水平。1990年成立的政府间气候变化专门委员会发布的系列评估报告，也逐渐确认了全

---

　　① ppm为浓度单位，1ppm表示百万分之一。

球气候变化的事实。根据其最新发布的第五次评估报告，自 1950 年以来，已观测到整个气候系统数十年来乃至数千年所未有的很多变化。1880 年至 2012 年，全球表面平均温升达到 0.85℃，如果不采取更多的减排措施，到 2100 年，全球平均气温将比工业革命前高 3.7℃ 至 4.8℃。人类活动对气候变化的影响已经很清晰，并且有 95% 的把握认为人类活动是造成当今气候变化的主要原因。气候变化将对全球生态系统和经济社会发展造成严重威胁，包括海平面上升威胁、极端气候事件频发、旱涝灾害增加、生态系统功能减退，以及疾病流行和其他健康风险，等等。①

全球气候变化，凸显了以化石燃料使用为基础的现代工业文明的不可持续性。现代工业文明的主要特征，是以科技进步为基本动力的经济增长机制和以消费主义为核心的市场经济体系，其直接后果是经济规模和人口规模的不断扩张。在这一经济发展模式中，人类以前所未有的速度和方式大规模开发和利用自然资源，从而使自然成为"人化的自然"，同时也在日益破坏包括人类自身在内的地球自然生态系统长久以来的内在平衡，使地球资源面临加速耗竭的压力，生态破坏、环境污染和气候变化等环境问题日趋严重。特别是气候变化问题的产生，打破了传统环境问题所具有的地域性特征，凸显了全球环境的整体性和全球治理的紧迫性，也展现了人类命运共同体的客观现实性。不断加剧的资源环境危机，警示人类必须深刻反思物质主义的发展观、征服自然的环境观和人类中心主义的世界观，寻找人与自然更能和谐相处的可持续发展方式。

面对全球气候变化的严峻形势，国际社会一直在努力寻求合作应对之道，并且通过持续谈判达成了一系列国际协议，各国也采取了多层面应对气候变化的行动。但由于气候变化是一个具有全球外部性和跨代外部性的复杂问题，全球气候治理体系的建立成为一个异常复杂曲折并不断考验人类智慧的过程。首先，由于气候系统的复杂性，同时受制于气候变化监测方法、机理认识等方面的局限，科学确定气候变化的温升目标及其相应的

---

① 详见 2013 年发布的政府间气候变化专门委员会第五次评估报告。

排放空间，判断未来变化趋势，具有极大的不确定性，国际社会只能以"政治共识"及持续性的风险评估来设定应对气候变化的长期目标。其次，各国及代际责任分担和利益分配问题是全球气候治理中各国博弈的焦点。导致当今全球气候变化的主要因素是发达国家自工业革命以来累积排放的温室气体，发展中国家累积排放少，同时由于发展水平低、应对能力弱，更易遭受气候变化的"损失与损害"。在全球气候治理体系中，如何体现历史责任和公平原则，剩余排放空间分配中如何向发展中国家倾斜，优先满足这些国家发展的基本需求，以及如何解决应对气候变化成本和收益的代际公平与分配问题，是气候变化国际谈判需要解决的基本问题。再次，如何解决更有效地利用全球排放空间问题也是关系全球气候治理的基本问题。从一定意义上说，排放权就是发展权，仅占世界人口20%左右的发达国家实现工业化，已导致了全球变暖问题，广大发展中国家在发展经济、消除贫困，实现工业化、现代化过程中，也必然需要相应的排放空间和发展空间。但在气候变化加剧和全球碳约束趋紧的情况下，发达国家需要率先大幅减排，发展中国家公众也不可能再以一种"我死后，哪管洪水滔天"的态度推进工业化和现代化，而是必须从全人类的根本利益出发，积极创新发展模式，以更为低碳的方式实现发展目标。如何实现发展与低碳的平衡，既不因发展而过多排碳，又不因低碳而阻碍发展，是各国面临的紧迫课题。

围绕这些艰巨而复杂的难题，国际社会已经进行了二十多年的艰苦谈判，推动并形成了积极应对气候变化的国际共识，并初步构建了全球气候治理体系。1992年6月在巴西里约热内卢举行的联合国环境与发展大会，通过了《联合国气候变化框架公约》（以下简称《公约》），确立了国际合作应对气候变化的基本法律框架，以及公平原则、共同但有区别的责任原则和基于各自能力的原则。1997年在日本京都举行的《公约》第三次缔约方大会，通过了具有法律约束力的《京都议定书》，为发达国家设立了2008年至2012年第一承诺期强制减排温室气体的目标。2007年在印度尼西亚巴厘岛举行的《公约》第十三次缔约方会议，达成了进一步确认"双轨"谈判进程的"巴厘路线图"，要求在 2009 年的《公约》第十五次缔约方会议上通过 2012 年至 2020 年的全球减排协议。2009 年的丹麦哥本哈根气候大会虽万众瞩目，但未能完成既定谈判任务，导致巴厘路线图授权的谈判进程延期。2011 年南非德班气候大会决议就实施《京都议定书》第二承诺期和启动绿色气候基金达成一致，并启动了 2020 年后全球应对气候变化框架的"德班平台"谈判。2015 年 12 月，《联合国气候变化框架公约》第二十一次缔约方会议最终达成了《巴黎协定》，为 2020 年后全球应对气候变化行动作出安排，开启了人类绿色低碳发展的新进程，并且标志着全球气候治理进入了以国家自主贡献为主要模式的新阶段。

在全球气候治理体系构建过程中，中美无疑是成败攸关的关键角色。美国和中国分别是最大的发达国家和发展中国家，也是当前温室气体排放量最大的两个国家，在全球应对气候变化进程中肩负着重要使命。但美、中两国在全球应对气候变化中的历史责任、现实国情和各自能力又有着巨大的不同。美国作为全球第一大经济体已经持续 100 多年，2015 年美国人均国内生产总值高达 5.58 万美元，作为世界第一温室气体排放大国的历史也维持了 100 多年，亦是历史累计排放最多的国家，尽管目前其年度排放退居为第二大国，但人均二氧化碳排放高达 16.6 吨，远高于世界平均水平。中国作为最大的发展中国家，尽管经济总量已跃居全球第二、温室气体排放总量成为第一大国，但 2015 年人均国内生产总值排名仅位列全球第 76 名，人均碳排放量仅相当于美国的三分之一，人均历史累积排放更少，中国并非当前全球气候变化的主要责任者，但未来责任将逐渐加大。在全球气候治理的格局中，以美国为首的发达国家应该承担历史责任，率先大幅减排，为发展中国家发展留出适度空间，并在资金和技术方面，协助发展中国家提高应对气候变化能力。而中国作为发展中国家，尚未完成工业化、城镇化的历史任务，以新的贫困标准衡量仍有 5 000 万人尚待脱贫。现阶段中国不应承担绝对量减排的强制减排义务，但为了全人类的共同利益和子孙后代的幸福，中国已不可能重复发达国家高碳排放的工业化老路，而必须加快发展模式创新，探索出一条新的绿色低碳发展道路，在实现自身可持续发展的同时，也为其他发展中国家提供经验、做出榜样。

从 20 多年的气候变化国际谈判历程看，美国一直力图在谈判中发挥主导作用，甚至国际谈判的机制和方向有时也不得不随着美国国内政策因素而调整。例如，由于美国拒绝核准《京都议定书》，"巴厘路线图"谈判不得不单设公约下一轨以重点解决美国 2020 年前的减排问题，而《巴黎协定》最终以国家自主贡献这种"自下而上"的减排模式和协定形式出台，很大程度上也反映了谈判者们对美国国内批约程序的考量。中国在气候变化国际谈判中的角色定位，随着中国在世界经济中地位的不断上升而日渐吃重，在国际谈判中也渐次从一个"跟随者"上升为"主力军"，进而成为"游戏的主要玩家"。中美在气候谈判中分属发展中国家和发达国家两大阵营，代表着两种声音、两种利益，但在人类的共同利益面前，发达国家和发展中国家必须找到妥协之道、合作之道、共赢之道，才能解决全球气候治理的世纪难题。中美在全球应对气候变化历史进程中的关系，就如同中国传统文化中的太极图一样，是各据一方、相互对立又相互依存的关系，又是你中有我、我中有你的关系。中美合作推动全球气候治理进程，发轫于哥本哈根，虽功败垂成，但已规模初具，而两国合力促成《巴黎协定》，居功至伟，必将泽被后世。特别是中美元首接连发表三个气候变化联合声明，为德班平台谈判注入了巨大的政治推动力，成为《巴黎协定》最终达成和生效的关键因素。

笔者自 2010 年从事应对气候变化工作以来，先后组织编制了《"十二五"控制温室气体排放工作方案》《国家应对气候变化规划（2014—2020年）》《强化应当气候变化行动——中国国家自主贡献》《"十三五"控制温室气体排放工作方案》、中国低碳发展宏观战略等一系列战略规划和政策文件，并推动开展了低碳城市、低碳城（镇）、低碳工业园区、低碳社区、气候适应型城市等系列试点工作，在顶层设计和实践探索过程中，我更加深刻地体会到，中国的气候战略必须从国情出发，探索适合中国实际和发展阶段的绿色低碳发展政策体系，并与经济社会发展战略深度融合，以此方可实现发展转型和应对气候变化的双重历史任务。2015 年 8 月至

2016 年 3 月，我到美国哈佛大学肯尼迪政府学院访学交流，期间与美国气候变化领域各界人士进行了广泛沟通，也亲历了美国政府和司法部门围绕时任美国总统奥巴马的《清洁电力计划》所展开的跌宕起伏的博弈过程。随着了解的加深，令我有些意外的是，相比气候政策在美国联邦层面的举步维艰，气候变化问题在美国大学和研究机构中绝对已成为一个主流和热门话题，并且深入到各个学科领域；而与联邦政府在气候变化方面"雷声大、雨点小"相比，不少地方政府在气候变化方面反倒开展得有声有色。将中美气候战略和政策放在一起，对比之下更能凸显气候政策在不同经济社会条件下的可能性和有效性，由此我萌生了就中美气候战略进行比较研究的想法，并组织气候变化政策研究领域的几位哈佛访问学者和国内年轻学者共同参与这一写作计划。全书框架提纲、各章写作思路由田成川博士拟定，并负责各章初稿完成后的统稿工作，各章具体参加写作的人员包括：第一章：田成川、第二章：柴麒敏、田成川；第三章：田成川、谭显春；第四章：田成川、徐庭娅；第五章：王溥、田成川；第六章：田成川；第七章：田成川、柴麒敏、毕欣欣。

本书在写作过程中，得到了国家发展改革委张勇副主任、中国气候变化事务特别代表解振华等领导同志和北京大学社会科学学部主任厉以宁教授的大力支持和指导，在此表示诚挚的谢意。美国环保协会北京办公室等机构为本书写作提供了协助，吕斌、熊小平、张志强、胡敏、陈灵燕、顾佰和、王颖、曾元、赖海平等同志协助进行了资料搜集工作，在此一并表示感谢。

限于作者水平，书稿完成时间较短，书中仍有不少遗憾，缺点和错误在所难免，敬请读者指正。

田成川　　二〇一七年三月于北京

目　录

第一章 中国气候政策进展和战略框架

中国是最大的发展中国家，也是世界上最易受气候变化不利影响的国家之一。多年来，中国高度重视气候变化问题，基于国情和实际，将气候政策融入经济社会发展战略，并根据发展阶段的变化有针对性地调整气候政策目标、力度和着力点，形成符合中国实际的气候战略框架和政策体系，实现经济社会发展和应对气候变化双赢、对中华民族负责和对人类命运负责的有机统一。

第一节 中国气候变化政策进展

一、中国温室气体排放总体态势

温室气体排放主要来自能源领域，特别是化石能源消费，而能源增长与经济社会发展趋势密切相关。改革开放以来，中国经济发展取得了举世瞩目的巨大成绩，国内生产总值由 1978 年的 3 678.7 亿元增长到 2015 年的 64.4 万亿元，增长了 174 倍，年均增速高达 9.7%，已成为全球第二大经济体，人均国内生产总值由 155.2 美元增长到 7 924.7 美元，近 7 亿人摆脱了极端贫困状态。1978 年以来中国经济增长情况如图 1-1 所示。

工业化和城镇化取得了重大进展，产业结构不断优化，1978 年三次产业比重为 27.7：47.7：24.6，2005 年转变为 11.6：47：41.3，2015 年进一步优化为 9：40.5：50.5。中国已成为全球制造业第一大国，在 500 余种主要工业产品中，有 220 多种产量位居世界第一。城镇化水平显著提升，城镇人口由 1978 年的 1.7 亿人增加到 2015 年的 7.7 亿人，常住人口城镇化率由 17.9% 提高到 56.1%，实现了从农业文明向工业文明、乡土社会向城市社会的重大转变。

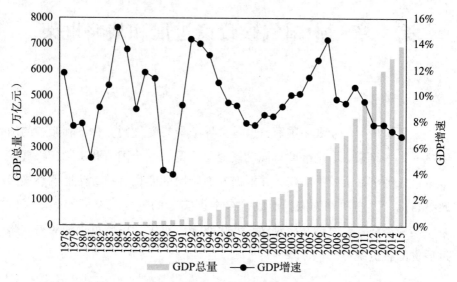

图 1-1　1978—2015 年中国国内生产总值及年度增速

数据来源：国家统计局。

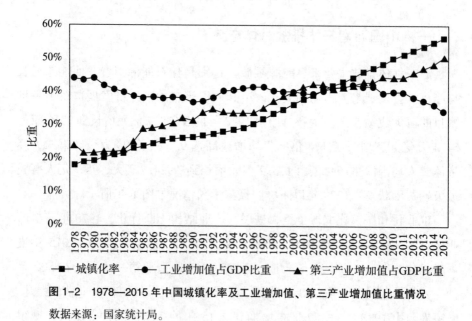

图 1-2　1978—2015 年中国城镇化率及工业增加值、第三产业增加值比重情况

数据来源：国家统计局。

随着中国经济持续快速发展，工业化、城镇化进程不断推进，能源消费总量不断走高。1978 年，中国能源消费总量为 5.7 亿吨标准煤，2000 年达到 14.7 亿吨标准煤，2005 年达到 26.1 亿吨标准煤，2015 年达到 43 亿吨标准煤。从结构上看，煤炭是中国能源消费的主力，占能源消费的比重一直保持在 70% 左右，1980 年为 72.2%，2006 年达到 72.4%，2015 年比重降低为 64%。石油消费比重基本保持稳定，天然气消费比重近年有所上升，从 1980 年的 3.1% 上升到 2015 年的 5.83%。图 1-3 为一次能源消费总量增长和煤炭消费比重变化情况。

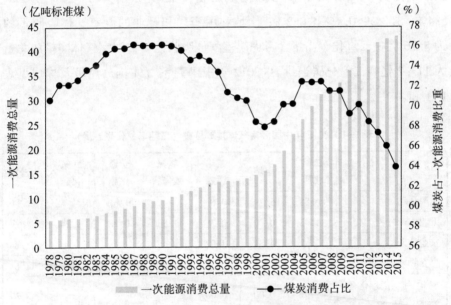

图 1-3　中国一次能源消费总量增长及煤炭消费比重变化情况

数据来源：国家统计局。

由于能源消费总量快速增长和以煤为主的能源结构，中国温室气体排放持续攀升。根据中国温室气体排放清单数据，1994 年中国温室气体排放总量（不包括土地利用变化和林业）约为 40.57 亿吨二氧化碳当量，土地利用变化和林业领域的温室气体吸收汇约为 4.07 亿吨二氧化碳当量。考虑温室气体吸收汇后，1994 年中国温室气体净排放总量约为 36.5 亿吨二氧化碳当量，其中二氧化碳、甲烷和氧化亚氮所占比重分别为 73.1%、19.7% 和 7.2%。2005 年中国温室气体排放总量（不包括土地利用变化和林业）约为 74.67 亿吨二氧化碳当量，土地利用变化和林业领域的温室气体吸收汇约为 4.21 亿吨二氧化碳当量。考虑温室气体吸收汇后，2005 年中国温室气体净排放总量约为 70.46 亿吨二氧化碳当量，其中二氧化碳、甲烷、氧化亚氮和含氟气体所占比重分别为 78.8%、13.3%、5.6% 和 2.3%。2012 年中国温室气体排放总量（不包括土地利用变化和林业）为 118.96 亿吨二氧化碳当量（表 1-1），其中二氧化碳、甲烷、氧化亚氮、氢氟碳化物、全氟化碳和六氟化硫所占的比重分别为 83.2%、9.9%、5.4%、1.3%、0.1% 和 0.2%；土地利用变化和林业的温室气体吸收汇约为 5.76 亿吨二氧化碳当量，考虑温室气体吸收汇后，温室气体净排放总量为 113.2 亿吨二氧化碳当量。① 2012 年中国温室气体排放总量及构成见表 1-1 和表 1-2。

表 1-1　2012 年中国温室气体排放总量（亿吨二氧化碳当量）

	二氧化碳	甲烷	氧化亚氮	氢氟碳化物	全氟化碳	六氟化硫	合计
能源活动	86.88	5.79	0.69				93.37
工业生产过程	11.93	0.00	0.79	1.54	0.12	0.24	14.63
农业活动		4.81	4.57				9.38
废弃物处理	0.12	1.14	0.33				1.58
土地利用变化和林业	-5.76	0.00	0.00				-5.76
总量（不包括土地利用变化和林业）	98.93	11.74	6.38	1.54	0.12	0.24	118.96
总量（包括土地利用变化和林业）	93.17	11.74	6.38	1.54	0.12	0.24	113.20

注：①阴影部分不需填写；0.00 表示计算结果小于 0.005；由于四舍五入的原因，表中各分项和与总计可能有微小的出入。②全球增温潜势值采用《IPCC 第二次评估报告》中 100 年时间尺度下的数值。

---

① 数据引自《中华人民共和国气候变化第一次两年更新报告》。

表 1-2 2012 年中国温室气体排放构成

温室气体	不包括土地利用变化和林业		包括土地利用变化和林业	
	二氧化碳当量（亿吨）	比重（%）	二氧化碳当量（亿吨）	比重（%）
二氧化碳	98.93	83.2	93.17	82.3
甲烷	11.74	9.9	11.74	10.4
氧化亚氮	6.38	5.4	6.38	5.6
含氟气体	1.91	1.6	1.91	1.7
合计	118.96		113.20	

注：由于四舍五入的原因，表中各项比重之和可能不足或高于 100%。

能源活动是中国温室气体排放的主要来源，2012 年中国能源活动排放量占温室气体总排放量（不包括土地利用变化和林业）的 78.5%，工业生产过程、农业活动和废弃物处理的温室气体排放量所占比重分别为12.3%、7.9% 和 1.3%，如图 1-4 所示。

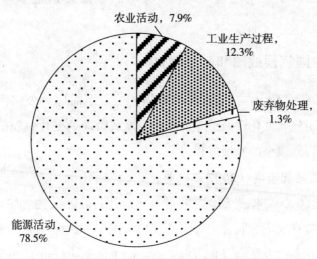

图 1-4 2012 年中国温室气体排放部门构成

数据来源：《中华人民共和国气候变化第一次两年更新报告》。

自 2007 年起，中国已超越美国成为全球温室气体排放第一大国，根据国际能源署数据，2013 年中国占全球能源消费二氧化碳排放总量的比重达28%。从人均碳排放看，1990 年中国人均碳排放为 2.2 吨，2005 年为 4.4

吨，2010 年为 6.6 吨，2013 年达 7.6 吨①，已超过世界平均水平。

从发展趋势看，近年来中国经济增速放缓、发展方式和能源结构加速转型，能源消费总量和碳排放增速已大幅放缓。2000 年至 2005 年，中国能源消费总量和碳排放年均增长为 12.2% 和 12.4%，2006 年至 2010 年为 5.9% 和 5.2%，2011 年至 2014 年进一步降低为 3.2% 和 1.9%。未来中国要在 2050 年初步实现现代化，城镇化率还将进一步提高，能源消费和碳排放总量在一定时期内还将继续增加，但由于中国经济发展已从追求总量扩张到追求质量提升阶段转变，能源结构不断优化，碳排放增速将进一步减缓，并将在 2030 年左右达到峰值。从全球累计排放看，中国 1991 年以来的累计排放虽显著增加，但截止到 2015 年，美国自 1870 年以来的累计排放量仍占全球 26%，欧盟 28 国占 23%，中国只占 13%。从人均累计排放量看，中国 1751—2030 年间人均累计排放将达到 200 吨二氧化碳，美国超过 1 200 吨，而欧盟则超过 770 吨，美国和欧盟分别是中国的 6 倍和 3.9 倍。

二、中国气候战略和政策演化

自 1992 年《联合国气候变化框架公约》（以下简称《公约》）签署以来，中国应对气候变化政策随着经济社会发展阶段的变化，经历了一个从起步、突破再到成型的发展过程。

（一）战略起步期（2007 年以前）

20 世纪 80 年代末，气候变化问题开始受到国际关注。1988 年 9 月，全球变暖问题首次成为联合国大会的议题。同年，作为一个科学机构，政府间气候变化专门委员会（Intergovernmental Panel on Climate Change，简称 IPCC）正式成立，负责评审和评估全世界产生的有关认知气候变化方面的最新科学技术和社会经济文献，并于 1990 年发布第一份评估报告，为后续全球应对气候变化奠定了基础。1990 年 12 月，联合国批准就气候变化公

---

① 数据来源：世界银行网站，包括化石燃料燃烧和水泥生产过程排放。

约问题开展谈判，并设立了气候变化框架公约政府间谈判委员会，从而拉开了气候变化国际谈判序幕。

中国从 1990 年开始，高度重视并全程参与了气候变化国际谈判。作为发展中国家，坚持维护发展中国家的根本利益，与"77 国集团"加强立场协调，形成"77 国集团+中国"阵营，用同一个声音说话，促成在《公约》中明确了"共同但有区别的责任"原则，为 1992 年巴西里约热内卢联合国环境与发展大会上《公约》的达成发挥了重要作用，并成为最早批准《公约》的十个国家之一。1994 年 3 月 21 日《公约》正式生效后，中国积极参与缔约方谈判，在谈判中，中国坚持维护《公约》确立的"共同但有区别的责任"原则，认为发达国家对气候变化问题负有不可推卸的历史责任，发达国家完成自身减缓温室气体排放义务和向发展中国家提供履约需要的资金和技术，是《公约》进程的第一步。中国作为发展中国家，压倒一切的首要任务是实现经济社会的发展，满足人民生活的基本需要，不承担减排温室气体的强制义务。尽管当时中国人均排放水平很低，但还是采取了节能、提高能效、植树造林、控制人口增长等措施，设法逐步减缓温室气体排放增长率。在"77 国集团+中国"等广大发展中国家积极推动下，1997 年日本京都第三次缔约方会议达成《京都议定书》，为发达国家规定了具有约束力温室气体减排目标和时间表，推动全球应对气候变化取得实质性进展。此后，围绕《京都议定书》生效和后续机制谈判，中国积极参与，坚持维护《公约》和议定书的权威性和完整性，为促进全球气候治理体系建设作出了积极贡献。

在国内政策方面，这一时期是中国加快经济发展，加速推进工业化、城镇化的关键时期，国内应对气候变化行动主要围绕支撑国际谈判、提高应对气候变化认识和能力、探索协同性减碳措施而展开。1990 年，中国在当时的国务院环境保护委员会下设立了国家气候变化协调小组，负责对气候变化的影响进行评估和对《联合国气候变化框架公约》谈判做出策略回应。1998 年，国务院成立了由国家发展计划委员会牵头的国家气候变化对策协调小组，并于 2003 年进行了调整，参与部门扩充至 15 个，专门负责应对气候变化的协调工作。这一机构的变革表明，中国将气候变化不只是作为环境问题来应对，而是看作关系到国家发展的宏观战略问题。在国内行动方面，加强气候变化的科学研究、积极参与"全球气候观测系统计划"，将气候变化纳入科技研发的重点领域，通过"863 计划"和"973 计划"等国家科技计划，加大资金投入；制定和修订了森林法、环境保护法等一系列与气候变化有关的法律法规；加快推进可持续发展，优化产业结构，提倡节能增效，加大对气候变化问题的宣传和教育力度，积极开展双边和多边多层次的国际合作。

（二）战略突破期（2007—2010 年）

2007 年，IPCC 发布了第四次评估报告，进一步促进了各国对气候变化问题认识的提升。2007 年 12 月，《公约》第十三次缔约方会议在印度尼西亚巴厘岛举行，经过艰苦谈判，达成了"巴厘路线图"，各方期望于2009 年底之前就《京都议定书》第一承诺期在 2012 年到期后全球应对气候变化的新安排达成协议，谈判自此进入议定书第二承诺期减排谈判和《公约》长期合作行动谈判并行的"双轨制"阶段。这一时期，由于中国经济实力上升并跃居碳排放第一大国，在谈判中日益成为各方关注的焦点。中国积极参与"巴厘路线图"谈判进程，在谈判中坚持《公约》和《议定书》双轨谈判机制，坚持"共同但有区别的责任"原则，要求发达国家必须率先大幅量化减排，切实完成第一承诺期减排目标并做出第二承诺期承诺，同时，向发展中国家提供资金和技术支持。中国作为发展中国家，不承诺总量减排，但做出了到 2020 年碳强度比 2005 年减少 40%—45%的国内自主减排行动承诺。

这一时期，正是中国全力应对国际金融危机不利影响、推动经济复苏的关键时期，但气候变化问题开始受到高度重视，在经济社会发展中的地位显著提升。2007 年 6 月，国务院成立了由国务院总理为组长、各有关部门参加的国家应对气候变化工作领导小组，负责研究制订国家应对气候变化的重大战略、方针和对策，统一部署应对气候变化工作等。2007 年 6 月18 日，国务院印发《中国应对气候变化国家方案》，这是中国第一部国家级应对气候变化综合性文件，也是发展中国家第一部国家方案。方案明确了中国到2010年应对气候变化的具体目标、基本原则、重点领域及其政策措施，标志着中国应对气候变化工作逐步趋于系统性和全面性。2008年，新组建后的国家发展和改革委员会设立了应对气候变化司，专门负责统筹协调和归口管理应对气候变化工作。在此基础上，应对气候变化工作全面展开。

总的来说，这一阶段，中国应对气候变化在重视程度、管理体系、能力建设、实践探索、国际合作等方面均有了质的提高，为应对气候变化战略的形成创造了重要条件。

（三）战略形成期（2011年至今）

2011年是"德班平台"谈判的开启之年，也是中国第十二个五年规划的起始之年，对中国气候变化战略的形成来说，具有标志性意义。这一时期，气候变化问题上升为关乎社会经济发展的重大议题，从完善顶层设计到全面推动目标落实，再到大力推进国际气候治理进程，积极应对气候变化成为中国转变经济发展方式、落实生态文明建设的重要抓手，总体战略架构逐步形成。

2011年在南非德班召开的《公约》第十七次缔约方会议，通过了"德班一揽子决议"，决定实施《京都议定书》第二承诺期并启动绿色气候基金，建立德班增强行动平台特设工作组，开启了"德班平台"谈判进程，旨在推动各国在2015年巴黎气候大会上达成一个适用于所有国家的新协议。这一时期，中国积极发挥负责任的大国作用，在气候变化国际治理中的角色日益突出，话语权明显增强，对推动气候变化国际谈判进程和最终达成《巴黎协定》发挥了至关重要的作用。广泛开展与各国的对话和合作，通过"南南合作"帮助发展中国家提供应对气候变化能力，在全球气候治理中逐步从"参与者"向"引领者"转变。中国积极负责任的态度得到了国际社会的广泛认可。

国内政策方面，2011年3月发布的国民经济和社会发展"十二五"规划纲要，首次将碳强度下降目标作为约束性指标纳入，并将应对气候变化单独成章，表明积极应对气候变化已成为国家战略的重要内容。为实现"十二五"低碳发展目标任务，国务院首次编制印发了《"十二五"控制温室气体排放工作方案》，对应对气候变化工作进行了全面部署。制定并实施《国家应对气候变化规划（2014—2020年）》和《国家适应气候变化战略》，确立了2020年前中国应对气候变化工作的顶层设计。2015年，中国发布《强化应对气候变化行动——中国国家自主贡献》，提出了二氧化碳排放2030年左右达到峰值并争取尽早达峰等目标，以及实现目标的政策措施。2012—2015年，国家发展和改革委员会组织开展了中国低碳发展宏观战略研究，对中国到2020年、2030年和2050年低碳发展总体态势进行分析判断，研究提出中国低碳发展的分阶段目标任务、实现途径、政策体系、保障措施等。2016年，国务院印发了《"十三五"控制温室气体排放工作方案》，对2016—2020年控制温室气体排放做出全面部署。在节能、发展非化石能源、增加森林碳汇等行动方面，中国全面发力，取得了超常规的迅猛发展。为探索中国低碳发展新路径、新模式，开展了低碳省区和城市、低碳工业园区、低碳社区、低碳城（镇）和碳排放权交易等多层次试点，为探索新型工业化和新型城镇化道路积累经验。

三、中国应对气候变化取得的成效

随着应对气候变化工作日益加强，中国在减缓、适应、能力建设等方面取得了显著成效。

（一）经济发展的碳强度显著降低

1990年以来，中国的碳排放强度总体来说逐步降低，但2001年到2005年期间碳强度有所上升。按2005年可比价格计算，2001年能源强度为1.22吨标煤/万元，2005年上升至1.4吨标煤/万元，碳强度则由2001年的2.78吨二氧化碳/万元国内生产总值上升至3.24吨二氧化碳/万元国内生产总值。2006年以来，中国节能降耗工作明显加大，实现了碳强度大幅下降。据测算，2015年，单位国内生产总值碳排放强度比2005年累计下降39.5%，预计将超额完成2020年控制温室气体排放目标。如图1—5

所示。

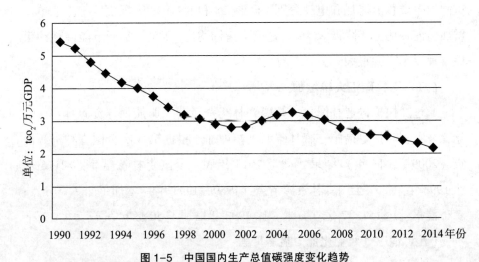

图1-5　中国国内生产总值碳强度变化趋势

注：经济数据采用2005年不变价。

数据来源：根据国家统计数据测算。

（二）非化石能源比重显著提升

截至2015年，中国水电装机达到3.2亿千瓦，核电装机2 717万千瓦，并网风电装机1.3亿千瓦，并网太阳能发电4 218万千瓦，比2005年分别增长了1.7倍、3倍、82倍和600倍，可再生能源发电总装机容量从2005年的1.21亿千瓦增加到4.9亿千瓦，在全国总发电装机中的比重由23.3%增加到32.6%。2015年非化石能源占能源消费比重达到12%，比2005年提高了4.6个百分点；水电、核电、风电、太阳能发电量占全国发电总量的比重达到27%。煤炭消费比重显著下降。

（三）节能工作成效显著

能源利用效率不断提高。1991—2013年，中国以年均6%的能源增速支撑了年均10.2%的经济增速，单位国内生产总值能耗累计下降59%，据世界银行报告分析，1991—2010年，中国累计节能量占全球总节能量的58%。"十二五"时期，节能降耗成效进一步显现，单位国内生产总值能耗累计下降18.2%，超额完成目标任务，累计节能8.6亿吨标准煤，以年均

3.6%的能源消费增速，支撑了国民经济7.8%的增长。以2015年为例，单位国内生产总值能耗和电耗分别下降5.6%和6%，全国规模以上工业单位增加值能耗比上年降低8.4%，这三个指标均为2005年实行节能降耗约束性管理以来降幅最大。

（四）森林碳汇大幅增加

通过加快推进造林绿化、开展森林抚育经营、加强森林资源管理、强化森林灾害防控等措施，森林碳汇大幅增加。根据第八次全国森林资源清查（2009—2013年）结果，截至2013年底，全国森林覆盖率达21.6%，比1993年第四次全国森林资源清查（1989—1993年）增加了7.7百分点；森林蓄积量达151.37亿立方米，比1993年增加了50亿立方米。

（五）适应气候变化能力显著增强

中国从农业、水资源、林业和其他生态系统、海岸带及相关海域、气象领域、人体健康等多个领域开展气候变化适应工作，取得了积极进展。截至2014年底，中国机械化秸秆还田面积达6.47亿亩，保护性耕作面积达1.29亿亩，减少农田风蚀6450万吨。强化水土流失综合治理，2005—2015年，累计完成水土流失综合治理面积超过48万平方公里。目前，林业国家级自然保护区总数达346个，国家湿地公园总数569处；全国草原综合植被覆盖度达到53.6%。

第二节　中国气候变化战略框架

一、战略目标

（一）2020年应对气候变化目标

1. 减缓目标

2009年中国在丹麦哥本哈根联合国气候变化大会（COP15）召开前夕发布了2020年前控制温室气体排放行动目标，承诺到2020年，单位国内生产总值二氧化碳排放比2005年下降40%—45%，非化石能源占一次能源消费比重达到 15%，森林蓄积量比 2005 年增加 13 亿立方米，并将作为约束性指标纳入国民经济和社会发展中长期规划，制定相应的国内统计、监测、考核办法。此后，中国于 2011 年制定了《国民经济和社会发展第十二个五年规划纲要》，明确了"十二五"时期的应对气候变化主要目标，即单位国民生产总值二氧化碳排放降低 17%，非化石能源占一次能源消费比重达到 11.4%，森林覆盖率达到 21.66%，森林蓄积量达到 143 亿立方米。2016 年发布的"十三五"规划纲要确定单位国内生产总值二氧化碳排放下降 18%，非化石能源占一次能源比重达到 15%，森林覆盖率达到 23.04%，森林蓄积量达到 165 亿立方米。由于"十二五"时期超额完成目标任务，如"十三五"目标顺利实现，中国到 2020 年碳排放强度将比 2005 年下降 48%以上。

2. 适应目标

2013 年中国公布的《中国适应气候变化国家战略》提出了三个方面的主要目标：一是适应能力显著增强；二是重点任务全面落实；三是适应区域格局基本形成。并在重点任务中明确了一系列具体目标指标，包括："十二五"期间，新增水土流失治理面积 2 500 万公顷；到 2020 年，农作物重大病虫害统防统治率达到 50%以上，农田灌溉用水有效利用系数提高到 0.55 以上，作物水分利用效率提高到 1.1 千克/立方米以上；森林覆盖率达到 23%，森林蓄积量达到 150 亿立方米以上，森林火灾受害率控制在 1‰以下，林业有害生物成灾率控制在 4‰以下；"三化"草原治理率达到 55.6%；自然湿地有效保护率达到 60%以上，沙化土地治理面积达到可治理面积的 50%以上，95%以上的国家重点保护野生动物和 90%以上极小野生植物种类得到有效保护。

2014 年中国发布的《国家应对气候变化规划（2014—2020 年）》提出的适应气候变化目标是：重点领域和生态脆弱地区适应气候变化能力显著增强。到 2020 年，初步建立农业适应技术标准体系，农田灌溉水有效利用系数提高到 0.55 以上，沙化土地治理面积占可治理沙化土地面积的 50%以上，森林生态系统稳定性增强，林业有害生物成灾率控制在 4‰以下；城乡供水保证率显著提高；沿海脆弱地区和低洼地带适应能力明显改善，重点城市城区及其他重点地区防洪除涝抗旱能力显著增强；科学防范和应对极端天气与气候灾害能力显著提升，预测预警和防灾减灾体系逐步完善。适应气候变化试点示范深入开展。

（二）2030 年应对气候变化目标

1. 减缓目标

2014 年中美两国共同发表了《中美气候变化联合声明》，宣布了两国各自 2020 年后应对气候变化行动目标。中国计划 2030 年左右二氧化碳排放达到峰值且将努力早日达峰，并计划到 2030 年非化石能源占一次能源消费比重提高到 20%左右。2015 年 6 月，中国向《联合国气候变化框架公约》秘书处提交的《强化应对气候变化行动——中国国家自主贡献》文件，对中国 2030 年自主行动目标进行了进一步阐述：二氧化碳排放 2030 年左右达到峰值并争取尽早达峰；单位国内生产总值二氧化碳排放比 2005 年下降 60%—65%，非化石能源占一次能源消费比重达到 20%左右，森林蓄积量比 2005 年增加 45 亿立方米左右。

2. 适应目标

中国国家自主贡献文件提出，中国还将主动适应气候变化，在农业、林业、水资源等重点领域和城市沿海脆弱地区，形成有效抵御气候变化风险的机制和能力，逐步完善预测预警和防灾减灾能力。

（三）2050 年应对气候变化目标

中国正在研究到 2050 年的国家温室气体长期低排放战略，根据此前中国国家发展和改革委员会组织开展的中国低碳发展宏观战略研究项目，初步形成到 2050 年的长期减排目标，主要包括基础情景、积极情景、强化情景三种情景。基础情景假设保持我国"十一五"时期以来各种政策不变，到 2020 年完成我国碳强度下降目标。此后继续以碳强度作为主要控制手段，依靠技术进步和自然发展过程实现碳排放峰值，在此情景下，我国峰值年约为 2035 年，与此相应，我国一次能源消费量 2050 年前尚未出现峰值。积极情景基本假设是兑现我国国家自主贡献承诺，实行更加积极的碳强度和碳排放总量管理制度，确保在 2030 年左右二氧化碳排放达到峰值，2030 年之后实施绝对量减排制度，实现碳排放总量逐步下降，预计能源消费峰值将出现在 2040 年左右。强化情景基本假设是采用更加严格的碳排放总量控制手段，提前实现中国碳排放达峰和非化石能源发展目标，2050 年碳排放总量较峰值水平大幅下降。综合考量，中国采用积极情景可行性较大，付出的代价较低，对经济社会发展影响较小。

中国基于国情和实际确立了中长期应对气候变化目标体系，如表 1-3 所示，并制定了分阶段、分领域目标，为中国应对气候变化各项工作的开展提供了依据。

表 1-3　中国应对气候变化战略目标体系

时间节点	主要目标	依据
2015 年	单位国内生产总值二氧化碳排放比 2010 年降低 17%；非化石能源占一次能源消费比重达到 11.4%；森林覆盖率提高到 21.66%。新增水土流失治理面积 2 500 万公顷	《国民经济和社会发展第十二个五年规划纲要》；《国家适应气候变化战略》
2020 年	单位国内生产总值二氧化碳排放比 2005 年下降 40%—45%；非化石能源占一次能源消费的比重达到 15% 左右；森林面积和蓄积量中分别比 2005 年增加 4 000 万公顷和 13 亿立方米。农作物重大病虫害统防统治率达到 50% 以上，农田灌溉用水有效利用系数提高到 0.55 以上，作物水分利用效率提高到 1.1 千克/立方米以上；森林覆盖率达到 23%，森林蓄积量达到 150 亿立方米以上，森林火灾受害率控制在 1‰ 以下，林业有害生物成灾率控制在 4‰ 以下；"三化"草原治理率达到 55.6%；自然湿地有效保护率达到 60% 以上，沙化土地治理面积达到可治理面积的 50% 以上	《国家应对气候变化规划（2014—2020 年）》；《国家适应气候变化战略》
2030 年	二氧化碳排放 2030 年左右达到峰值并争取尽早达峰；单位国内生产总值二氧化碳排放比 2005 年下降 60%—65%；非化石能源占一次能源消费比重达到 20% 左右；森林蓄积量比 2005 年增加 45 亿立方米左右	《强化应对气候变化行动—中国国家自主贡献》
2050 年	制定中。全国森林覆盖率稳定在 26% 以上，森林蓄积达到 230 亿立方米以上	《全国森林经营规划全文（2016—2050 年）》

二、管理体系

党政联动，是中国公共管理体系的核心特征和逻辑。中国行政管理体制的显著特征，是党中央、国务院作为公共管理主体具有高度权威性，各级党委、政府都要围绕中央确定的政策导向来运作。在中央的统一部署下，地方可以采取有差别、符合实际的落实政策，从而构成分级管理、条块结合的公共管理体系。

国家应对气候变化领导小组是中国应对气候变化工作的重要决策机制（见表1-4）。目前，领导小组组长由国务院总理李克强担任，副组长包括国务院常务副总理张高丽、国务委员杨洁篪，成员包括国务院一位副秘书长，外交部、国家发展和改革委员会、教育部、科技部、工业和信息化部、民政部、财政部等28家部门的主要负责人。领导小组的职责是研究制订国家应对气候变化的重大战略、方针和对策，统一部署应对气候变化工作，研究审议国际合作和谈判对案，协调解决应对气候变化工作中的重大问题；组织贯彻落实国务院有关节能减排工作的方针政策，统一部署节能减排工作，研究审议重大政策建议，协调解决工作中的重大问题。领导小组具体工作由国家发展改革委承担。

表1-4　国家应对气候变化领导小组构成

组长	国务院总理			
副组长	主管气候变化工作副总理		主管外交事务的国务委员	
成员	国务院副秘书长	外交部部长	发展改革委主任	教育部部长
	科技部部长	工业和信息化部部长	民政部部长	财政部部长
	国土资源部部长	环境保护部部长	住房和城乡建设部部长	交通运输部部长
	水利部部长	农业部部长	商务部部长	卫生计生委主任
	国资委主任	税务总局局长	质检总局局长	统计局局长
	林业局局长	国管局局长	法制办副主任	中科院院长
	气象局局长	能源局局长	海洋局局长	铁路局局长
	民航局局长	发展改革委主管气候变化工作副主任		

国家发展改革委是中国气候变化工作的主管部门，负责全国气候变化工作的统筹协调和组织落实。国家发展改革委与应对气候变化有关的职责是：综合分析气候变化对经济社会发展的影响，组织拟订应对气候变化重大战略、规划和重大政策；牵头承担国家履约《联合国气候变化框架公约》相关工作，会同有关方面牵头组织参加气候变化国际谈判工作；协调开展应对气候变化国际合作和能力建设；组织实施清洁发展机制工作；承担国家应对气候变化及节能减排工作领导小组有关应对气候变化方面的具体工作。气候变化领导小组其他组成部门，根据职责分工，分别承担所属领域应对气候变化工作。

2008 年国家发改委组建了应对气候变化司，具体承担应对气候变化相关工作，目前，应对气候变化司下设五个处，分别是综合处、战略研究和规划处、国内政策和履约处、国际政策和谈判处、对外合作处。从实际运行看，综合处主要负责应对气候变化立法和能力建设，管理应对气候变化业务经费，会同有关方面监管清洁发展机制基金活动并组织审核基金项目；负责会议组织、文件运转、档案管理、日常行政秘书性工作以及其他综合性事务。战略研究和规划处主要负责研究提出应对气候变化重大战略、规划、政策；综合研究、分析应对气候变化国际形势和主要国家动态；负责重要文件、领导讲话和表态口径的起草；开展低碳省区和城市、低碳园区、低碳社区、低碳城（镇）等试点和碳捕集、利用、封存技术示范等工作；组织开展应对气候变化内外宣传工作，处理相关新闻和公众关系事务；承担应对气候变化领导小组有关具体事务。国内政策和履约处主要负责气候变化公约和《京都议定书》的国内履约工作，组织编写国家履约信息通报；负责国家温室气体排放清单编制工作并管理相关数据；组织开展清洁发展机制的有关活动，负责受理项目申请、组织项目评审和审核；负责国家碳排放控制目标分解落实和考核工作；负责碳交易市场建设有关工作。国际政策和谈判处主要负责研究提出参与应对气候变化国际合作及谈判的总体政策和方案建议；会同有关方面牵头组织参加《公约》和议定书下的有关谈判和磋商，牵头参加或会同有关方面参加其他气候变化国际会议和双边政策对话与磋商；起草有关国际会议和国际谈判的文件、材料及表态口径。对外合作处主要负责研究提出应对气候变化对外合作的总体政策和方案建议；拟订应对气候变化对外合作管理办法，组织协调应对气候变化重大对外合作活动；开展相关应对气候变化多、双边对外合作活动，组织实施有关具体合作项目；负责气候变化"南南合作"；开展适应气候变化工作。

在地方政府层面，各省、自治区、直辖市也都建立了应对气候变化工作领导小组和工作机构。省级发展改革部门负责本地区应对气候变化工作的统筹协调，山西、江西、广东、辽宁、湖北、甘肃、贵州、陕西、广西、吉林十个省份发改委设有专门的应对气候变化处，其他省份气候变化处与资源节约和环境保护处或地区经济处合署办公。一些城市政府也建立了专门的应对气候变化机构。

"十二五"时期，中国首次将碳强度下降目标分解落实到各省（自治区、直辖市），并建立了评价考核机制，将节能减碳目标责任评价考核结果作为对地方领导班子和领导干部综合考核评价的参考内容，纳入政府绩效管理。2011年，国务院印发《"十二五"控制温室气体排放工作方案》，分解下达了各省区市"十二五"碳强度下降目标。2013年，国家发展改革委首次组织对全国31个省（自治区、直辖市）2012年度碳强度下降目标进行了试评价考核。2014年8月，国家发展改革委发布了《单位国内生产总值二氧化碳排放降低目标责任考核评估办法》，为全国落实碳强度下降目标责任评价考核机制提供了依据。

三、法律法规

目前中国尚未出台专门的应对气候变化立法，但能源、气象等有关法律法规为应对气候变化工作奠定了初步的法律基础。

（一）应对气候变化专门立法进展

2009年8月全国人民代表大会常务委员会通过的《关于积极应对气候变化的决议》提出：要把加强应对气候变化的相关立法作为形成和完善中

国特色社会主义法律体系的一项重要任务，纳入立法工作议程。适时修改完善与应对气候变化、环境保护相关的法律，及时出台配套法规，并根据实际情况制定新的法律法规，为应对气候变化提供更加有力的法制保障。

自 2010 年起，有关方面开始推动应对气候变化专门立法工作。根据工作安排，国家发展改革委组织中国政法大学、中国社会科学院、国家应对气候变化战略研究和国际合作中心，持续开展相关课题研究，并在国内外开展了广泛的应对气候变化调研，在借鉴吸收其他国家立法经验的基础上，目前应对气候变化法已完成初稿，并多次召开专题研讨会。需要指出的是，国外应对气候变化法律大多属于专项法，例如，征收碳税，覆盖面相对较窄，而中国的应对气候变化法属于一部综合性法律，将提供一个在应对气候变化领域具有全局性意义的法律框架，确定应对气候变化管理的体制和机制，以及社会各方面在应对气候变化中的权利和责任关系，突出应对气候变化制度的设计和安排，同时兼顾法律的前瞻性、宣示性和可操作性，从而将国家应对气候变化的方针、政策、战略完整地展现出来，并全面地对应对气候变化的诸多方面加以纲领性规定。

同时，为推动相关具体工作，中国制定了《清洁发展机制项目运行管理办法》《单位国内生产总值二氧化碳排放降低目标责任考核评估办法》《节能低碳技术推广管理暂行办法》《温室气体自愿减排交易管理暂行办法》《低碳产品认证管理办法（暂行）》《碳排放权交易管理暂行办法》等规范性文件。

在地方层面上，山西、青海、石家庄和南昌相继开展了地方应对气候变化和低碳发展立法工作。青海省于 2010 年颁布了《青海省应对气候变化办法》，明确了青海适应和减缓气候变化的制度。山西省 2011 年颁布了《山西省应对气候变化办法》，强调减缓和适应气候变化的主要内容，并在监测环境温室气体浓度、编制温室气体清单、核定区域和企业温室气体排放量等方面提出了具体措施。石家庄市 2016 年颁布了《石家庄市低碳发展促进条例》，规定对煤炭、燃油经营、流通和使用严格管理，鼓励开发利用新能源，并制定了有关建筑、交通、照明、室内温度调节、减少日用

品消耗等倡导性、鼓励性条款。

（二）减缓气候变化相关领域法规

1. 能源法规

2005 年中国颁布的《可再生能源法》，构建了可再生能源发展总量目标制度、强制上网制度、分类电价制度、费用分摊制度和专项资金制度，确立了可再生能源开发利用的基本政策框架体系，对促进可再生能源开发利用，改善能源结构，保障能源安全，保护环境发挥了重要作用。该法于 2009 年进行了修订，从法律层面对短期内处于过剩的新能源产业开发进行了约束。在此基础上，有关方面制定了《可再生能源发展专项资金管理暂行办法》《可再生能源发电有关管理规定》《可再生能源电价附加补助资金管理暂行办法》《分布式发电管理暂行办法》等一系列部门规章或规范性文件。

1995 年制定、2015 年修订的《电力法》，明确了电力建设、生产、供应和使用应当依法保护环境，采用新技术，减少有害物质排放，防治污染和其他公害；国家鼓励和支持利用可再生能源和清洁能源发电；在对电力供应和使用时，实行节约用电的管理原则。《电力供应与使用条例》规定供电企业和用户应当遵守国家有关规定，采取有效措施，做好节约用电工作。此外，《电力需求侧管理办法》要求提高电能利用效率、促进电力资源优化配置。

2. 节能法规

1997 年中国政府颁布了《节能法》，并于 2007 年进行了修订，该法确立了节能目标责任制、节能评价考核制度、电力需求侧管理、合同能源管理、节能自愿协议、单位能耗限额标准、能效标识管理等制度，并对工业节能、建筑节能、交通运输节能、公共机构节能、重点用能单位节能等领域做出了明确的规定。为落实《节能法》，有关部门出台了《工业节能管理办法》《民用建筑节能条例》《公共机构节能条例》《节约用电管理办法》《节能监察办法》《重点用能单位管理办法》《中国节能产品认证管理办法》等一系列配套法规和规章。

不断完善节能标准体系。把节能标准作为国家节能制度的基础，作为推动绿色低碳循环发展的重要手段。"十二五"时期以来，国家标准委、国家发展改革委联合启动了两期"百项能效标准推进工程"，共批准发布了206项能效、能耗限额和节能基础国家标准。截至2016年底，中国已发布实施能效强制性标准73项、能耗限额强制性标准104项、节能推荐性国家标准150余项，对化解产能过剩、优化产业结构、实现节能目标发挥了重要作用。

3. 森林等生态领域法律法规

尽管现行《森林法》（1984年颁布、2009年修订）未对应对气候变化或增加碳汇进行专门规定，但其确立的限额采伐、植树造林、封山育林、扩大森林面积、设立森林生态效益补偿基金、加强森林经营管理、预防森林火灾、防治森林病虫害等，对增加森林碳汇、应对气候变化具有重要的法律保障功能。

近年来，林业部门制定了一系列有关林业发展的规章或文件，如《碳汇造林技术规定（试行）》《森林抚育作业设计规定》《中央财政森林抚育补贴政策成效监测办法》《退耕还林条例》《森林防火条例》《森林病虫害防治条例》等，对林业应对气候变化发挥了重要的保障作用。

4. 其他环境保护法规

2015年新修订的《大气污染防治法》明确提出"对颗粒物、二氧化硫、氮氧化物、挥发性有机物、氨等大气污染物和温室气体实施协同控制"，并规定了"调整能源结构，推广清洁能源的生产和使用；优化煤炭使用方式，推广煤炭清洁高效利用，逐步降低煤炭在一次能源消费中的比重""电力调度应当优先安排清洁能源发电上网"等内容，对协同控制温室气体排放具有重要意义。

除上述法律外，现行的《环境保护法》《循环经济促进法》《清洁生产促进法》等法律，都涵盖了促进控制温室气体排放的相关规定。

（三）适应气候变化相关领域法规

尽管目前尚没有以适应气候变化为目的的专门法律，但在农业、自然生态系统、水资源、海岸带等领域的一系列现行法律，其相关规定对适应气候变化提供了重要支持。

2012年新修订的《农业法》提出"采取措施加强农业和农村基础设施建设""加强林业生态建设，实施天然林保护、退耕还林和防沙治沙工程""各级人民政府应当支持为农业服务的气象事业的发展，提高对气象灾害的监测和预报水平"等内容，以提高农业综合生产能力。

2010年新修订的《水土保持法》第一条明确提出立法目的，即"为了预防和治理水土流失，保护和合理利用水土资源，减轻水、旱、风沙灾害，改善生态环境，保障经济社会可持续发展"，具体内容从规划、预防、治理、监测和监督、法律责任等方面予以规定。

《草原法》是为了保护、建设和合理利用草原，改善生态环境，维护生物多样性，发展现代畜牧业而制定的。法律第三条明确规定"国家对草原实行科学规划、全面保护、重点建设、合理利用的方针，促进草原的可持续利用和生态、经济、社会的协调发展。"

《水法》是为了合理开发、利用、节约和保护水资源，防治水害，实现水资源的可持续利用而制定的。《水法》第八条规定：国家厉行节约用水，大力推行节约用水措施，推广节约用水新技术、新工艺，发展节水型工业、农业和服务业，建立节水型社会。

土地沙化是指因气候变化和人类活动所导致的天然沙漠扩张和沙质土壤上植被破坏、沙土裸露的过程。2001年通过《中华人民共和国防沙治沙法》，对土地沙化的预防、沙化土地的治理、保障措施、法律责任等予以规定。

《海洋环境保护法》是为了保护和改善海洋环境，防治污染损害，维护生态平衡，保障人体健康，促进经济和社会的可持续发展而制定的。其中海洋生态保护作为重点内容在第三章予以规定。

此外，《渔业法》《土地管理法》《水污染防治法》《防洪法》《海域使用管理法》《海岛保护法》等法律的相关规定也涉及适应气候变化内容。

尽管上述法律并非直接针对适应气候变化，但具体内容都对适应气候变化工作有保障作用。此外，和适应气候变化密切相关的法规还包括：《中华人民共和国抗旱条例》《国家湿地公园管理办法》《河道管理条例》《取水许可管理办法》《海上风电开发建设管理办法》《人工影响天气管理条例》《中央救灾物资储备管理办法》等。

四、政策体系

政策是实现战略目标的基本保障，中国应对气候变化政策体系涵盖产业政策、节能政策、能源政策、碳汇政策、非能源活动温室气体控排政策、适应气候变化政策、区域政策、试点示范政策和国际政策。

（一）产业政策

产业政策是当前中国应对气候变化政策的主体内容之一，对实现中国应对气候变化长期目标具有重要意义。中国第二产业比重偏高，第二产业中高耗能产业比重也偏高，这是造成中国多年来碳排放快速增长、碳强度较高的重要因素。优化产业结构、节能降耗、提质增效，是中国产业政策的重要方向。

一是推动传统产业转型升级。围绕通过结构优化升级实现节能减排的战略导向，控制高耗能、高排放行业产能扩张，提高高耗能行业准入门槛，对固定资产投资项目进行节能评估和审查；通过采取调整出口退税、关税等措施，抑制高耗能、高排放、资源型产品出口；完善落后产能退出机制，依法依规有序淘汰落后产能和过剩产能；加强传统产业的技术改造和升级，延伸产业链，提高附加值，增强传统优势产业的市场竞争力。

二是积极发展战略性新兴产业。强化规划引导，明确新能源、节能环保等战略性新兴产业重点领域及其发展路线图，加大产业化支持力度，启动新兴产业创业投资计划，发起设立了 18 只创业投资基金，设立国家新兴产业创业投资引导基金。

三是大力发展服务业。强化政策引导，加强和改进市场准入、人才服务、品牌培育、服务业标准、服务认证示范和服务业统计等方面的工作。开展服务业综合改革试点。加快发展生产性服务业，促进产业结构调整升级。

四是推进信息化与工业化深度融合。加快推动新一代信息技术与制造技术融合发展，把智能制造作为"两化"深度融合的主攻方向。着力发展智能装备和智能产品，推进生产过程智能化，培育新型生产方式，全面提升企业研发、生产、管理和服务的智能化水平。

五是全面推行绿色制造。加大先进节能环保技术、工艺和装备的研发力度，加快制造业绿色改造升级。积极推行低碳化、循环化和集约化，提高制造业资源利用效率。强化产品全生命周期绿色管理，努力构建高效、清洁、低碳、循环的绿色制造体系。

（二）能源节约政策

推进能源节约、提高能源效率是中国应对气候变化的支柱性政策之一，特别是自 2005 年以来，中国在节能、提高能效领域出台了一系列强有力的政策，节能政策在中国推动碳减排方面发挥了关键作用。

一是实施节能目标责任制。分解落实节能减排目标责任，建立统计监测考核体系，明确对各省（自治区、直辖市）和重点企业能耗及主要污染物减排目标完成情况进行考核，实行严格的问责制。

二是开展项目节能评估审查。《中华人民共和国节约能源法》确定了固定资产投资项目节能评估和审查制度，节能主管部门根据有关规定牵头制定能评规章、制度、规范和程序，并统一出具能评审查意见。

三是实施节能重点工程。"十一五"期间，实施了燃煤工业锅炉（窑炉）改造、区域热电联产、余热余压利用、节约和替代石油、电机系统节能、能量系统优化、建筑节能、绿色照明、政府机构节能、节能监测和技术服务体系建设十大重点节能工程，共形成节能能力 3.4 亿吨标准煤。"十二五"时期又实施了节能改造工程等十大重点节能减排工程。"十三五"时期将实施锅炉（窑炉）、照明、电机系统升级系统改造及余热暖民等重点工程。

四是开展重点企业节能行动。"十一五"期间，开展千家企业节能行动，共形成节能能力 1.5 亿吨标准煤。"十二五"时期又开展了万家企业节能低碳行动，并超额完成节能目标任务。"十三五"时期将实施重点用能单位"百千万"行动和节能自愿活动。

五是完善节能标准标识。开展"百项能效标准推进工程"，发布了包括高耗能行业单位产品能耗限额、终端用能产品能效、节能基础类标准在内的多项节能标准。进一步完善部门标准体系建设。

六是推广节能技术与产品。不定期发布国家重点节能技术推广目录，开展低碳产品认证，通过财政补贴推广高效照明产品、高效空调、节能电机等节能产品；开展节能与新能源汽车示范推广工作；建立节能产品优先采购制度，对空调、计算机、照明等9类节能产品实行强制采购；强化节能低碳技术推广；加快节能低碳技术进步和推广普及，引导用能单位采用先进适用的节能新技术、新装备、新工艺。

七是推进重点领域节能。重点推进电力、钢铁、建材、有色、化工等行业节能。强化新建建筑节能，加大既有建筑节能改造力度，实施绿色建筑行动方案，推进可再生能源建筑应用，推动建筑产业化发展。推进交通运输节能，加快构建绿色低碳安全高效的综合交通运输体系。开展"车、船、路、港"千家企业低碳交通运输专项行动。引导各地加强城市步行和自行车交通建设，推广应用节能新能源汽车。推进商业和民用、农业和农村以及公共机构节能。

八是完善节能财税政策和市场机制。积极利用合同能源管理、电力需求侧管理、节能自愿协议等市场机制推动节能。2010年颁布了《关于加快推行合同能源管理促进节能服务产业发展的意见》，加大资金支持力度，实行税收扶持政策，完善相关会计制度，改善金融服务，加强对节能服务产业的支持。

（三）能源发展政策

能源政策在低碳发展中处于核心地位，中国将优化能源结构、大力发展可再生能源作为主要政策方向，推动能源供应体系低碳转型。

一是控制煤炭消费。制定国家煤炭消费总量中长期控制目标，实施煤炭消费减量替代，降低煤炭消费比重。加快燃煤发电升级与改造，进一步提升煤电高效清洁发展水平。

二是大力发展天然气。加快天然气资源勘探开发力度，推进页岩气等非常规油气资源调查评价与勘探开发利用。积极开发利用海外油气资源。继续推进煤层气（煤矿瓦斯）开发利用。提出了到 2020 年天然气消费量在一次能源消费中的比重达到 10% 以上的目标。

三是大力发展非化石能源。设立可再生能源发展基金，完善风电、太阳能等可再生能源全额收购制度和优先调度办法。提出了到 2015 年、2020 年中国可再生能源发展的总体目标、主要措施等。制定实施财税激励政策，支持分布式发电，加速推动光伏产业发展。

（四）区域政策

建立健全应对气候变化区域政策是中国根据自身国情和实际，进行的重要政策创新。中国将应对气候变化政策与主体功能区、京津冀协同发展等区域发展战略和政策结合起来，注重发挥协同效应，形成各具特色、符合实际的区域应对气候变化政策。

《国家应对气候变化规划（2014—2020 年）》提出了城市化地区、农产品主产区、重点生态功能区三类地区不同的应对气候变化政策。其中城市化地区又分为优化开发区域和重点开发区域。优化开发区域主要包括东部环渤海、长三角、珠三角三个区域。优化开发区域要确立严格的温室气体排放控制目标，加快转变经济发展方式，调整产业结构，提高产业准入门槛，严格限制高耗能、高排放产业发展，构建低碳产业体系和消费模式；大力发展低碳建筑和低碳交通，加快产业园区低碳化建设和改造，大力建设低碳社区；严格控制能源消费总量，特别是煤炭消费总量，优化能源结构。在适应气候变化方面，提高沿海城市和重大工程设施的防护标准，完善城市公共设施建设标准，增强应对极端气候事件的防灾减灾水平。重点开发区域要坚持走低消耗、低排放、高附加值的新型工业化道路，降低经济发展的碳排放强度，加快技术创新，加大传统产业的改造升级，发展低碳建筑和低碳交通，大力推动天然气、风能、太阳能、生物质能等低碳能源开发应用。科学规划城市建设，完善城市基础设施和公共服务，进一步提高城市的人口承载能力。在适应气候变化方面，中部城市化地区要加强应对干旱、洪涝、高温热浪、低温冰雪等极端气象灾害能力建设；西部城市化地区重点加强应对干旱、风沙、城市地质灾害等防治。

农产品主产区包括《全国主体功能区规划》划定的"七区二十三带"为主体的农产品主产区，以及各省级主体功能区规划划定的其他农产品主产区。农产品主产区要把增强农业综合生产能力作为发展的首要任务，保护耕地，积极推进农业的规模化、产业化，限制进行高强度大规模工业化、城镇化开发，控制农业农村温室气体排放。鼓励引导人口分布适度集中，加强中小城镇规划建设，形成人口大分散小聚居的布局形态。提高农业抗旱、防洪、排涝能力，加大中低产田盐碱和渍害治理力度，选育推广抗逆优良农作物品种等。

重点生态功能区分为限制开发的重点生态功能区和禁止开发的重点生态功能区。限制开发的重点生态功能区包括《全国主体功能区规划》确定的25个国家级重点生态功能区，以及省级主体功能区规划划定的其他省级限制开发的重点生态功能区。禁止开发的重点生态功能区是指依法设立的各级各类自然文化资源保护区，以及其他需要特殊保护，禁止进行工业化、城市化开发，并点状分布于优化开发、重点开发和限制开发区域之中的重点生态功能区。

中国国家自主贡献文件进一步提出，实施分类指导的应对气候变化区域政策，针对不同主体功能区确定差别化的减缓和适应气候变化目标、任务和实现途径。优化开发的城市化地区要严格控制温室气体排放；重点开发的城市化地区要加强碳排放强度控制，老工业基地和资源型城市要加快绿色低碳转型；农产品主产区要加强开发强度管制，限制进行大规模工业化、城镇化开发，加强中小城镇规划建设，鼓励人口适度集中，积极推进农业适度规模化、产业化发展；重点生态功能区要划定生态红线，制定严格的产业发展目录，限制新上高碳项目，对不符合主体功能定位的产业实行退出机制，因地制宜发展低碳特色产业。

《"十三五"控制温室气体排放工作方案》提出加快区域低碳发展重点

任务，要求实施分类指导的碳排放强度控制，综合考量各省（区、市）发展阶段、资源禀赋、战略定位、生态环保等因素，分类确定省级碳排放控制目标。推动部分区域率先达峰，支持优化开发区域在 2020 年前实现碳排放率先达峰。鼓励其他区域提出峰值目标，明确达峰路线图，在部分发达省市研究探索开展碳排放总量控制。创新区域低碳发展试点示范，支持贫困地区低碳发展。

（五）碳汇政策

植树造林，加强生态建设，是中国的一项基本国策，也是中国应对气候变化的重要抓手。

一是增加森林碳汇。实施应对气候变化林业专项行动计划，统筹城乡绿化，加快荒山造林，推进"身边增绿"和城市园林绿化，深入开展全民义务植树活动；继续实施天然林保护、退耕还林、防护林建设、石漠化治理等林业生态重点工程；强化现有森林资源保护，切实加强森林抚育经营和低效林改造。

二是增加农田、草原和湿地碳汇。加强农田保育和草原保护建设，提升土壤有机碳储量，增加农业土壤碳汇；推广秸秆还田、精准耕作技术和少免耕等保护性耕作措施；建立草原生态补偿长效机制，进一步在草原牧区落实草畜平衡和禁牧、休牧、划区轮牧等草原保护制度，控制草原载畜量，遏制草场退化；继续实施退牧还草、京津风沙源草地治理等生态工程建设，恢复草原植被，提高草原覆盖度；加强湿地保护，增强湿地储碳能力，开展滨海湿地固碳试点。

（六）非能源活动温室气体控排政策

组织开展控制氢氟碳化物的重点行动，下发《关于组织开展氢氟碳化物处置相关工作的通知》，安排中央预算内投资计划，用于支持有关企业新建三氟甲烷（HFC-23）焚烧装置。制定《蒙特利尔议定书》下加速淘汰含氢氯氟烃（HCFCs）的管理计划。

控制农业领域温室气体排放。推动实施"到 2020 年化肥使用量零增长行动"和"到 2020 年农药使用量零增长行动"，大力推广化肥农药减量增效技术，推进农企合作推广配方肥；推动农村沼气转型升级，提高秸秆综合利用水平，推广省柴节煤炉灶炕，开发农村太阳能和微水电，实施保护性耕作等。

控制废弃物领域温室气体排放。积极控制城市污水、垃圾处理过程中的甲烷排放；完善城市废弃物标准，实施生活垃圾处理收费制度，推广利用先进的垃圾焚烧技术，制定促进填埋气体回收利用的激励政策。

（七）试点示范

试点示范是中国探索绿色低碳发展新模式、创新应对气候变化工作的重要尝试和抓手。通过开展不同层次、不同区域的试点示范，对完善应对气候变化政策体系、增强政策针对性和可操作性，发挥了重要作用。

开展国家低碳省区和低碳城市试点。2010年、2012年和2017年，国家先后分三批选择广东、湖北等6省和北京、深圳、广元、合肥等81个城市开展低碳省区和低碳城市试点工作。积极探索工业化城镇化快速发展阶段既发展经济、改善民生又应对气候变化、降低碳强度、推进绿色发展的做法和经验。

开展国家低碳工业园区试点。2013年，工业和信息化部与国家发展和改革委员会联合印发《关于组织开展国家低碳工业园区试点工作的通知》，启动低碳工业园区试点工作。2014年审核公布了国家低碳工业园区试点名单，2015年批复同意51家国家低碳工业园区试点实施方案。试点将积极探索新型工业化模式下园区低碳发展模式，打造一批掌握低碳核心技术、具有先进低碳管理水平的低碳企业，形成园区低碳发展的评价指标体系和配套政策。

开展低碳社区试点。2014年，国家发展改革委印发《关于开展低碳社区试点工作的通知》，在全国启动低碳社区试点工作。2015年，发布《低碳社区建设指南》并组织开展低碳社区碳排放核算方法学研究，指导各地开展低碳社区建设工作。试点着重探索新型城镇化下新建社区、既有社区、农村社区不同的低碳发展模式，提高社区的宜居性和可持续性，降低城市化过程中碳排放。

开展国家低碳城（镇）试点。2015 年国家发展改革委印发了《关于加快推进国家低碳城（镇）试点工作的通知》，选定广东深圳国际低碳城、广东珠海横琴新区、山东青岛中德生态园、江苏镇江官塘低碳新城、江苏无锡中瑞低碳生态城、云南昆明呈贡低碳新区、湖北武汉花山生态新城、福建三明生态新城作为首批国家低碳城（镇）试点。组织 8 个低碳城（镇）试点单位研究编制了试点实施方案并完成批复。试点重在吸收借鉴国际先进经验，结合各地实际情况，以低碳理念统领试点城（镇）规划、建设、运营和管理全过程，以低碳生产、低碳生活、低碳服务为重点内容，建成一批产业发展和城区建设融合、空间布局合理、资源集约综合利用、基础设施低碳环保、生产低碳高效、生活低碳宜居的国家低碳示范城（镇）。

此外，还开展了气候适应型城市试点，绿色交通试点示范，碳捕集、利用与封存试点示范，海绵城市试点等。开展碳排放权交易试点，探索市场化减碳机制，为全国碳市场建设积累经验。

（八）适应气候变化政策

中国坚持减缓与适应并重的原则，积极开展适应气候变化工作。"十二五"规划纲要明确提出要增强适应气候变化能力，制定国家适应气候变化战略。2013 年 11 月，中国发布了《国家适应气候变化战略》，分析了适应气候变化面临的形势，明确了总体要求、指导思想、基本原则和主要目标，提出了在基础设施、农业、水资源、海岸带和相关海域、森林和其他生态系统、旅游业和其他产业七个方面的重点任务，以及适应气候变化的区域格局和保障措施。

《国家应对气候变化规划（2014—2020 年）》从七个方面阐述了适应气候变化的主要任务，涵盖城乡基础设施、水资源管理和设施建设、农业与林业、海洋和海岸带、生态脆弱地区、人群健康、防灾减灾体系建设。

一是加强城乡基础设施适应能力。城乡建设规划要充分考虑气候变化的影响；积极应对热岛效应和城市内涝；加强雨洪资源化利用设施建设；加强供电、供热、供水、排水、燃气、通信等城市生命线系统建设。优化调整大型水利设施运行方案；加快中小河流治理和山洪地质灾害防治；加强水文水资源监测设施建设。加强交通运输设施维护保养；研究解决冻土等特殊地质条件下的工程建设难题。评估气候变化对能源设施影响；修订输变电设施抗风、抗压、抗冰冻标准，完善应急预案；加强对电网安全运行、采矿、海上油气生产等的气象服务。

二是加强水资源管理和设施建设。实行最严格的水资源管理制度；加强水资源优化配置和统一调配管理；完善跨区域作业调度运行决策机制；加强水环境保护；严格控制华北、东北、黄淮、西北等地区地下水开发。加快水资源利用设施建设。继续开展工程性缺水地区重点水源建设，加快农村饮水安全工程建设，推进城镇新水源、供水设施建设和管网改造。

三是加强农业与林业适应。加快大型灌区节水改造，完善农田水利设施配套；修订粮库、农业温室等设施的隔热保温和防风荷载设计标准；根据气候变化趋势调整作物品种布局和种植制度；培育高光效、耐高温和耐旱作物品种。科学规划林种布局、林分结构、造林时间和密度；对人工纯林进行改造，提高森林抚育经营技术；加强森林火灾、野生动物疫源疾病、林业有害生物防控体系建设。探索基于草地生产力变化的定量放牧、休牧及轮牧模式；严重退化草地实行退牧还草；改良草场，建设人工草场和饲料作物生产基地；加强饲草料储备库与保温棚圈等设施建设。

四是增强海洋和海岸带适应能力。加强海洋灾害防护能力建设。修订和提高海洋灾害防御标准，完善海洋立体观测预报网络系统，健全应急预案和响应机制。加强海岸带综合管理。提高沿海城市和重大工程设施防护标准；加强海岸带国土和海域使用综合风险评估。加强海洋生态系统监测和修复。完善海洋生态环境监视监测系统；推进海洋生态系统保护和恢复。保障海岛与海礁安全。

五是增强生态脆弱地区适应能力。推进农牧交错带与高寒草地生态建设和综合治理。严格控制牲畜数量；加强草地防火与病虫鼠害防治；严格控制新开垦耕地；推广生态畜牧业和"农繁牧育"生产方式；加强重点地区草地退化防治和高寒湿地保护与修复。加强黄土高原和西北荒漠区综合治理。加强黄土高原水土流失治理；加强西北内陆河水资源合理利用；严格禁止荒漠化地区的农业开发；开展沙荒地和盐碱地综合治理。开展石漠化地区综合治理。

六是保护人群健康。加强气候变化对人群健康影响评估。完善气候变化脆弱地区公共医疗卫生设施；健全气候变化相关疾病，特别是相关传染性和突发性疾病流行特点、规律及适应策略、技术研究，探索建立对气候变化敏感的疾病监测预警、应急处置和公众信息发布机制；建立极端天气气候灾难灾后心理干预机制。制定气候变化影响人群健康应急预案。加强与气候变化相关卫生资源投入与健康教育。

七是加强防灾减灾体系建设。加强预测预报和综合预警系统建设。开展关键部门和领域气候变化风险分析，健全应急联动和社会响应体系。健全防灾减灾管理体系；建立巨灾风险转移分担机制；加强气候灾害管理。科学规划、合理利用防洪工程；完善地质灾害预警预报和抢险救灾指挥系统。

（九）国际政策

国际气候政策是中国参与全球治理的重要内容，也是中国履行应对气候变化国际责任的重要方面。中国气候变化国际政策主要导向是：

一是推动建立公平合理的国际气候制度。坚持共同但有区别的责任原则、公平原则、各自能力原则，推动《联合国气候变化框架公约》及其《京都议定书》的全面、有效和持续实施，积极建设参与全球 2020 年后应对气候变化强化行动谈判，与国际社会共同努力，建立公平合理的全球应对气候变化制度。坚持和维护联合国气候变化谈判的主渠道地位，积极参与气候变化相关多边进程，发挥负责任大国作用。加强发展中国家整体团结协调，维护发展中国家共同利益。加强同发达国家气候变化对话与交流，增进相互理解。反对以应对气候变化为名设置贸易壁垒。认真履行《联合国气候变化框架公约》《京都议定书》以及《巴黎协定》，承担与发展阶段、应负责任和实际能力相称的国际义务。

二是加强与国际组织、发达国家合作。深化与联合国相关机构、政府间组织、国际行业组织及世界银行、亚洲开发银行、全球环境基金等多边机构的合作，建立长期性、机制性的气候变化合作关系。积极参与《公约》下绿色气候基金、适应气候变化委员会、技术执行委员会、气候技术中心和网络等机构建设及业务运营，引进国际资金和先进气候友好技术。积极借鉴和引进发达国家先进气候友好技术及成功经验，加强重点领域和行业对外合作。与主要发达国家建立双边合作机制，加强气候变化战略政策对话和交流，开展务实合作。鼓励和引导国内外企业参与双边合作项目。建立多领域、多层面的国际合作网络。引导地方、企业、科研机构、行业协会等参与应对气候变化国际合作，强化国际合作平台建设。促进企业和地方参与国际技术合作及经验交流，开展应对气候变化国内外省州合作，组织开展国际交流与培训。以务实行动倡议推动国际应对气候变化进程。参与清洁发展机制项目合作。

三是大力开展南南合作。拓展合作机制，创新南南合作多边合作模式，建立气候变化南南合作基金，提高南南合作工作效果。鼓励地方政府、国内企业和非政府组织利用自身技术及资金优势参与气候变化南南合作，积极推动我国低碳技术、适应技术及产品"走出去"，实现互利共赢。支持发展中国家能力建设。结合发展中国家需求，拓展物资赠送种类，增强对有关发展中国家应对气候变化实物的支持力度。支持发展中国家节能、可再生能源应用、增加碳汇及适应气候变化能力建设。强化气候变化和绿色低碳发展培训交流，拓展培训领域，创新培训形式，帮助有关国家培训气候变化领域各类人才。重点加强与最不发达国家、小岛屿国家、非洲国家等发展中国家的合作，逐步拓展务实合作方式和领域。

第三节　中国气候变化战略特征

中国气候战略的发展演变，既与国际气候谈判进程密切相关，又与中国经济发展阶段的变化一脉相承。各阶段的气候变化政策，既反映了国际气候治理体系的变化和要求，又反映了不同阶段中国经济社会发展的内在诉求和阶段性特征。从整体发展脉络看，中国气候战略具有如下主要特征：

一、统筹国际战略与国内战略，实现有机融合、相互促进

在气候变化国际谈判中，中国是发展中国家阵营的重要一员，始终秉持发展中国家的共同利益和立场参与国际谈判。中国气候变化国际战略的主要立足点，是积极发挥负责任发展中大国作用，主动承担与自身发展阶段、能力和国情相符的国际责任和义务，推动构建公平合理有效的国际气候治理体系，同时为自身及发展中国家实现可持续发展营造良好的国际环境。中国国内气候变化战略则是根据气候变化国际谈判进展，适应国内经济社会发展战略的总体要求，明确分阶段的目标任务，并根据不同阶段的发展战略要求，调整战略重点和政策着力点。国际战略和国内战略的发展与形成都经历了一个过程。国际战略演变和调整与国内发展阶段变化及发展战略更新具有高度一致性，体现了内外战略的相互融合和协同效应。2007年之前，中国正处于经济发展的黄金时期，随着改革红利、开放红利、人口红利逐步释放，中国经济加速融入全球化进程，经济发展迈上新的台阶。这一时期，中国发展战略的重点是加快发展经济，加速推进工业化、城镇化进程，气候变化国内战略重点是节约能源、发展水电等可再生能源、植树造林，等等；国际战略重点是坚持共同但有区别的责任原则，维护我国及广大发展中国家的核心利益，为国内发展争取合理空间和营造良好的外部环境。2007年至2010年，气候变化国际谈判进入"巴厘路线图"阶段，哥本哈根气候峰会将气候变化问题在国际政治中的地位提高到前所未有的高度，中国由于是第一排放大国，在国际谈判中日益成为各方关注的焦点；而这一时期，恰逢中国经济全力应对国际金融危机影响，大力推进产业振兴和基础设施建设。在国际谈判中，中国紧紧依靠"基础四国"等发展中国家，发挥负责任大国作用，全力维护"双轨"谈判机制和联合国气候谈判主渠道地位。同时，加大国内气候变化工作力度，在发展中国家中第一个制定并发布了《应对气候变化国家方案》，全方位部署落

实气候变化工作，发布 2020 年碳强度下降目标，提高了中国在全球气候治理中的话语权和影响力。2010 年以来，在中国进入发展转型的新阶段，中国气候变化战略逐渐成型，顶层设计逐步完善，试点示范全面推开。在国际谈判中，将气候变化国际谈判作为中国更加积极参与全球治理的重要舞台，在推动德班平台谈判、达成《巴黎协定》过程中发挥了关键作用，推动全球进入绿色低碳发展的新阶段。

二、将气候战略融入经济社会发展战略，引领经济发展转型

作为一个发展中国家，中国需要根据发展阶段的变化和现代化进程，确定经济社会发展战略的目标、重点和政策着力点。2006 年发布的第十一个五年规划纲要首次提出控制温室气体排放。到 2007 年，首次制定并发布《中国应对气候变化国家方案》，初步明确了经济社会发展战略中应对气候变化工作的总体布局。2011 年发布的"十二五"规划纲要，首次将气候变化问题作为重要内容纳入，单独成章，提出了明确的目标任务，并把碳强度下降 17% 作为约束性目标，分解落实到各省级政府。2012 年，党的第十八次全国代表大会报告中，把生态文明建设纳入中国特色社会主义建设"五位一体"总体布局，放在更加突出的地位，并将绿色发展、循环发展和低碳发展作为生态文明建设的基本途径，表明中国气候变化战略与经济社会发展战略融合的进一步深化。2014 年中国发布的《国家应对气候变化规划（2014—2020 年）》首次提出把积极应对气候变化作为国家重大战略，明确应对气候变化在经济社会发展中的定位、政策框架和制度安排，努力形成全社会积极应对气候变化的整体合力，促进发展方式转变和经济结构调整，推动经济社会可持续发展。并提出，把积极应对气候变化作为生态文明建设的重大举措，以应对气候变化为契机，大幅降低碳排放强度，形成绿色低碳发展的倒逼机制；根据适应气候变化的需要，提高城乡建设、农、林、水资源等重点领域和脆弱地区适应气候变化能力，切实提高防灾减灾水平；充分发挥应对气候变化对相关工作的引领作用，按照绿色低碳发展和控制温室气体排放行动目标的要求，统筹推进调整产业结

构、优化能源结构、节能提高能效、增加碳汇等工作；发挥应对气候变化工作对节能、非化石能源发展、生态建设、环境保护、防灾减灾等工作的引领作用。这些战略要求，使气候变化与经济社会发展融为一体、互为依托、相互促进，实现了气候战略对经济社会发展领域的全面覆盖、动员和再造，标志着中国气候变化政策的主流化。同时，气候变化战略与国家产业政策、区域政策、财税政策、投融资政策的衔接、融合，扩充了实现气候变化目标的政策工具。

三、顶层设计与基层探索有机结合，实现目标统领下的模式创新

中国的应对气候变化战略必须考虑到地域广阔、人口众多的基本国情，也必须兼顾发展中经济的阶段性特征及区域发展不均衡的复杂性难题。因此，复制发达国家先污染、后治理，先富裕、再低碳的原有发展模式和经验，对中国来说，不仅缺乏国际政治和道义基础，在经济上和成本上也缺乏合理性和可持续性。中国也无法像大多数中小发展中国家一样，拥有依靠后发技术和制度优势，采取跟随战略实现减碳的政策便利。中国的气候战略，是在综合考虑发展阶段、现实国情、技术条件、区域经济等各方面情况的基础上，通过自下而上和自上而下的反复酝酿、谋划形成的。这一战略既包含分阶段的长期目标和分领域实施路线图，也包含鼓励不同区域和领域积极探索符合自身实际的创新发展模式的前瞻性政策设计。在中国已发布的《中国应对气候变化国家方案》《"十二五"控制温室气体排放工作方案》《国家应对气候变化规划（2014—2020 年）》《强化应对气候变化行动——中国国家自主贡献》等战略规划文件中，除明确应对气候变化全国性、阶段性目标任务，完善总体工作布局外，均将开展不同层面的低碳发展和适应气候变化试点示范作为重要内容，进行规划和部署。同时，中国通过开展低碳省区和城市、低碳工业园区、低碳社区、低碳城（镇）试点等一系列试点示范，探索形成了诸多适合不同地区特点、具有复制推广价值的绿色低碳发展经验。一些经验被更多的地区借鉴、吸

收，并上升为国家政策，推动了国家的低碳发展进程。只有通过顶层战略规划设计与基层实践探索的有机结合，才能根据经济社会发展的历史进程，分阶段校准气候政策目标、方向和着力点，满足区域发展不均衡条件下中国可持续发展的总体要求。

四、政府主导与多方参与有机结合，实现各方联动、协同推进

从实现应对气候变化目标的手段看，政府发挥着不可替代的主导作用。政府不仅是气候战略和政策的制定者，也是气候变化各方参与平台的搭建者和倡导者。在中国这样一个发展中国家，改革开放以来，经济发展和赶超战略在社会主流话语中一直占据着绝对的主导地位，气候变化问题广泛进入社会认知系统的历史还相当短暂，只是在 2009 年联合国气候变化哥本哈根峰会之后，才越来越多地被社会主流话语提及，并逐渐进入社会大众认知层面，而此前更多地停留在政府工作层面，但也仅仅是一个非主流议题。政府在中国气候战略中的主导作用，具有客观性、合理性和必然性，这也与中国政府在整个经济发展战略中的强势主导作用密切相关，政府的重视和主导保证了应对气候变化战略在实施过程中有力的政治动员和必要的资源配置。同时，由于气候变化议题的广泛性，其影响涉及经济社会发展的各个层面和领域，仅仅依靠政府的力量，尚不足以实现减缓和适应目标。因此，多年来，特别是"十二五"以来，在中国的应对气候变化实践中，能力建设成为一个具有核心价值的重要举措，通过提高政府、企业、研究机构、公共部门、民间组织、公众等各方面对气候变化问题的认知水平，普及应对气候变化知识，提高解决问题方案的制定能力，中国显著提高了应对气候变化问题在经济社会生活中的位阶和影响力，特别是低碳试点的开展和碳交易市场的建立，为各方参与应对气候变化提供了重要的通道和平台。在实现应对气候变化目标过程中，加强"部门联动"和"上下联动"，由国务院各部门、各地方政府按照职责分工分别承担应对气候变化相应的工作和责任，推动了应对气候变化工作在各方面的有效落实。

第二章　美国气候政策进展和战略框架

美国作为最大的发达国家，对全球气候变化负有重要的历史责任。但美国气候政策却未表现出相应的雄心，而是明显呈现受政党政治影响的历史轨迹。考察美国气候战略，需要从其政策演变历程和政策实体两个层面来理解和把握。

第一节　美国气候变化政策进展

一、美国温室气体排放总体态势

美国占据全球第一温室气体排放大国的位置超过 100 年，近年来才被中国超越。1992 年《联合国气候变化框架公约》达成以来，美国碳排放仍呈现增长趋势，直到 2007 年之后，才出现缓慢下降。根据其 2016 年发布的《国家温室气体清单报告（1990—2014 年）》，美国 2014 年的温室气体排放总量为 68.7 亿吨二氧化碳当量，比 1990 年上升了 7.4%（平均每年增长约 0.3%），比 2005 年下降了约 6.9%（净排放下降了约 8.6%）。但自 2008 年金融危机以来，美国的碳排放有两轮波动，2014 年的排放相比于 2013 年仍有增长，增速约为 1%（与中国当年增速相当），主要是由于 2014 年冬季严寒、供暖增加所造成的。美国碳排放总量及增长情况见图 2-1、图 2-2。

从温室气体排放构成看，2014 年二氧化碳占美国温室气体排放比重达到 80.9% 左右，其从 1990 年的 47.4 亿吨上升至 2014 年的 52.1 亿吨，增

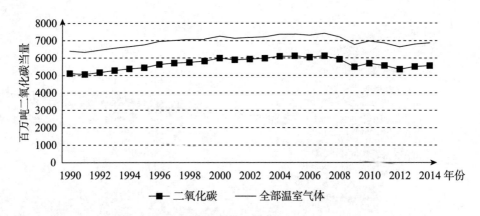

图 2-1　1990—2014 年美国温室气体排放量年变化趋势

数据来源：美国 EPA 2016 年最新数据。

图 2-2　1991—2014 美国温室气体年排放增速

数据来源：美国 EPA。

长约 9.9%，年平均增长速度为 0.4%；甲烷排放温室气体排放比例为 10.6%，自 1990 年以来已下降了 5.6%，氧化亚氮排放下降了 0.7%，而氟化物排放则上升了 76.7%。[1] 从部门结构看，电力部门排放占比达到 30%，而交通和工业部门占比分别为 26% 和 21%。在二氧化碳排放来源中，93.7% 来源于化石能源燃烧。具体排放构成和来源如图 2-3 所示。

如果将生产电力的化石能源燃烧排放的二氧化碳分摊到各终端部门，各

———————

① 含氟气体包括 HFCs、PFC、SF_6 和 NF_3。

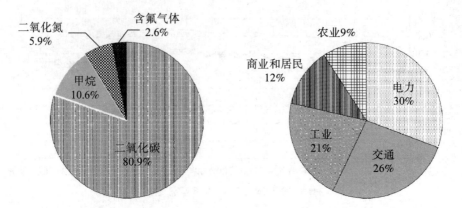

图 2-3　2014 年美国温室气体排放种类占比和部门来源

数据来源：美国 EPA。

部门化石能源消费二氧化碳排放量如图 2-4 所示①。在此情景下，交通排放占比约为 33.4%，自 1990 年以来增长了 16%，其中乘用车占到 42.4%、中重型卡车占 23.1%、轻型卡车占 17.8%、商用飞机占 6.6%、管道占 2.7%、铁路占 2.6%、水运占 1.6%。工业排放占比约为 27%，自 1990 年以来正在逐步降低，其中 58% 来源于工业过程的蒸汽/热，其余主要来源于电力消费。居民和商业部门排放占比分别为 21% 和 18%，自 1990 年来分别增长了 16%

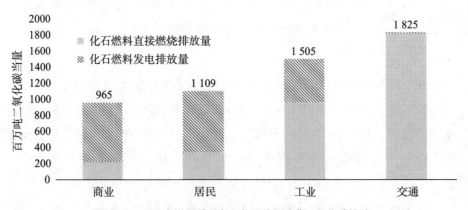

图 2-4　2014 年美国终端部门化石能源消费二氧化碳排放

数据来源：美国 EPA。

① 数据不包括其他美国领地：美属萨摩亚群岛、关岛、波多黎各、美属维尔京群岛、威克岛和其他美属太平洋群岛。

和24%，其中电力消费排放在两部门中排放总量中分别占68%和75%。如果只看电力部门的话，该部门占美国化石能源消费总量的34%、二氧化碳排放总量的39%，用于发电的煤炭占美国煤炭消费总量的比例约为93%，而用于发电的天然气占美国天然气消费总量的比例约为27%。

美国2016年一次能源消费中非化石能源占比约为19%，其中可再生能源占比为10.4%，核电占8.6%，如图2-5所示。温室气体中86.3%来源于能源部门。在2015年发电结构中，美国可再生能源占比约13%、核能为20%、天然气为33%、煤炭为33%、石油为1%。美国目前是仅次于中国的可再生能源大国。在可再生能源发电结构中，水电、风电、生物质发电、太阳能发电、垃圾发电、地热发电的占比分别为46%、35%、8%、5%、3%和3%。[①]

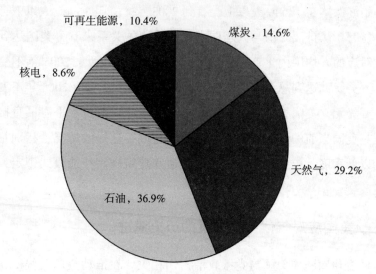

图2-5 2016年美国一次能源消费结构

数据来源：美国EIA。

尽管近年来奥巴马政府致力于塑造一个积极行动并取得实质进展的形象，但美国气候政策和行动一直缺乏像欧盟那样雄心勃勃的目标和力度。

①　数据来自美国EIA。

美国实际并未兑现其在《公约》下承诺的在 20 世纪末将温室气体排放水平控制在 1992 年前的水平，即在 2000 年前达到排放总量峰值的目标。不同于欧盟在 20 世纪 70 年代已达到排放峰值，美国 2007 年左右才出现排放总量峰值（不同数据来源统计口径略有差异，美国官方数据为 74.5 亿吨二氧化碳当量），此后逐渐呈下降趋势，但 2010 年和 2013 年出现了两轮小幅反弹。由于经济复苏、规模利用页岩气替代煤电以及近年暖冬天气多种因素叠加，目前判断美国是否到达稳定峰值尚为时过早。此外，美国近年来推动制造业回迁，也增加了稳定达峰的不确定性。

目前，美国的人均排放水平在《公约》附件 I 国家中仅次于澳大利亚。美国能源活动人均二氧化碳排放峰值出现在 1973 年（CDIAC 数据是 22.26 吨/人，IEA 数据是 22.13 吨/人），以后一直处于高位平台期，其排放水平始终保持在 18 吨/人以上，直到 2008 年才降至 18 吨/人以下，且下降并不显著。从排放峰值与人均国内生产总值的关系来看，美国达到人均峰值时对应的人均国内生产总值当年价约为 6 500 美元，2005 年不变价约为 2.3 万美元；达到总量峰值时对应的人均国内生产总值 2005 年不变价超过 4.5 万美元。美国如此高的排放水平与其相应高消费水平有最直接的关系，正是美国当前的经济发展和生活模式造成了这样的情况，特别是其城市布局以低密度、扩张型为主，居民交通和建筑被高耗能模式锁定，短期内较难改变。

二、美国应对气候变化政策的历史演进

气候变化问题在美国与党派政治密切相关。在推动全球气候变化科学研究和"气候安全"问题走入公众视野方面，美国曾发挥了重要作用。但纵观 1988 年以来美国气候政策演变过程，党派政治在其中具有重要影响，直接左右着美国政府的政策走向。总体来看，大致可以分为四个阶段。

（一）气候政策起步期（1992 年以前）

美国民众对气候变化问题的关注始于 20 世纪 80 年代。1988 年 6 月 23 日，美国气候科学家詹姆士·汉森在美国参议院能源与自然资源委员会作

证时说，全球升温的可能性为99%。这一事件经美国主流媒体广泛报道，使温室效应成为美国普通民众关心的公众话题。1990年，政府间气候变化专门委员会发布了第一次评估报告，在国际社会上引起强烈反响。但1989年上台的老布什政府，在环境问题上延续了共和党一贯的指导思想，对气候变化问题持保守和怀疑立场。也由于政府间气候变化专门委员会第一次评估报告尚缺乏坚实的研究基础，存在大量猜测成分，因而在科学上仍存在较大争议。共和党的老布什政府以气候变化的科学不确定性为由，强调在采取实质应对措施前应当对气候变化问题开展进一步研究，明确宣称"我们需要的是事实，科学的事实"。同时，老布什政府还担心削减温室气体会损害美国经济。1990年发布的总统经济报告指出，如果美国削减20%的二氧化碳排放，其成本将达到8 000亿 — 36 000亿美元。整体来看，老布什政府虽然意识到了气候变化问题亟待关注，但因顾虑其科学不确定性和高额成本，并未将其纳入战略层次予以重视，也拒绝承诺限制美国温室气体排放的量化目标。

在国际气候进程方面，届时正值《联合国气候变化框架公约》谈判。在谈判中，美国反对制定具体的目标和时间表，要求减排对象应包括氟氯化碳（CFCs）在内的温室气体和排放源，同时反对向发展中国家提供额外的政策支持。最终，美国同意排除氟氯化碳（CFCs），同时同意向发展中国家提供资金，但仍拒绝承诺具有约束力的目标和时间表。老布什政府于1992年6月签署了《联合国气候变化框架公约》，并于1992年10月获得了参议院的批准，成为第四个批准公约的国家。其在《公约》中承认的有关发达国家和发展中国家具"共同但有区别的责任"、减排承诺仅适用于发达国家、发达国家应向发展中国家提供资金援助和技术转让等主张，对后续国际谈判进程有一定积极影响。

与此同时，为回应《公约》，老布什政府在国内也采取了一些气候行动，如1992年10月24日，老布什政府出台了《1992年能源政策法》，涉及加大节能、提高能源效率和发展可再生能源等内容。同年12月，老布什政府还发布了美国第一份《应对全球气候变化国家行动方案》，就联邦、省州、私人部门和国际合作层面的政策行动做出安排。但其政策主要聚焦于"无悔政策"，即"节能和减少空气污染政策"的温室气体减排协同效应。

（二）气候政策发展期（1993—2000 年）

与共和党的老布什政府不同，民主党的克林顿政府上台后有更为积极的应对气候变化政策立场，承认由于人类活动导致气候变化问题的科学界主流认识，认为科学上的不确定性不应成为不采取行动的借口。但是，克林顿政府的气候政策很大程度上受到了国会的掣肘，特别是在其总统第二任期，导致实际实施效果不尽如人意。

在国际气候进程方面，克林顿一开始展现了比较积极的姿态，试图掌控主导权，积极推进有关《京都议定书》的谈判，提高气候问题在美国外交上的重要性。但后期受国内政治影响，其立场也出现了反复。克林顿政府主要谈判立场如下：一是反对具有法律约束力的短期承诺，更推崇中期或长期温室气体浓度目标；二是强调灵活机制，要求对履行减缓承诺给予一定的灵活性，并提出了市场机制的概念；三是和老布什政府一致，强调全面的覆盖所有源和汇的减缓措施；四是对发展中国家立场的转变，在1995 年 3 月第一次缔约方大会上已同意《柏林授权》的基础上，受国内政治形势影响，美国从第二次缔约方大会开始，主张所有国家包括发展中国家限制温室气体排放。伯德—哈格尔决议对克林顿政府的国际气候政策造成了毁灭性打击。1997 年 6 月，民主党参议员罗伯特·伯德（Robert Byrd）和共和党参议员查克·哈格尔（Chuck Hagel）联合提出了《伯德—哈格尔决议》（Byrd-Hagel Resolution），敦促克林顿政府在即将召开的京都会议上拒绝任何将发展中国家排除在外的控排协议，参议院以 95 对 0 票的结果一致予以通过。该法案为美国参与国际气候协议设定了两条"红线"：①美国不应该在 1997 年 12 月的京都谈判或此后的谈判中签署任何不要求发展中国家减少或限制温室气体排放，或任何可能对美国经济造成严重危害的与《联合国气候变化框架公约》相关的议定书或其他协议。②任何需要来自参议院批准或认可的议定书或其他协议，都应当伴有立法或需要执行该议定书或其他协议的管制行动的详细解释，也应当伴有由于执行该议定书或其他协议所需的详细经济成本和其他经济影响分析。该法案的存在不仅使美国无法加入《京都议定书》，还决定了美国在未来都不会签署类似的国际气候协议。受伯德—哈格尔决议的限制，克林顿政府虽然签署了《京都议定书》，但并没有将其提交给参议院批准，这也为后续小布什政府强行退出议定书埋下了伏笔。

与国际气候进程类似，克林顿政府的国内气候政策也经历了"先扬后抑"的过程。在1993年4月21日的地球日演讲中，克林顿政府提出与《联合国气候变化框架公约》下的自愿减排承诺相一致的量化减排目标，即到2000年将美国温室气体排放降低到1990年水平。为达到此目标，克林顿政府于1993年10月提出"气候变化行动计划"，涵盖50多项行动，并承诺在1994—2000年筹集19亿美金用于贯彻该行动计划。但此《气候变化行动计划》因国会没有批准政府的气候资金请求而流产。1997年由2 000位美国经济学家发表的《经济学家关于气候变化的声明》，用经济学研究证明了可通过正确的气候政策实现总收益大于总成本的温室气体减排，支持了克林顿政府的气候主张。1997年10月在《京都议定书》谈判达成协议前夕，克林顿政府又公布"气候变化提案"，提出温室气体量化减排目标，推动国内和国际碳市场，增加对能效和低碳技术的投资研发，通过减免税收和企业咨询等方式鼓励使用高能效产品，降低联邦政府用能等。并设立了应对气候变化"三步走"计划：第一阶段投资50亿用于财税激励和能效技术研发，鼓励工业间咨询；第二阶段（2004年）在对第一阶段的成果进行评估的基础上，为启动碳排放交易市场做准备；第三阶段（2010年）通过碳市场将温室气体降低到1990年水平。这个承诺相比其1993年提出的"到2000年将美国温室气体排放降低到1990年水平"已有所退步，但最终仍因总统换届而无疾而终。

（三）气候政策反复期（2001—2008年）

小布什政府时期，美国气候政策经历了一个从"消极质疑，单边主义"到"积极表态，消极减排"的策略性转变。其在第一任期内奉行单边主义外交，质疑气候变化问题的科学性，强行退出了《京都议定书》，并积极推动新的国际气候磋商机制以试图取代公约。而在其执政后期，受国内外不断升温的气候变化舆论压力的影响，小布什政府逐渐承认气候变化问题的现实性和紧迫性，提出了一些相对积极的政策主张，并赞同国际合作减排。但整体来看，小布什政府并未采取实质性减排行动。

在国际气候进程方面，在上任伊始的 2001 年 3 月，小布什政府就宣布退出《京都议定书》，声称其排除了世界上 80% 的地区，包括中国和印度的共同义务，并且会对美国的经济造成严重损害（使美国承担 4 000 亿美元和 490 万人失业的代价），而且对气候变化的科学原理和应对技术方案的认知仍不足，反对采取强制性的限排措施。美国在拒绝《京都议定书》之后，受到了国内的责难和批评，认为美国正面临着丧失在全球环境安全方面的主导权，这其中就有包括军方和主流学界的声音，指向国会的报告陆续不断。随着气候变化科学确定性日益明朗和气候极端灾害事件频发，政界、军界、科学界和公众要求正视气候变化问题的呼声日益高涨。2008年 5 月 28 日，美国科学家学会（Union of Concerned Scientists）公布了首次由全美顶尖的 1 700 多名科学家与经济学家联合发表的《美国科学家与经济学家关于迅速和大幅减少温室气体排放的呼吁书》，旨在请求美国领导人立即采取措施大幅度减少导致全球变暖的气体排放。在此背景下，小布什政府在其第二任期中对其气候政策话语做出了姿态性改变。2005 年 7 月6 日，小布什赴欧洲参加八国集团峰会时首次对外承认，"人类活动导致的温室气体排放增加引起全球变暖。" 2007 年 5 月 31 日，小布什政府提出美国气候变化新战略，要求后京都议定书时代的国际气候机制必须将主要的发达国家和发展中国家纳入其中，希望包括中国、印度在内的 15 个温室气体排放最多的国家共同努力，确立降低温室气体排放的长期目标，并在2008 年底以前就此达成共识。2007 年 6 月，小布什在德国海利根达姆召开的八国峰会上，同意考虑欧盟等提出的至 2050 年将温室气体排放相对1990 年排放量减半的长期目标，并同意将气候变化纳入到联合国框架下推进。同时，小布什政府还在《联合国气候变化框架公约》之外，发起了一系列多边环境/气候伙伴关系行动计划以弱化和替代公约，如甲烷市场化伙伴关系、氢能经济伙伴计划和碳收集领导人论坛等。

在国内，小布什政府提出了应对气候变化的替代方案。2002 年 2 月，小布什政府宣布了"全球气候变化新行动计划"，目标是到 2012 年将美国温室气体排放强度降低 18%，并强调以推动气候科学与技术进步作为应对战略。为此，小布什政府启动了"气候变化科学研究计划（CCSP）"和"气候变化技术研究计划（CCTP）"，致力于通过科研降低科学不确定性，寻求有效的气候友好型技术解决方案。同时，小布什政府还启动了名为"气候先行者"的自愿性企业—政府伙伴关系，推动企业制定长期气候变化战略。在其总统第二任期，2007 年 12 月 19 日，美国通过了《2007 能源独立与安全法》，被小布什政府认为是其气候政策的重大成果之一，将"推动美国进一步走向能源独立并获得安全，增加清洁可再生燃料的生产，保护消费者、提高产品、建筑及车辆的能效，促进碳捕获封存技术的研发和应用等"。小布什于 2008 年 4 月的新闻发布会上宣布，到 2025 年之前美国将遏制温室气体排放增长的态势。小布什政府期间还出现了地方行政机构相比联邦层面更为积极的现象。

（四）奥巴马气候新政（2009 年以来）

2009 年，民主党的奥巴马总统上台后，将气候变化问题作为重点关注并希望有所作为的领域。其副总统拜登以及国务卿、白宫高级科学顾问、能源部部长、环保署长、白宫能源和气候政策办公室主任等诸多内阁成员都是气候政策的坚定支持者。国际社会与美国国内环保势力均对其应对气候变化行动寄予了较大期待。

在国际气候进程方面，奥巴马就任以后，美国曾想重新积极参与并企图主导气候领域的国际合作，并意图通过绿色经济创造就业和实现经济复苏，其中最典型的事件包括发起经济大国能源与气候论坛和力推《公约》第十五次缔约方大会形成《哥本哈根协议》。在其担任总统的一周内，奥巴马就任命斯特恩为美国气候变化特使，以表明其雄心。但事实证明，绿色经济因受到两党纷争的掣肘而并未在短期内发挥刺激经济的作用，2009 年的哥本哈根会议未取得期望的效果，"气候"再次在美国国会成为了不合时宜的"尴尬词汇"。美国在《公约》渠道努力受阻，转而主张发挥主渠道之外的机制作用、意图撮合中美"G2"以及倡导"灵活模式"以显示其话语权，一方面与中国在重大场合连续发表元首级联合声明，另一方面仍以"长期、耐心和坚定"的立场要求一致对待工业化国家和中印等发展中国家。

在国内，上台伊始，奥巴马政府借 2007 年联邦最高法院对马萨诸塞州诉美国环保署一案的判决，开始通过美国环保署（EPA）对温室气体排放进行管制。2009 年正式将二氧化碳、甲烷、氧化亚氮等六类温室气体认定为大气污染物以适用于《清洁空气法》的规制范围，并推动制定了一系列控制温室气体排放的行业法规与标准，其中包括颁布覆盖美国 85%—90% 排放量的《温室气体报告规则》（GHGRP），建立更为严格的车辆燃油经济性标准 2012—2016 年（CAFÉ）和可再生燃料标准（RFS），以及将原有的新源建设许可证（PSD）与运营许可证（Title V）两项空气质量许可证制度沿用到控制温室气体排放领域，要求发电、化工、冶炼、水泥生产等大型工业排放源必须获得排放许可，预计涵盖其近 70% 的固定排放源。但由于奥巴马上任时间恰逢 2008 年全球金融危机，美国国内经济遭受重创，奥巴马政府需全力应对医疗改革、财政赤字、金融危机等国内棘手问题，影响了 2009 年在《美国清洁能源和安全法案》争取参议院选票时的政治资源投入，且受竞选连任、国会两院选举、行政—立法制衡等诸多因素掣肘，奥巴马未能在第一任期充分就气候变化和能源问题采取更多行动。随着金融危机的缓解及国内和国际形势变化，美国经济形势开始稳步回升，经济增长率、失业率、财政赤字等数据都较金融危机时有较大改善，国内医保、教育改革已基本完成，政治压力较上任伊始大幅降低，页岩气革命、飓风等极端气候灾害也让奥巴马在应对气候变化问题上更为主动。奥巴马开始在气候变化问题上逐渐发力。与此同时，奥巴马第二任期平稳过渡，其第二任期虽面临更为艰难的立法环境，奥巴马仍坚持绕开国会通过一系列行政手段限制温室气体排放，充分显示了他希望在气候变化问题上有所作为并打造本届政府政治遗产的愿望和决心。

在 2012 年初的国情咨文中奥巴马开始重提气候变化。2012 年环保署首次提出了有关新建 25MW 以上的电厂排放标准的规制办法建议，要求每千瓦时发电量排放低于 1 000 磅（约合 453.6 千克）二氧化碳，这个数值大致相当于天然气发电厂的排放水平，该报告最终几易其稿。2013 年初奥巴马在就职演讲中更是明确了其应对气候变化的承诺。2013 年 6 月，美联邦政府出台了迄今为止最全面、系统的应对气候变化方案——《总统气候行动计划》，这是迄今为止美国发布的最全面的全国气候变化应对计划，它标志着美国联邦政府层面上"气候沉默"时代的终结，也标志着一个强化气候行动时代的开端。该计划重点内容包括：减少发电厂碳排放，发展新能源，提高能源效率，确立四年一次的能源评估制度，并重点关注了适应气候变化、重塑国际社会应对气候变化领导地位、启动全球环境产品和服务自由贸易等内容。在该计划发布同一天，奥巴马在乔治敦大学发表了应对气候变化主题演讲，呼吁国内各党派和利益相关方的广泛支持。2014 年环保署又公布了在工业、农业等领域削减甲烷排放计划。2015 年 8 月又公布了《清洁电力计划》（CPP）的最终版本，拟在 2030 年之前使电厂排放较 2005 年减少 32%。该计划虽然被认为力度较《美国清洁能源和安全法案》大幅减弱，但仍可视为是有所作为。《清洁电力计划》的核心内容包括：一是在综合考虑各州的现实情况、未来电力需求和其他已出台的政策措施等方面因素基础上，构建各州的"最佳减排体系"，制定了各州的具体目标；二是为各州如何落实目标制定了指南，并规定各州按照指南的有关要求制定具体规划。环保署将于 2022 年 1 月 1 日起实施该计划，并建议各州于 2016 年 9 月 6 日前提交规划方案初稿，并于 2018 年 9 月 6 日完成并提交规划方案终稿。

该方案一经公布就引发了美国国会中共和党议员和不少能源大州的强烈反对，认为该方案减排目标过于激进，危害美国电力系统安全，影响美国经济发展。全美矿业协会、洁净煤电联盟、全美农村电力合作协会等组织认为，新方案将扼杀就业，导致最低收入群体电费账单至少上涨 10%。在最终方案出台仅十天后，就有 27 个州向特区上诉法庭起诉 EPA，认为清洁空气法案第 111（d）条款未授权 EPA 管理发电厂碳排放，要求推翻清洁电力计划，并请求在案件审理期间法院判决暂停实施该计划。2016年2月9日，美国联邦最高法院9名大法官以5比4裁决暂停该方案实施。但数日后戏剧性的是，最高法院9名大法官中"保守派"的代表人安东宁·格雷戈里·斯卡利亚突然逝世。各州对《清洁电力计划》的反应见图2-7。

图2-7　反对《清洁电力计划》的州

　　伴随唐纳德·特朗普（Donald Trump）正式当选为美国总统且共和党全面控制国会，《清洁电力计划》及美国应对气候变化行动的命运充满了更多的未知和不确定性，各方均需面对特朗普上台后暂不明朗的气候政策事实。特朗普曾在2009年商界领袖致奥巴马总统的一封公开信上签名，敦促美国通过气候立法、加大对清洁能源投资、发挥气候变化领导力，而后却在2016年总统大选期间屡次质疑气候变化的真实性，甚至认为："全球变暖是中国人制造出来的天大阴谋，目的是让美国的制造业失去竞争力！"并公开宣称一旦当选，将退出《巴黎协定》。上任以来，特朗普的立场又似有所软化，发布言论承认气候变化的影响，并表示会审慎考虑涉及气候变化的相关决策。

　　初步判断，特朗普虽不会像其前任民主党政府积极推动气候变化行动，但也不会在上台后做出极端轻率的举动。然而，由于美国一直缺乏气候变化旗舰法，包括"清洁电力计划"在内的多项气候政策行动均由环保署牵头实施，受总统影响较大。而特朗普政府任命的美国环保署长斯科特·普鲁伊特（scott pruitt）此前一直反对奥巴马的气候政策，一个反对联邦政府过多干预地方环境事务的人出任美国环保署长，对美国的环境管理体制和气候变化政策走向的影响难以预料。未来美国国内气候政策走向及其对多边进程影响还有待进一步观望。①

第二节　美国气候变化战略框架

美国气候政策在曲折往复中走到今天，逐渐形成了与美国社会政治体制相匹配的气候政策体系，其战略框架可以概括为以下四个方面。

一、战略目标

2009 年丹麦哥本哈根联合国气候变化大会召开前夕，美国政府宣布到 2020 年温室气体排放量将比 2005 年排放量减少 17%（如果按净排放的口径计算，实际相比于 1990 年排放量减少 2%）的目标，并在哥本哈根大会后，即 2010 年 1 月 28 日，正式提交了 2020 年的国家减缓目标，如表 2-1 所示。该目标与政府间气候变化专门委员会（IPCC）所要求 2020 年前发达国家相比于 1990 年减排 25%—40% 的结论相距甚远。在该提交文件中，美国还提到了 17% 的目标仍取决于国内立法进程，并指出在当时悬而未决的《美国清洁能源和安全法案》草案中还提到了 2025 年减排 30%、2030 年减排 42% 和 2050 年减排 83% 的中长期目标。

最终该目标及法案在美国参议院被搁浅，随着 111 届国会的换届，该方案视为自动退出了议程，奥巴马政府的气候新政在其第一任期内正式夭

---

① 特朗普 2017 年 1 月 20 日正式就任美国总统以来，就能源和气候变化政策宣布做出一系列调整。1 月 21 日颁布《美国优先能源计划》，宣布将撤除《气候行动计划》；3 月 28 日签署能源独立执行令，撤销奥巴马政府时期多项气候政策，并要求环保署对《清洁电力计划》等内容进行审查；6 月 1 日则在白宫宣布"停止执行"《巴黎协定》，并要求重新开始谈判。此举引发了包括美国各界人士在内的全球范围内的广泛质疑。根据《巴黎协定》第 28 条规定，签署国在协议生效三年之后才能提出申请，一年之后退出申请才能生效。因此美国要真正退出《巴黎协定》，最早要等到 2020 年 11 月 4 日才能生效。

折。截至目前，美国以 2005 年为基准的减排幅度约为 8.6%，完成了 17% 减排目标进度的二分之一。因其没有有效的联邦层面的、全经济范围的约束性措施，只能通过行政措施在交通、建筑、电力、投资、研发等领域小步前进。2013 年时任美国总统奥巴马在《总统气候变化行动计划》中再次提到了其仍然坚定地致力于实现 2020 年 17% 的减排目标，并较为系统地阐释了美国政府未来将要采取的其他补充性措施，特别是通过与州、地方社区和私人部门合作，以继续向 2020 年目标迈进。计划中明确提出 2020 年可再生能源（不包括水电）翻番的目标，2020 年可再生能源将达到 150GW，年新增装机容量约为 8GW，基本占其年新增装机容量的 50%。

表 2-1　《哥本哈根协议》附件 I 中美国提交的减排目标

《公约》附件 I 缔约方	2020 年全经济范围量化排放目标	
	2020 年减排目标	基准年
美国	17% 的范围，需符合预期的美国能源和气候立法，并认识到最终的目标将根据颁布的法律向秘书处正式报告[1]	2005

注：[1] 在待定的立法中还阐述了为实现 2050 年减排 83% 的目标，需要在 2025 年减排 30%、2030 年减排 42% 的路径。

　　继 2014 年 11 月《中美气候变化联合声明》之后，白宫于 2015 年 3 月 31 日正式宣布了向联合国提交的 "美国计划至 2025 年实现在 2005 年基础上全经济范围减排 26%—28% 的目标并将努力达到 28%"（如果按净排放的口径计算，实际相比于 1990 年排放量减少 12.7%—15%）的国家自主贡献方案（INDC），是继欧盟之后全球第二个提交其国家自主决定贡献文件的主要经济体，如图 2-8 所示。美国的国家自主贡献只体现了减缓气候变化目标，在气候适应、资金、技术转让与能力建设等方面并未做出承诺，也并未承担其应负的历史责任。

　　按照《巴黎协定》及决定的要求，未向联合国提交 2030 年自主决定贡献目标的缔约方应当最晚于 2020 年递交新的通报。美国只明确提出了 2025 年的目标，因此对于新一届政府，面对新的世情与国情，需要重新审

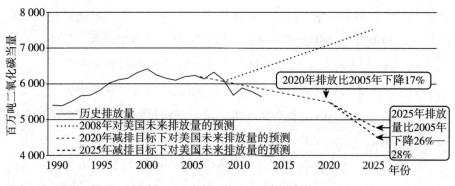

图 2-8 美国国家自主决定贡献目标

视美国进一步的应对气候变化战略与行动。

2016 年 11 月 16 日，奥巴马政府向联合国提交了《美国 2050 年深度脱碳战略》。《巴黎协定》第 4 条第 19 款和巴黎气候大会 1/CP21 号决定第 35 段邀请所有缔约方在 2020 年前提交长期温室气体低排放发展战略，美国是目前第二个提交此类战略的国家，试图将其作为奥巴马政府的政治遗产。

该份战略报告在大幅赞扬奥巴马政府在气候领域取得的成绩的基础上，依据 2009 年 G8 会议期间提出的"相比于 2005 年，2050 年全球减排 50%，发达国家减排 80%"的号召来铺排美国的长期战略，其主要内容是用情景研究的方法"展示"美国如何才能在 2050 年达到减排 80% 的目标。该报告分为 7 个部分，除背景外，还包括美国排放和趋势、2050 年愿景、能源系统脱碳、碳汇和土地利用减排、非二氧化碳温室气体减排和国际合作。不同于以往需要国会通过的法案，该报告关于经济影响的部分非常简单，并没有惯有的关于投资、消费、就业、环境效益、健康等协同效应的分析，仅提出了利用市场机制、尽快采取行动、支持脆弱人群的保障措施。其中最为核心的是第三部分"2050 年愿景"，其方法学涉及 5 个模型（GCAM 为主，结合 GTM、USFASM、NEMS、MACM），并设置了基准、负排放、能源技术三类情景来实现 2050 年减排 80% 的目标。其中基准情景是主要情景，另外两类是限制条件的情景，情景之间的差别只是减排技术组合的不同，即展现了排放源和汇之间不同程度的平衡，对其减排 80% 的目标本身没有本质影响。据此分析报告给出了 6 个政策启示：提高能源系统效率、2050 年电力生产主要来自于清洁能源（可再生能源、核能、化石能源+CCUS）、建筑工业交通部门广泛使用清洁电力和低碳燃料、增加土地碳汇、减少非二氧化碳温室气体排放。相关的政策建议非常笼统，而且没有分阶段实施的路线图和具体政策。最后，该报告也适当展望了减排超过 80% 的情景，但仅仅是示意性的。

整体来看，这份长期战略并不能被视为"国家战略"，更像是一份研究报告，且其出台时机正值美国总统换届之际。随着特朗普上台，可以预见，它将仅仅是奥巴马政府自娱自乐式的"遗产"，而不会被真正实施。

二、管理体系

美国实行立法、司法和行政三权分立与制衡的政治制度。立法机关是由参议院和众议院组成的国会。美国国内气候法案需由参众两院分别审议通过，交由总统签署并发布后才能正式实施。在国会，气候变化相关提案主要由负责起草能源和其他气候变化相关问题的议员本人和小组委员会提出。参众两院均有起草法案的权利。在众议院，气候变化提案主要来自拨款、筹款、农业、科学太空和技术、自然资源、能源与商务等小组委员会；在参议院里，气候变化提案主要来自环境与公共事务、金融、对外关系、农业、商务科学与技术、能源与自然资源等小组委员会。由于多年来参议院一直由共和党控制，美国专门的气候变化法案一直难以通过。

除国会外，总统率领的行政部门也可通过政令对温室气体发挥管控作用。目前美国联邦层面气候政策主要依赖于总统行政命令。[①] 负责管控温室气体的行政部门主要是美国环保署。美国环保署对温室气体的管辖权是通过司法途径获得的。2007 年 4 月，通过"马萨诸塞州等诉环保局案"，美国联邦最高法院将 CO_2 等六种温室气体裁定为空气污染物，并要求美国环保署尽快出台相关排放标准和措施对其进行控制管理。该案件的判决为

---

① 美国总统实施气候变化相关的行政命令需征询内阁和内阁级别成员的意见，原则上内阁所有成员和气候变化相关决策均有关系。

美国环保署直接管控温室气体提供了法律依据。根据美国《清洁空气法》第112条的授权，美国环保署有权对有害空气污染物排放源设定排放标准，因此，环保署虽然没有出台全经济范围减排目标的权力，但可以通过出台部门排放标准的方式控制温室气体排放。美国的国家温室气体清单编制工作也是由环保署牵头并负责协调汇总，能源部、农业部、交通部、国防部等其他机构参与并提供数据支持。美国政府没有要求各州编制温室气体清单，但加州温室气体清单编制具有完备的法律基础和专门机构，成为量化温室气体减排的重要工具。美国的温室气体报告制度作为一项与国家温室气体清单编制互补的温室气体数据管理制度，从2010年开始就要求大排放设施（企业、供应商）核算其排放量并报告相关信息。总统行政办公室下辖的部门，如能源与气候变化办公室、环境质量委员会、科技政策办公室、国家安全委员会在气候变化问题上也扮演了重要角色。一些独立机构如联邦能源管理委员会（FERC）等也在气候变化行动中发挥了重要作用，例如，落实环境和能源法案、研发新能源技术、确保美国在海外的投资利益等。然而，由于行政命令缺乏相应的法律保障，往往会随着美国总统换届而受到直接影响。美国联邦气候变化管理体系见图2-9。

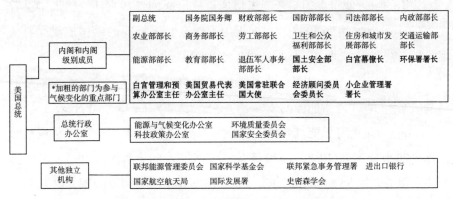

图2-9　美国联邦政府气候变化相关行政体系①

---

① 美国总统实施气候变化相关的行政命令需征询内阁和内阁级别成员的意见，原则上内阁所有成员和气候变化相关决策均有关系，图中加粗的部门为参与应对气候变化行动的主要部门和机构。

在州和地方政府层面，州和地方政府需遵从美国国会通过的法案以及联邦政府出台的相应政策法规标准。如州政府不愿落实某项联邦法案或政策，则需向法院对该项法案或政策提起诉讼。在不与联邦法案和政策冲突的情况下，州议会可以制定州法案，州政府制定相应政策法规落实州法案。例如，加州议会 2002 年通过法案 AB1493 要求加州空气资源委员会（CARB）从 2009 年开始控制汽车尾气中的温室气体排放。CARB 依据 AB1493 的要求，在 2004 年出台相应政策细则，要求在 2009—2016 年间制造并在加州销售的新车减少尾气中的温室气体排放。清洁空气法案允许州政府出台更为严格的空气管理政策，但在州政策落实之前必须获得联邦 EPA 的同意。经过漫长的审批和上诉过程，EPA 最终在 2009 年同意 CARB 的汽车温室气体减排政策。

美国在行政和立法、联邦和各州之间的双重分权体系体现了各利益相关者的代表性，但也使得气候立法在美国困难重重，并在很大程度上决定了美国气候政策以行政命令、部门规章和州行动为主导的框架结构。

三、法律基础

共识的缺乏使得美国至今尚未形成国家层面的气候立法。美国国会曾在 2003 年、2005 年、2008 年多次提出覆盖全经济范围的碳排放权交易法案，都未获得参众两院通过。2009 年由民主党众议员亨利·维克斯曼（Henry Waxman）和爱德华·马基（Edward Markey）提出的《维克斯曼—马基法案》（即《清洁能源与安全法案》）（American Clean Energy and Security Act），是最有可能成功的一次尝试。该法案包含了全经济范围减排目标（2020 年减排 17%，2030 年减排 42%，2050 年减排 83%），并提出要建立覆盖全国 85% 排放量的碳市场。法案在众议院以 219 对 212 票勉力通过，其中只有 8 名共和党议员投赞成票，最后在参议院几经修改而搁浅。美国正在执行的与气候变化相关的法规主要包括：

（一）美国清洁空气法案

美国清洁空气法案是限制固定和移动排放源排放空气污染物的联邦法

案，是美国控制和治理空气污染最主要的法案。美国早在 1955 年就出台了清洁空气法案的前身—空气污染控制法案（Air Pollution Control Act, PL 84-159）。1963 年，国会修订该法案，出台了清洁空气法案（Clean Air Act, PL 88-206），并分别于 1970 年（PL 91-604）、1977 年（PL 95-95）和 1990 年（PL 101-549）进行了重要修订，扩大了联邦政府的监管范围。清洁空气法案 1970 年修订案要求联邦政府制定全国空气质量标准（NAAQS），限制有害空气污染物的排放，保护公众健康和公共福利。美国环保署（EPA，成立于 1970 年）负责全国空气质量标准的制定和实施。2007 年的"马萨诸塞州等诉环保局案"将 CO_2 等六种温室气体裁定为空气污染物，为美国环保署直接管控温室气体提供了法律依据。2009 年 12 月，环保署正式签署文件，明确指出 CO_2、CH_4、N_2O 等六类温室气体对人体健康具有危害性。此后，环保署以旨在保护和改善国家空气质量、控制空气污染的联邦《清洁空气法案》为依据，在其法律框架下制定了一系列控制温室气体排放的法规与标准。2010 年 5 月，环保署通过了《温室气体约束规则》，将原有的新源建设许可证（PSD）与运营许可证（Title V）两项空气质量许可证制度沿用到控制温室气体排放领域，要求大型温室气体排放源必须获得排放许可。2012 年 6 月，环保署发布了该项制度的最终规则，从 2011 年 1 月起新建工业设施如果每年温室气体排放量大于 10 万吨 CO_2e，必须获得 PSD 建设许可证才可动工建设。已有 10 万吨排放以上级的设施如果因改建造成新增年排放在 7.5 万吨以上的，也需要申领建设许可证。而无论是新建还是已有的设施，年排放 10 万吨 CO_2e 以上的必须获得运营许可证。该制度主要针对发电厂、冶炼厂、水泥厂等排放源，它们涵盖了美国近 70% 的固定排放源。除此以外，规定提出排放设施必须进行环境影响评价，为此环保署还针对各个行业建立了全套技术标准指南，要求大型设施许可证须证明其已经应用了指南推荐的"目前最有效的控制技术（BACT）"，将温室气体排放降至最低。

（二）能源独立和安全法案

能源独立和安全法案在 2007 年 12 月由时任美国总统布什签署批准。

该法案旨在增强美国能源的独立性和安全性，大力发展可再生能源并加大可再生能源的生产，提高产品、建筑物和汽车的能源效率，加强温室气体捕集和封存方面的研究，提高联邦政府的能源使用效率，提高汽车燃油经济性标准。

（三）能源政策法案

能源政策法案 2005 修订案 2005 年 7 月国会投票通过，2005 年 8 月由时任美国总统小布什签署批准。该法案涉及多个能源相关领域的研究和开发，其中包括能源效率、可再生能源、石油和天然气、煤炭、机动车燃油、电力市场和气候变化技术等。该法案中包括不少与减缓气候变化相关的政策，例如，为清洁煤炭技术提供资金支持，为开发和使用创新型温室气体减排技术提供贷款担保，提高在美销售汽油中生物质燃料的混合比例，对可再生能源生产者提供税收减免激励等。该法案是近几十年来美国政府在能源领域通过的重要法案之一。

（四）美国复苏及再投资法案

该法案于 2009 年 2 月批准生效，法案要求拨款 272 亿美元用于新能源和能效的研究和投资，由多个政府部门执行。

（五）气候变化研究法案

该法案于 1990 年批准生效。法案要求联邦政府开展对全球变化的研究以帮助美国政府和世界了解、评估、预测和应对全球变化，每年至少向总统和国会提交一份研究进展报告。目前由美国国家科学技术委员会下属的环境、资源和可持续性委员会负责领导协调。

（六）森林与牧场可再生资源评估法案

该法案（RPA）最初在 1974 年批准生效，1976 年进行修订。法案要求美国农业部森林服务部门对美国林牧业进行长期规划以确保资源的可持续性，同时保障美国环境质量。法案要求每十年对全国林牧业可再生资源进行评估，为自然资源的现状和未来趋势提供可靠信息。

奥巴马政府时期并未有重要的有关气候变化或清洁能源的法案出台，但上述法案为具体政策的出台提供了依据。例如，根据《清洁空气法》及

《能源独立和安全法案》等，美国交通部、环保署和美国国家公路交通安全局修订和发布了轻型汽车2017—2025年、重型汽车2014—2018年和2021—2027年燃油经济性的新标准。美国国税局延期和更新了可再生能源发电税收减免（PTC）以及清洁能源投资税收减免（ITC）和居民可再生能源税收减免（ETC）。美国环保署出台了可再生燃料标准（RFS），批准了替代高增温潜势的氢氟碳化物（HFCs）在某些应用中使用的《重要新替代品政策》（SNAP）方案。美国能源部完成了29类家用电器和设备的节能标准以及商业建筑的建筑规范的制定。

四、政策体系

美国气候政策按行政层级可分为联邦层面气候政策和州及城市层面气候政策，按领域可分为减缓政策和适应政策，按内政外交可分为国内气候政策和国际气候政策。在减缓气候变化政策方面，主要是按照部门和温室气体种类布局，具体包括优化能源结构政策、部门减排政策，控制其他温室气体（如HFCs和甲烷）政策以及农林部门减排政策。

（一）优化能源结构政策

美国优化能源结构政策主要体现在两个方面，一是大力发展以页岩气为主的非传统天然气，实现"气代煤"；二是发展可再生能源和核电等非化石能源。

1. 催生"页岩气革命"

从20世纪70年代末，美国政府即鼓励开发本土非常规天然气。对页岩气勘探、开发实行税收减免以财政补贴，使美国非常规天然气探井数量大幅上升。进入21世纪后，由于页岩气开采技术的突破和成熟，在全球率先催生了"页岩气革命"，成为第一个实现大规模商业化开采的国家。

2. 发展可再生能源

推动可再生能源发展是美国推动能源行业脱碳的政策重点。美国的可再生能源投资曾长期领跑全球，近年来被中国赶超，但美国仍是非水可再生能源最大的生产国。相比2008年，美国风能发电量增加到原来的3倍，太阳能发电量增加30多倍。目前，非水可再生能源发电量占全国总发电量的7%。美国联邦政府主要通过使用税收减免政策激励可再生能源的发展，相关税收抵免措施历经多次届期、延长、修改与更新。2015年12月，美国国会通过了延期三项清洁能源税收减免政策的2016年综合拨款法案，保证了可再生能源项目建设的政策稳定性。三项延期的税收减免政策分别为：可再生能源发电税收减免（PTC）、清洁能源投资税收减免（ITC）和居民可再生能源税收减免（ETC）。美国在可再生能源领域的其他主要政策措施还包括可再生能源配额制（Renewable Portfolio Standards，RPS）、成本加速折旧（Modified Accelerated Cost-Recovery System，MACRS）、农村能源计划、财政补贴（Treasury Grant）等。

3. 发展核电

核电是美国电源的重要组成部分，占美国总发电量的20%左右，但美国核电机组多建于20世纪七八十年代以前，近年来由于对核安全问题的关注，美国核电一直处于停滞状态，但与德国等明确提出"去核"的国家不同，美国尚未放弃核电。与可再生能源不同，美国政府主要通过使用贷款担保等方式鼓励核电发展。

（二）重点行业减排政策

1. 电力部门减排政策

电力部门减排是奥巴马气候政策的重点领域，其最主要方案是"清洁电力计划"。2012年4月，奥巴马政府提出了针对新建电厂的碳排放标准草案，要求新建燃煤电厂的温室气体排放在其运营生命周期内要减少约50%，并须达到每度净发电排放低于453.6克CO_2（当前运营电厂和未来12个月内修建的电厂不受新标准的限制）。2014年6月，美国环保署进一步推出关于电力行业二氧化碳减排的《清洁电力计划》（CPP）草案，明确提出"2030年现有电厂碳排放在2005年基础上降低30%"的方案。2015年8月，环保署公布了《清洁电力计划》最终方案，将针对美国发电企业的减排标准由"2030年碳排放量比2005基准年下降30%"上调到32%，相当于减少碳排放8.7亿吨。同期还颁布了针对新建、改建和重建电厂的碳排放标准，并提出了帮助各州实施《清洁电力计划》的模式规则和联邦计划。随着特朗普上台，清洁电力计划的生效已基本不可能。

2. 交通部门减排政策

美国的交通部门是最大的终端消费排放源，占 2014 年美国温室气体排放总量的 26%。

燃油经济性标准是交通部门最重要的减排政策。1975 年美国出台《能源政策与节约法》，建立了针对小轿车和轻型卡车的公司平均燃油经济性标准，并不断地更新、调整。2007 年实施的《美国能源独立与安全法案》规定到 2020 年汽车和轻卡的燃料经济标准为 35 英里/加仑。2010 年 5 月 21 日，奥巴马要求环保署（EPA）和美国国家公路交通安全局（NHTSA）在 2017—2025 年间提高轻型汽车燃油经济性和降低轻型汽车温室气体排放，新标准须从 2014 年开始实施。根据奥巴马政府指示，环保署和交通部在 2012 年 8 月宣布出台新的轻型汽车燃油经济性和温室气体排放标准，适用于 2017—2025 年生产的新车。新标准预计使新车每英里二氧化碳排放量减少约 40%。2016 年 8 月 16 日,. 发布第二阶段的中重型汽车油耗和排放标准，第二阶段标准将在 2021 年至 2027 年间实施。新标准预计将减少约 11 亿吨二氧化碳排放，节约燃油成本 1 700 亿美元。

同时，美国通过可再生燃料标准（RFS）推动交通部门的燃料优化。2005 年颁布的《能源政策法案》授权环保署制定和实施可再生燃料标准（RFS）。2007 年实施的《美国能源独立与安全法案》要求修订可再生燃料标准（RFS），规定运输燃料、航空燃料和取暖用油中必须掺入一定比例的可再生燃料，实现到 2022 年可再生燃料年使用量达到 360 亿加仑的目标。

此外，美国还通过税收优惠的政策来促进新能源交通工具的发展，为新型混合动力轻型车提供每辆车 3 400 美元的税收抵免。

3. 建筑部门减排政策

建筑部门排放占 2014 年美国温室气体排放总量的 21%。建筑部门减排政策主要以建筑节能标准、建筑能效标识、电器和设备标准等为主。

美国是较早开始实施建筑节能标准的国家之一，根据 1992 年的《能

源政策与节能法》修订案，1993 年美国建立了建筑节能标准项目
（Building Energy Codes Program），要求美国能源部通过此项目对建筑节能
标准进行管理，参与全国性建筑标准的修订，从技术和资金方面协助各州
制定与执行建筑节能标准。美国环保署负责绿色建筑工作，包括节能、节
水、建材、废弃物、空气质量、可持续发展等方面内容。美国的标准体系
与其他国家不同，并没有一个全国范围统一的节能标准，而是各州分别制
定自己的强制性建筑节能标准。美国的住宅建筑模式标准是"国际节能法
规（IECC）"，关注四个方面建筑用能途径：采暖、空调、生活热水和照
明。1998 年，第一版 IECC 标准颁布，之后每三年经过一次修订，建筑节
能标准逐步提高。美国的公共建筑模式标准是美国采暖、制冷与空调工程
师学会标准。从 2004 年出台以来，几经修订，对建筑物性能的要求逐步
提高。

美国建筑能效标识是 1992 年由美国能源署启动的能源之星（Energy
Star）项目（1995 年能源部也加入到能源之星项目的组织与协调中）。与
建筑节能标准不同的是，能源之星除了规定建筑物的某些部件应达到的性
能外，更主要的衡量标准是建筑物的整体能耗状况。

此外，美国在建筑领域还通过自愿倡议和提供融资便利等政策推动减
排。例如，奥巴马于 2011 年 12 月发起更好建筑挑战项目，旨在实现到
2020 年工商业建筑房屋、多单元家庭住宅和工业厂房的能源利用效率提高
至少 20% 的目标。目前已有超过 310 家组织机构承诺参与此项目，参与的
工业和商业建筑面积超过 42 亿平方英尺。

（三）其他温室气体减排政策

1. 氢氟碳化物减排

氢氟碳化物（HFCs）是"超级温室气体"，其全球变暖潜势（GWP）
值是 CO_2 的上千倍。美国政府积极推动削减 HFCs。重要新替代品政策是美
国用于减少 HFCs 使用和排放的主要政策。由美国环保署根据清洁空气法
612 条款的要求，于 1994 年开始制定实施，旨在识别消耗臭氧层物质
（ODS）的替代品。美国还通过制冷剂管理法规管控 HFCs 排放，希望改善

制冷剂销售、使用、回收和再利用途径。

2. 甲烷减排政策

2014 年，甲烷排放占全美温室气体排放总量的 10.6%。2014 年 3
月，白宫发布了甲烷减排战略。该战略是奥巴马应对气候变化行动的一
部分。该战略承诺采取新措施减少甲烷排放，并列出了甲烷主要排放部
门（垃圾填埋场、煤矿、农业以及油气部门）的减排措施。2015 年，美
国发布了致力于控制新的或改良后的水力压裂油井及其下游生产组件甲
烷和挥发性有机化合物（VOC）排放的标准。2015 年 8 月，环保署发布
两个政策建议草案，要求进一步减少城市固体垃圾填埋场富甲烷气体的
排放。美国环保署从 1994 年开始实施煤层气拓展计划，旨在减少煤层气
排放。

（四）农林部门减排和增汇政策

农业部门是主要的温室气体排放源，约占 2014 年美国温室气体排放的
8.3%。而林业部门则是碳汇的主要来源，可抵消 2014 年温室气体排放总
量（不含 LULUCF）的 10% 以上。

美国农业部于 2016 年 5 月发布了气候智能农林业模块路线图。该路线
图包括十个模块：土壤健康、氮管理、牲畜合作（即沼气利用）、敏感土
地保护、草场牧场管理、私有森林发展和维护、联邦森林管理、推进木质
产品使用、城市森林建造以及可再生能源生产和提高能效。

其他农林部门相关减缓政策还包括：①强化美国自然资源恢复力的政
策：2014 年 10 月，奥巴马政府发布了强化美国自然资源恢复力的优先事
项，首次全面承诺支持加强自然资源恢复力和土地碳封存能力；②推动生
物气体回收的政策：AgSTAR 项目由美国农业部和环保部联合实施，鼓励
在农场养殖中使用生物气体回收技术（主要是厌氧消化技术），减少牲畜
排泄物产生的甲烷排放。截至 2016 年 5 月，全美共有 242 个厌氧消化系统
在运行中，其中有 196 个系统建在奶制品牧场。

（五）能源技术创新政策

美国政府高度重视能源技术创新和研发应用。截至 2015 年 1 月，美国

能源部下属的能源高级研究计划局（ARPA-E）已资助了超过 400 个能源研究项目。2015 年 8 月，ARPA-E 宣布将支持 7 个州的 11 个太阳能技术研究项目，旨在将太阳能板能源利用效率提高 50%。奥巴马政府 2016 年度财政预算为清洁能源研发和推广拨款 74 亿美元，其中有 3.25 亿美元拨给 ARPA-E。

2015 年 2 月，奥巴马政府发起清洁能源投资倡议，旨在促进私营部门投资清洁能源技术。该倡议带动了来自各大基金、机构投资者和慈善基金会超过 40 亿美元的投资承诺。

美国太阳能计划（SunShot Initiative）是美国能源部可再生能源和能效部门于 2011 年宣布设立的专门支持太阳能研发和推广的基金。通过资助企业、学校和国家实验室开展太阳能研发、展示和推广，该计划希望到 2020 年实现无补贴太阳能发电成本降低到 0.06 美元/kWh 或 1 美元/W。

美国还积极推动电动汽车技术研发。奥巴马于 2012 年 3 月启动了 EV Everywhere 项目，目标是在未来十年内普及充电式电动汽车的使用。支持电动汽车的研发、宣传、教育和合作伙伴关系建设，推进了电池、发电机、发动机、轻型结构和充电等领域的技术发展，降低了电动汽车和充电设备的成本。

2015 年巴黎气候大会期间，美国在内的 20 个国家签署了"创新使命（Mission Innovation）"，承诺在未来 5 年让本国的清洁能源投资翻番。由比尔·盖茨等投资家组成的突破能源联盟（Breakthrough Energy Coalition）也宣布参与"创新使命"。

（六）州及城市层面政策

美国联邦政府与地方政府权责明确，地方政府在气候变化问题上具有很大发言权，并根据自己的职责，推行应对气候变化政策。

1. 州层面气候行动计划

在联邦一级目标之外，包括加利福尼亚州、新墨西哥州、科罗拉多等在内的 20 个州和哥伦比亚特区设立了州一级的减排目标。同时，美国已有 34 个州和哥伦比亚特区完成了详细气候行动计划的编制。但部分行动计划缺少清晰的目标和明晰的政策信号。其中加州的全球变暖解决法案（AB 32）是美国第一个全面长期的气候变化政策。AB 32 由加州空气资源委员会（ARB）牵头落实。

2. 区域行动倡议

区域温室气体行动计划主要包括区域温室气体减排行动（RGGI）、西部气候行动倡议和中西部地区温室气体减量协议等。RGGI 是美国第一个致力于限制电力行业二氧化碳排放的地区性排放交易体系，现有成员包括康涅狄格州、特拉华州、缅因州、马里兰州、马萨诸塞州、新罕布什尔州、纽约、罗德岛州及佛蒙特州 9 个州。自 2009 年以来，RGGI 根据各州电厂的二氧化碳排放比例，设定了各州的排放上限，各州政府再将排放上限分配给电厂，电厂可通过排放权交易完成目标。整个行动计划由 RGGI 负责管理，但在各州设有实施机构。西部气候倡议已过渡成为非营利性的西部气候倡议公司，致力于提供管理和技术援助，以支持国家和省级温室气体排放交易体系的实施，加拿大的不列颠哥伦比亚省、马尼托巴湖省、安大略省、魁北克省和美国的加利福尼亚州也是其参与成员。而中西部地区温室气体减量协议已名存实亡，协议成员已不再通过协议提出其温室气体减排目标。

3. 地方能效标准等政策

截至 2014 年，美国 50 个州都出台了需求侧能效提高补贴政策。需求侧能耗管理项目在 2013 年花费约达 80 亿美元。除此之外，有 23 个州实行了强制性能效标准，2 个州实行自愿达标政策。有 9 个州和华盛顿特区现行的能效标准高于联邦规定的能效标准。32 个州采用了 IECC 2009 或 2012 民用建筑国际节能标准，38 个州强制实行 ASHRAE90.1—2007 或 2010 商用建筑能效标准。

（七）适应气候变化政策

奥巴马在就任总统不久即设立了跨部门适应气候变化工作组。2010 年 5 月，工作组组织召开第一届国家气候适应峰会，向地方和区域利益相关方及决策者强调，要识别共同行动的机遇与挑战。

2009 年 10 月，奥巴马签署总统 13653 号行政命令，指示联邦政府提出关于联邦政府政策和项目如何更好地为适应气候变化做准备。2013 年 2 月，联邦政府相关部门第一次发布了气候变化适应计划，列出了防止气候变化影响的战略规划。例如，交通部将气候变化和极端天气因素纳入沿海高速公路项目开发指南；国家安全部开展了北极和边境线沿线气候变化影响评估。相关部门还利用专门资金和技术援助项目与社区开展合作。联邦政府还通过全球变化研究项目支持气候变化科研和监测，提高人们对气候变化及其影响的认识。

2013 年发布的总统气候行动计划进一步要求在以下三方面开展适应气候变化行动。

1. 建立更强和更安全的社区及基础设施

要求各部门将气候风险管理纳入联邦政府基础设施和自然资源管理中，鼓励和支持对交通、水资源管理、减灾等领域更有效和更具适应能力的投资；建立州、地方和社区层面气候预备领导工作组，为联邦政府部门的关键行动提供意见，帮助联邦政府部门更好地支持地方工作；支持社区为应对气候变化影响做准备；加强建筑和基础设施适应能力，由国家标准和技术研究院组建一个灾害适应标准小组，制定全面和基于社区的适应体系，为永久安全建筑和基础设施提供指南，并指导私营部门相关标准和规范的制定等。

2. 保护经济和自然资源

识别关键行业的气候脆弱性，要求联邦政府各部门发布气候变化对其他关键领域的影响以及应对战略；在医疗卫生部门提高适应性，启动建立可持续和有适应能力医院的工作；推广保险，号召保险业代表和其他利益攸关方探索公私保险公司合作管理气候风险相关投资和流程的最佳实践，激励保险受益人降低气候风险；保护土地和水资源，提高海洋和野生动物、森林及其他植被地区、新鲜水资源及海洋的协同性；保持农业的可持续性，管理干旱，在国家灾害重建框架下开展应对旱灾工作；减少野火风险和水灾预防等。

3. 利用科学管理气候影响

发展可行动的气候科学，增强对气候变化影响的理解，建立公私合作伙伴关系以探索风险和灾变模型，开发政策决定者需要的信息和工具以回应长期及近期极端天气带来的影响；评估气候变化在美国的影响，2014 年发布了第三次美国国家气候评估报告，启动气候数据倡议，提供气候适应性工具。

除了联邦层面适应气候变化行动，美国地方层面是适应气候变化政策的重要实施主体，可以制定符合本地区实际需要的适应政策。

（八）国际气候变化政策

美国虽一直希望担当全球治理的领导者，但其参与却往往出于自身战略利益需要。作为当今世界唯一的超级大国，同时也是全球温室气体排放大国，美国是全球气候博弈的重要一方，其气候外交立场和政策直接影响到全球气候治理进程。

美国人在气候变化国际谈判中，既有商人式的直接务实以及对最终利益的兴趣，又有律师式的严谨和专业及对谈判过程的审慎，还有传教士的自矜和骄傲以及对言说必教的热衷，也少不了霸权者的强硬和独断以及对发号施令的偏好，其谈判行为深受以上心态或视角的影响。

美国长期致力于打破发达国家和发展中国家两大阵营之间的"防火墙"，强调建立"适用于所有缔约方"的、所有国家在同一框架下按照同一标准承担减排义务的气候协议。美国强调其不反对"共同但有区别的责任"原则，但反对固守 1992 年区分的附件 I/非附件 I 国家分组及基于这一分组分配减排责任。认为排放格局已发生巨大变化，传统的"两分法"已经过时，建议使用动态附录，条件成熟的国家应从非附件 I 进入附件 I。同时，刻意突出中国、印度等发展中大国，以期动摇两大阵营划分。美国否认发达国家应该为其历史责任负责的观点，指出根据 MATCH 研究的结果，到 2020 年，发展中国家的历史累积排放将超过发达国家；此外，美国还提出，不能指责发达国家为其还未意识到温室气体排放对气候系统危害时的排放负责，即"不知者无罪"，认为应将减排责任分摊于所有国家，特别是中国等排放大国。各方根据各自国情和能力"自我区分"。

在长期目标问题上，美国一方面竭力淡化和回避加强近中期目标，但却同意欧盟主张的全球 2050 年排放减半的目标（即八国集团拉奎拉峰会达成的共识）。不管其是"真要"还是"假要"，着眼点在于形成对新兴经济体在谈判上的制衡。

美国反对"自上而下"的有较强法律约束力的减排模式，即在现有全球温升 2℃ 目标下进行强制减排义务的分解，希望建立自下而上的"灵活模式"，强调尊重各国自主提出目标和行动的完整性以及采取较为经济的减排政策。美国认为自哥本哈根气候大会以来已经推动实现了主要排放国家"自下而上"减排的基本形式。认为"2℃"目标和相应的"自上而下"模式逻辑上是完美的，理论是上可行的，但却忽视了最根本的政治现实，即无论哪个国家都不会采取会过多损及其经济利益的行动，实际上根本不可能推动。美国推崇"自主承诺＋定期审评"的方式，考虑各国自主提交目标，再通过国际评估等形式进行反馈和调整目标，最终在国家或国际层面形成具有法律约束力的承诺，并强调发展中国家在未来的经济地位可能有巨大的变化，因此新协议要有周期性修订和更新目标的机制，充分体现灵活性，以激励更有力度的减排行动。

为绕开国会的掣肘，避免《巴黎协定》需经国会批准，美国提出了辐—轴（协定＋决定）的政治框架，要求核心协议仅包含规则性和程序性条款，不涉及具体的量化目标，进一步弱化了《巴黎协定》的法律约束力。

在国际进程方面，美国还积极推动《公约》外行动。美国以务实合作为旗帜，一方面批判《公约》进程的局限性，另一方面继续强调《公约》主渠道之外的多边合作机制的重要性，此消彼长的意图较为明显。美国认为《公约》机制中协商一致原则使少数国家能阻拦整体进程，缺少工作效率，且并非所有的问题都有必要交由《公约》进程来处理或能在该机制中得到妥善解决。美国在推动务实行动方面进行了多种尝试，发挥学界、企业和非政府组织等多元力量作用，并试图寻求对现有气候机制进行替代性创新，这些行动包括通过"二十国集团（G20）"会议取消石油补贴，召开"主要经济体能源与气候论坛（MEF）"和清洁能源部长级会议，建立"气候与清洁空气联盟（CCAC）""全球农业温室气体研究联盟"，承诺减少"短寿命气候污染物（SLCP）"排放。在这些计划中，美国力图通过推动非主要领域较小成本和规模的行动，发挥其在气候领域的政治影响，并希望最大限度地扩展美国相关技术的国际市场，利用技术垄断优势获得实质利益。

第三节　美国气候变化战略特征

尽管美国气候变化政策时有变动，但其核心利益考量是在国内维持政治稳定、促进经济发展，在国际上谋求气候治理的领导权，维持美国的优势地位。总结美国气候政策，主要有以下五方面的战略特征。

一、注重气候行动的法律依据

美国一直努力通过立法保障气候政策的确定性和持久性，但利益团体诉求的多元化和国内政治共识缺乏使得美国至今尚未形成国家层面的气候立法。如前文所述，美国国会曾在2003年、2005年、2008年、2009年多次提出联邦层面的气候法案，包括最为著名的《清洁能源与安全法案》，但均以失败告终。

在这种情况下，美国气候政策只有"曲线救国"寻求法律依据。2007年4月，美国马萨诸塞州等州和一些环保组织起诉美国联邦环保署，提出大量排放的二氧化碳和其他温室气体已经对人体健康及环境造成危害，美国联邦环保署应当按照《清洁空气法》有关规定，制定规章对新车排放二氧化碳和其他温室气体的事项进行管制。该案经过三级法院4年审理，最终上诉到联邦最高法院。最高法院9名大法官最终以5：4的比例通过判决认定：二氧化碳也属于空气污染物。认为美国环保署必须确定新机动车辆排放的温室气体是否会导致空气污染，而该空气污染将对公众健康或福利造成危害。除非美国环保署能证明二氧化碳与全球变暖无关，否则须予以监管。美国联邦环保署没能提供合理解释说明为何拒绝管制汽车排放的二氧化碳和其他温室气体。基于此，美国联邦最高法院裁决，政府须管制汽车排放污染。该裁决解决了美国政府采取削减温室气体排放行动的法律依据问题，从而使美国环保署可以根据《清洁空气法》采取行政命令管制温室气体。同时，《能源独立和安全法案》（EISA）、美国复苏及再投资法（ARRA）和能源政策法（EPAct）等也都为具体政策的出台提供了依据。

此外，美国州一级政府在不与联邦法案和政策冲突的情况下，通过州议会自行制定州法案，为州政府制定相应政策提供法律依据。例如，加州议会 2002 年通过法案 AB 1493 要求加州空气资源委员会（CARB）从 2009年开始控制汽车尾气中的温室气体排放。

二、突出重点行业减排

美国气候政策重视行动的成本效益，政策并非覆盖全领域、各行业，而是突出重点行业如电力、交通、建筑等排放大户减排，且措施手段以行业标准、补贴或征税为主。如美国推行的《清洁电厂计划》、燃油经济性标准、建筑标准等政策均属此类。

此外，美国还力图通过推动较小成本和规模的"多样化"行动，减少甲烷、黑碳、氢氟碳化物等短寿命气候污染物（SLCP）排放，以体现其应对气候变化的积极姿态。例如，美国环保署和其他机构采取措施减少垃圾填埋、油气开采以及农业部门甲烷排放。通过修订重要新替代品政策（SNAP）等削减氢氟碳化物（HFCs）排放。

由于缺少统一的政策框架和部门间的有效协调，且缺少推动经济转型和消费模式转变等宏观层面的政策措施，美国气候政策的整体效应难以避免地大打折扣。且联邦层面的能源、环境、经济和安全政策职权分散，缺乏协调，这也影响了进一步提升气候政策地位的可能性。整体上看，美国气候政策呈现自发性、多样化、增补性、边缘化的特点，过分依赖行政措施，且缺少在经济影响或社会影响较大的重点领域实施变革的魄力和决心，更多的是政策的延续和小范围修补，缺少战略性和持续性。

三、注重与产业和创新政策的融合

经济利益是美国制定气候政策的基本考量。美国一贯重视气候政策与经济发展的关系，主张气候政策应该服从国家利益，并且应和其他领域的公共政策积极呼应，为其他政治目标带来机遇，为本国带来产业发展的竞争优势。这些政策包括经济发展、能源独立、技术创新、创造就业等。美国各界想要推行或拒绝气候政策往往需要借助这些方面的理由。

近年来，随着页岩气、可再生能源和能效技术在美蓬勃发展，能源与气候变化问题在一定程度上已成为能源安全、经济发展、促进就业、技术进步的利益交汇点，符合国家利益和公共福利。例如，美国可再生能源发电量占比从 2007 年的 2% 提高到了 2013 年的 6%，光伏产业就业 2010 年至 2013 年增长了近 50%，目前已提供约 14.3 万个就业岗位。这在美国气候和能源政策制定上也发挥着日益重要的作用。

美国非常重视气候技术创新，即便是在气候政策陷入反复的小布什时期，也未放松推动气候科学和技术进步。例如，小布什政府启动的"气候变化科学研究计划（CCSP）"和"气候变化技术研究计划（CCTP）"就是致力于通过科研降低科学不确定性，寻求有效的气候友好型技术解决方案。美国深刻意识到科技创新是决定未来核心竞争力的关键，其国内减排政策的保守并不代表其对长期核心竞争力的不关注，相反，美国非常重视技术研发应用，资助了大量可再生能源、电动汽车等领域的研发项目。除联邦政府外，美国企业也是创新的主体。例如，由比尔·盖茨等私人投资家组成的突破能源联盟就是典型案例。

四、依赖地方、企业和非政府组织驱动

州、企业、非政府组织等"多样化"行为体的自发性应对气候变化行动，是美国气候战略的重要特征。

州层面的减排行动已成为美国应对气候行动的主体，很多州政府如加州都提出了比联邦层面更为积极的减排目标和气候政策。例如，加州基于加州全球变暖解决法案（AB 32）实施了大量措施控制全经济范围的温室气体排放。由美国 9 个州参与的区域温室气体行动计划（RGGI）是美国第一个致力于限制电力行业二氧化碳排放的地区性排放交易体系。有 29 个州实施了可再生能源配额制度，有 20 个州制定了能效标准。

美国还鼓励私营部门对能效、可再生能源和能源低碳技术等领域的投资，2009 年经济刺激计划对能源项目的直接和间接融资总额超过 300 亿美元。非政府组织是沟通政府和市场的桥梁，在美国气候变化议程中发挥着重要作用，并在很大程度上影响着政府决策，协助政府的气候政策制定和实施。非政府组织在凝聚共识、营造舆论氛围、开展技术咨询、共享信息和推广最优实践等方面也发挥了重要作用。

五、存在国内减排政策保守性与谋求国际主导权间的悖论

美国气候变化战略和政策的一个显著特点，是国内温室气体减排政策的"弱势"与国际气候治理进程谈判中的"强势"。受制于两党政党和利益集团制约，美国在国内温室气体减排上一直难以出台具有雄心的目标和政策，即使在表示重视气候变化问题的克林顿、奥巴马政府时期，联邦政府提出的应对气候变化重大政策往往也是一波三折、功亏一篑，最终能出台的政策一般都是平衡各方利益后无关紧要的边缘化、点缀性措施。因此，美国一直无法像欧盟那样自居为全球应对气候变化的领先者和表率，难以通过发挥先锋示范作用树立自身在全球应对气候变化进程中的道义模范和低碳标杆形象。

同时，美国作为全球唯一的超级大国，凭借着其超强的经济规模、军事力量和全球影响力，一直习惯在国际政治、经济、外交进程中充当主导者，在国际事务中往往扮演发号施令者或一票否决者的角色，在气候变化领域也不例外。美国在国际气候谈判进程中一贯坚持维护其核心利益和"权力意志"，不管是在其积极推动构建全球气候治理体系时期，还是消极

看待气候变化问题的阶段，其核心诉求都不外乎推卸自身应承担的责任、推动发展中大国承担更多的义务，同时防止气候谈判进程和成果对美国经济发展、生活方式产生重大不利影响或制约。无论是《公约》《京都议定书》谈判，还是"巴厘路线图"、哥本哈根协议、《巴黎协定》谈判，均体现了美国对谈判进程的主导性或高影响力。

由于联合国气候谈判所坚持的共同参与、协商一致原则，美国在联合国主渠道谈判进程中难以掌控绝对主导权，故一直试图在联合国气候谈判框架之外另辟蹊径，通过各种公约外行动增强其主导权和领导地位。一方面尝试通过与主要大国达成共识，在双边框架下推行自下而上的国家自主、松散的气候治理结构。同时，还倡导通过国际经济事务议事机制如G20等解决气候变化问题，并主动发起和参与创立多项主渠道外应对气候变化机制，如"亚太清洁发展和气候伙伴计划"（APP）、"气候与清洁空气联盟"（CCAC）、"全球农业温室气体研究联盟"等。此外，美国还善于通过学术机构、跨国企业和非政府组织不断扩大其全球影响力。

第三章 中美重点行业应对
气候变化政策比较

行业政策在中美应对气候变化战略和政策中居于重要地位。中美处于不同的发展阶段，碳排放主要来源具有显著的行业差别。在中国，工业领域是主要排放源，而在美国，建筑和交通排放占主体地位。中美对行业排放的管控手段和措施也有显著差别。

第一节 中国重点行业应对气候变化政策

一、能源领域气候政策及成效

能源领域是中国温室气体排放的主要来源，也是应对气候变化的重点领域。中国的能源政策，着眼于维护国家能源安全，深入推进能源生产和消费革命，推动能源生产利用方式变革，优化能源供给结构，提高能源利用效率，建设清洁低碳、安全高效的现代能源体系。

（一）行业应对气候变化目标

根据中国《能源发展"十二五"规划》《"十二五"节能减排综合性工作方案》等文件，"十二五"时期能源行业应对气候变化相关行动目标是：到 2015 年，能源消费总量控制在 40 亿吨标准煤，用电量 6.15 万亿千瓦时，单位国内生产总值能耗比 2010 年下降 16%。能源综合效率提高到38%，火电供电标准煤耗下降到 323 克/千瓦时，炼油综合加工能耗下降到63 千克标准油/吨。非化石能源消费比重提高到 11.4%，非化石能源发电装机比重达到30%。天然气占一次能源消费比重提高到7.5%，煤炭消费比重降低到65%左右。单位国内生产总值二氧化碳排放比2010年下降17%。

根据《国民经济和社会发展"十三五"规划纲要》《"十三五"控制温室气体排放工作方案》《能源发展战略行动计划（2014—2020年）》《强化应对气候变化行动——中国国家自主贡献》等文件，能源领域2020年应对气候变化目标包括：到2020年，能源消费总量控制在50亿吨标准煤以内，单位国内生产总值能源消费比2015年下降15%，非化石能源比重达到15%以上，煤炭消费总量控制在42亿吨左右，煤炭消费比重降低到58%以下，新建燃煤发电机组平均供电煤耗要降至每千瓦时300克标准煤1千瓦时左右，天然气占一次能源消费比重达到10%以上。大型发电集团单位供电二氧化碳排放控制在550克二氧化碳/千瓦时以内。水电总装机容量达到3.8亿千瓦，其中常规水电3.4亿千瓦，抽水蓄能4 000万千瓦，年发电量1.25万亿千瓦时，折合标煤约3.75亿吨，在非化石能源消费中的比重保持在50%以上。风电装机达到2亿千瓦；太阳能发电装机容量达到1.6亿千瓦，年发电量达到1 700亿千瓦时；核电装机达到5 800万千瓦，在建容量达到3 000万千瓦以上。

根据《强化应对气候变化行动——中国国家自主贡献》《能源技术革命创新行动计划（2016—2030年）》《能源生产和消费革命战略（2016—2030年）》等文件，中国到2030年能源领域应对气候变化相关目标包括：2030年能源消费总量控制在60亿吨，非化石能源占一次能源消费比重达到20%左右，天然气消费比重达到15%。

（二）主要政策及行动

1. 优化利用化石能源

（1）控制煤炭消费总量。制定国家煤炭消费总量中长期控制目标，实行目标责任管理。到2017年，煤炭占能源消费总量比重降低到65%以下。推动雾霾严重地区和城市在2017年后继续实现煤炭消费负增长。实施煤炭消费减量替代。到2020年，京津冀鲁四省市煤炭消费比2012年净削减1亿吨，长三角和珠三角地区煤炭消费总量负增长，雾霾严重地区要逐步提高接受外输电比例、增加天然气供应、加大非化石能源利用强度等措施替代燃煤。除热电联产外，禁止审批新建燃煤发电项目。

（2）加强煤炭清洁高效利用。2014 年，国家发展改革委等部门联合发布《煤炭工业发展"十二五"规划》《煤电节能减排升级与改造行动计划（2014—2020 年）》，明确了科学调控煤炭生产总量和布局，推行更严格的能效环保标准；努力实现供电煤耗、污染排放、煤炭占能源消费比重"三降低"和安全运行质量、技术装备水平、电煤占煤炭消费比重"三提高"；大幅削减散煤利用，2020 年电煤超过煤炭消费比重 60%。加快推进居民采暖用煤替代工作。到 2017 年，基本完成重点地区燃煤锅炉、工业窑炉等天然气替代改造任务。扩大城市无煤区范围。在煤基行业和油气开采行业开展碳捕集、利用和封存的规模化产业示范，控制煤化工等行业碳排放。国家能源局发布《关于规范煤制油、煤制天然气产业科学有序发展的通知》，规范煤制油、煤制气项目，提出了能源转化效率、能耗、水耗、二氧化碳排放和污染物排放等准入值。

（3）提高天然气消费比重。加快常规天然气增储上产，积极开发利用天然气、煤层气、页岩气，加强放空天然气和油田伴生气回收利用。实施气化城市民生工程。新增天然气应优先保障居民生活和替代分散燃煤，到 2020 年，城镇居民基本用上天然气。推进天然气分布式能源示范项目建设。大力推进天然气、电力替代交通燃油。有序发展天然气发电。加大页岩气和煤层气勘探开发力度。到 2020 年，页岩气产量力争超过 300 亿立方米，煤层气产量力争达到 300 亿立方米。扩大天然气进口规模。财政部、能源局联合发布《关于出台页岩气开发利用补贴政策的通知》，安排专项财政资金支持页岩气开发。2016—2020 年，中央财政对页岩气开采企业给予补贴，其中：2016—2018 年的补贴标准为 0.3 元/立方米；2019—2020年补贴标准为 0.2 元/立方米。

2. 大力推进能源节约

（1）坚持节约优先的能源战略。严格控制能源消费总量过快增长。着力实施能效提升计划。推动工业、建筑、交通、公共机构等重点领域节能降耗。组织开展重点节能工程。创新发展方式，形成节能型生产和消费模式。重视生活节能，不断提高能源使用效率。2020 年重点行业主要产品单位能耗总体接近世界先进水平。

（2）转变城乡用能方式。因地制宜建设城乡供能设施，推进城乡用能方式转变。推动信息化、低碳化与城镇化深度融合，建设低碳智能城镇。制定城镇综合能源规划，大力发展分布式能源。加快农村用能方式变革。推进绿色能源县、乡、村建设，大力发展农村小水电，因地制宜发展农村可再生能源，推动非商品能源的清洁高效利用，加强农村节能工作。

（3）完善节能服务体系。加快推行合同能源管理。健全节能标准体系，加强能源计量监管和服务，实施能效领跑者引领行动。推动节能服务产业健康发展，扶持培育一批专业化节能服务公司，发展壮大一批综合性大型节能服务公司，建立充满活力、特色鲜明、规范有序的节能服务市场，建立比较完善的节能服务体系。

（4）开展全民节能行动。实施全民节能行动计划，加强宣传教育，普及节能知识，推广节能新技术、新产品，大力提倡绿色生活方式，引导居民科学合理用能，使节约用能成为全社会的自觉行动。

3. 加快发展非化石能源

（1）加强法规规划引导。2005 年制定、2009 年修订的《可再生能源法》，为促进可再生能源的发展提供了有力的法律支持。配套《可再生能源法》实施，2008 年、2012 年、2016 年，国家发改委和能源局先后出台了可再生能源发展"十一五"规划、"十二五"规划和"十三五"发展规划，制定了各时期可再生能源发展目标，建立和完善支持可再生能源发展的政策体系，制定保障措施，推动可再生能源有序发展。

（2）安全发展核电。在采用国际最高安全标准、确保安全的前提下，以东部沿海核电带为重点，建设自主核电示范工程和项目，开工建设山东荣成 CAP1400 示范工程等核电机组共计 24 台。继续加强核燃料保障体系建设。坚持引进消化吸收再创新，重点推进 AP1000、CAP1400、高温气冷堆、快堆及后处理技术攻关。重点建设大型先进压水堆、高温气冷堆重大专项示范工程。加强核电科普和核安全知识宣传。2013 年，国家发改委颁布通知，完善核电上网价格形成机制，核定全国核电标杆上网电价为 0.43 元/千瓦时。

（3）积极稳妥发展水电。加快建设抽水蓄能电站，严格控制中小水电，科学有序开发大型水电。西部地区以川、滇、藏为重点，以水电基地重大项目为主，全面推进大型水电能源基地建设，东中部地区则主要是合理开发剩余水能资源，基本建成长江上游、黄河上游、乌江、大渡河等六大水电基地。落实水电消纳电力市场和输电方案，扩大"西电东送"的能力，到 2020 年水电送电规模将达到 1 亿千瓦。

（4）大力发展风电。加快开发中东部和南方地区陆上风能资源，有序推进酒泉、内蒙古西部、内蒙古东部、冀北、吉林、黑龙江、山东、哈密、江苏 9 个大型现代风电基地以及配套送出工程，合理确定风电消纳范围。以南方和中东部地区为重点，大力发展分散式风电。稳步发展海上风电，2014 年国家能源局出台了《全国海上风电开发建设方案（2014—2016 年）》，内容涵盖 44 个海上风电项目，装机容量共计 1 027.77 万千瓦。完善激励政策，2015 年国家发改委明确对陆上风电项目实施上网标杆电价，鼓励通过招标等竞争方式确定业主和上网电价，但通过竞争方式形成的上网电价不得高于国家规定的当地风电标杆上网电价水平。同时，确定上网标杆电价将逐步降低，2016 年，一类、二类、三类资源区降低 2 分钱、四类资源区降低 1 分钱，2018 年，一、二、三类资源区降低 3 分钱，四类资源区降低 2 分钱。到 2020 年，风电年发电量将达到 4 200 亿千瓦时，约占全国总发电量的 6%。

（5）加快发展太阳能发电。2013 年 7 月，国务院印发《关于促进光伏产业健康发展的若干意见》，从价格、财政补贴、税收、项目管理和并网管理等多个层面提出了促进光伏产业健康发展的各项举措，制定了分区域光伏电站上网电价和分布式光伏电量补贴标准。有序推进光伏基地建设，同步做好就地消纳利用和集中送出通道建设。加快建设分布式光伏发电应用示范区，稳步实施太阳能热发电示范工程。加强太阳能发电并网服务。

鼓励大型公共建筑及公用设施、工业园区等建设屋顶分布式光伏发电。利用建筑物屋顶及附属场所建设的分布式光伏发电项目，在符合条件的情况下允许变更为"全额上网"模式，"全额上网"项目的发电量由电网企业按照当地光伏电站上网标杆电价收购。形成西北部大型集中式电站和中东部分部式光伏发电系统并举的发展格局。逐步完善太阳能产业服务体系。

（6）积极发展地热能、生物质能和海洋能。坚持统筹兼顾、因地制宜、多元发展的方针，有序开展地热能、海洋能资源普查，制定生物质能和地热能的开发利用规划，积极推动地热能、生物质和海洋能的清洁高效利用，推广生物质能和地热供热，开展地热发电和海洋能发电示范工程。加强先进生物质能技术攻关和示范，重点发展新一代非粮燃料乙醇和生物柴油，超前部署微藻制油技术研发和示范。

（7）鼓励发展分布式能源。2013 年国家发展改革委印发《分布式发电管理暂行办法》，鼓励企业、专业化能源服务公司和包括个人在内的各类电力用户投资建设并经营分布式发电项目，豁免分布式发电项目发电业务许可。国务院能源主管部门组织分布式发电示范项目建设，推动分布式发电发展和管理方式创新，促进技术进步和产业化。

（8）实施财税激励政策。为促进可再生能源的开发利用，中央财政2006 年设立了可再生能源发展专项资金，并印发《可再生能源发展专项资金管理暂行办法（2006 年）》，重点资助可再生能源开发利用科研和农村、牧区、偏远地区等可再生能源项目。2008 年，财政部印发《公共基础设施项目企业所得税优惠目录（2008 年版）》，对符合要求的水电、核电、风电、海洋能发电、太阳能发电、地热发电等新建项目，自项目取得第一笔生产经营收入所属纳税年度起，给予"三免三减半"的企业所得税优惠政策。2012 年财政部、国家发展改革委、国家能源局制定了《可再生能源发展基金征收使用管理暂行办法》，提出了专项资金的筹集办法，明确了资金支持重点。2012 年财政部印发《可再生能源电价附加补助资金管理暂行办法》，对可再生能源发电项目上网电量进行补助，并专为可再生能源发电项目接入电网系统发生的工程投资和运行维护费用，按上网电量给予适当补助。2016 年国家发展改革委发布了《可再生能源发电全额保障性收购管理办法》，规定根据国家确定的上网标杆电价和保障性收购利用小时数，结合市场竞争机制，通过落实优先发电制度，在确保供电安全的前提下，由电网企业全额收购规划范围内的可再生能源发电项目的上网电量。

4. 加快能源技术创新

围绕全面提升能源自主创新能力，加快建设与国情相适应的能源技术创新体系，加强能源领域基础研究，强化原始创新、集成创新和引进消化吸收再创新，重视颠覆性技术创新，特别是着力加强非常规油气和深层、深海油气开发技术，二氧化碳捕集、利用与封存技术，先进核能技术，乏燃料后处理与高放废物安全处理处置技术，高效太阳能利用技术，大型风电技术，氢能与燃料电池技术，生物质、海洋、地热能利用技术，高效燃气轮机技术，先进储能技术，现代电网关键技术，能源互联网技术，节能与能效提升技术创新和示范应用。健全政产学研用协同创新机制，鼓励重大技术研发、重大装备研制、重大示范工程和技术创新平台四位一体创新。

（三）政策成效及未来展望

1. 政策成效

能源领域政策对应对气候变化目标的实现发挥了重要作用。从政策实施效果看，主要有以下四方面成效：

一是能源绿色低碳发展理念逐步确立。随着经济发展阶段的变化，能源供求形势也发生了深刻变化，中国能源发展战略已超越了保障经济社会发展需要和能源供给安全的单向度发展方式，确立了清洁低碳、安全高效的战略方向。2014 年发布的《能源发展战略行动计划（2014—2020年）》，明确提出能源发展要实施绿色低碳战略，把发展清洁低碳能源作为调整能源结构的主攻方向，坚持发展非化石能源与化石能源高效清洁利用并举，逐步降低煤炭消费比重，提高天然气消费比重，大幅增加风电、太阳能、地热能等可再生能源和核电消费比重，形成与我国国情相适应、科学合理的能源消费结构，大幅减少能源领域碳排放，促进生态文明建设。这一战略思想已被贯彻到中国能源发展的各个领域。

二是能源生产和消费结构不断优化。2015 年，全国能源生产总量 36.2 亿吨标准煤，其中原煤生产在 2013 年达到创纪录的 39.7 亿吨之后，2014 年和 2015 年分别降至 38.7 亿吨和 37.5 亿吨；天然气生产 1 346 亿立方米，比 2012 年增长 21.7%；新型能源（核电、风电以及其他新型能源）发电 4 375 亿千瓦时，比 2012 年增长 1.3 倍。原煤占一次能源生产比重比 2012 年下降 4.1 个百分点。水电、风电、太阳能发电装机，核电在建规模均居世界第一位。从能源消费构成来看，煤炭消费比重明显降低，清洁能源比重提高，能源消费结构不断优化。2015 年煤炭消费占 64%，比 2012 年下降 4.5 个百分点；石油消费占 18.1%，比 2012 年提高 1.1 个百分点；天然气消费占 5.9%，比 2012 年提高 1.1 个百分点；一次电力及其他能源消费占 12%，比 2012 年提高 2.3 个百分点；清洁能源消费共占 17.9%，比 2012 年提高 3.4 个百分点。

三是低碳能源技术水平得到大幅提升。具有自主知识产权的"华龙一号"、CAP1400 三代核电技术和具有四代安全特征的高温气冷堆核电技术研发成功，大型水电筑坝和 80 万千瓦水轮机组设计制造处于世界领先地位，年产千万吨煤炭综采成套设备、百万千瓦超超临界火电机组、3 兆瓦风电机组等装备得到广泛应用，能源装备国产化不断推进。我国已掌握多晶硅等关键材料生产技术，主要原材料自给率已达 50% 左右，主流产品技术已与世界同步。光伏发电标准体系基本形成，光伏制造设备、材料、电池和组件、部件，发电系统和光伏应用标准已与国际标准接轨。太阳能光热产业方面自主技术占 95% 以上，在规模、数量、市场成熟度、技术创新等方面，均处于世界领先水平。能源行业标准化工作取得新进展，新能源汽车的发展方兴未艾。

四是能源低碳发展的体制机制逐步完善。电力体制改革深入推进，能源行业市场化改革步伐加快，部分环节或领域的垄断局面逐步打破，价格日趋市场化。输配电价改革试点扩大，配售电业务放开，上网电价更加体现竞价上网，终端销售电价与上网电价及时联动。电力大用户与发电企业直接交易试点范围逐步扩大，更多的地区将实行"直购电"试点，市场竞争机制逐步形成。能源行业基本市场制度将进一步得到健全和完善。实施新的煤炭资源税、成品油消费税政策等。

2. 未来展望

当前，我国经济社会发展进入新常态，世界政治、经济格局深刻调整，我国能源低碳发展面临新的形势。

从国际上看，能源供求关系发生深刻变化，中国能源安全的外部环境趋向相对宽松。随着油气勘探开发技术的进步、非传统能源来源的增加及能效提高，全球能源形势得到改善。2014年6月以来国际原油基准价布伦特原油价格从115美元/桶的高位下跌，到2016年1月一度跌破30美元，之后虽有回升，但总体仍在低位徘徊。全球能源供需总体平衡，国际油气供应有向"买方市场"转变的迹象。在可预见的未来，能源结构仍将以化石能源为主。但随着能源生产和消费革命的不断推进，电气化、网络化、智能化已成为能源技术变革重要方向，不仅将实现能源生产侧友好接入、实时监测和优化配置，也将推动能源消费从单向接收、模式单一的用电方式，向最终支撑人类生产生活互动、灵活的智能化的方向变革，新能源的地位不断上升。据国际能源署预测，随着可再生能源的快速增长，化石能源占一次能源消费的比重会从当前的86.7%缓慢下降至2035年的81%。到2035年，可再生能源占一次能源消费比重将从2011年的13%提升到18%；届时，世界发电增量的二分之一将由可再生能源提供。一个相对宽松的能源市场环境正在确立，但中国作为世界上最大的能源消费国，且石油、天然气对外依存度已达到58.1%和31.6%，今后仍将面临能源需求压力大、供给制约多、消费结构转型缓慢、能源地缘政治关系复杂等诸多挑战。

从国内看，高碳发展使我国面临越来越尖锐的压缩型、复合型的环境问题，生态承载力已经接近或达到上限，大气、水、土地等污染成为人民的"心腹之患"，亟待转变发展方式，走出一条具有中国特色的可持续发展道路。同时随着我国经济发展从高速转向中高速，能源消费弹性进一步下降，能源供需形势也发生了巨大变化。"十三五"是中国全面建成小康社会的关键时期，未来我国能源消费在较长时期仍会保持继续增长，但增量和增速将延续近年来大幅放缓的趋势。清洁低碳能源已完成基础布局并呈现加速发展态势。20世纪中期发达国家的"降煤增油提气"标志着全球能源清洁化进程的开启，全球煤炭消费占比从1965年的38%下降至2014年的30%，天然气占比从1965年的15%左右上升至2014年的约24%，全球天然气消费占比低于10%的国家已不到15个[①]，中国位列其中。在新的形势下，尽管中国低碳能源发展具备了较好基础，但也面临一系列新问题、新挑战，主要包括：一是以煤为主的能源产业体系布局对能源低碳发展形成制约。当前中国的能源消费总量与美国基本相当，二氧化碳排放总量却是美国的1.6倍，煤炭独大的局面是其中重要的因素。长期以来，能源产业布局、电力和基础设施建设以及技术研发、环境保护措施基本围绕煤炭展开，制约了能源体系的低碳转型。二是能源低碳发展体制仍不完善。煤炭、石油、天然气、核电、可再生能源等发展政策相对独立、协调不够，缺乏必要的配套制度，能源价格政策不科学，政府电力价格管理较少考虑能源产品之间的相互关联，收益分配不合理，能源价格未能充分体现市场供求平衡、资源稀缺性程度以及能源利用带来的外部性，还不能充分发挥能源价格对能源低碳发展的调节作用。三是非化石能源可持续发展仍面临诸多挑战。随着经济转型，能源和电力弹性系数下降，特别是随着可再生能源发展规模不断扩大，一些地区新能源市场消纳问题更为突出，保煤、弃风、弃光、弃水甚至弃核的现象普遍存在。同时，受风电、光伏制造业产能过剩，补贴政策调整和拖欠等因素影响，导致可再生能源产业投资波动，制约了新能源健康发展。实现"十三五"和2030年非化石能源占比达到15%和20%左右的目标面临挑战。

　　在新的国际、国内形势下，中国需要进一步完善能源政策，建立能源

---

① Bp, Statistical review of world energy 2015, 2015.

低碳发展的长效机制。在这一过程中，国际能源低碳化进程可以为中国能源低碳转型提供借鉴。发达国家自20世纪50年代开始意识到化石能源消费带来的环境问题，尤其是伦敦烟雾等环境公害事件发生后，更提高了控制煤炭消费对环境保护重要性的认识，开启了能源清洁化进程，到20世纪60年代初，基本完成了煤炭时代向油气时代的过渡。到20世纪90年代，发达国家已把主要精力转向温室气体减排问题上。中国在借鉴发达国家推动能源清洁化、低碳化经验的基础上，应加快开展能源绿色和低碳发展路径创新，加快完善中国长期低碳发展战略和路线图。一方面，加快实现经济增长与高碳能源率先脱钩。中国煤炭消费已占全球一半，煤炭生产消费带来的水资源、生态和大气环境恶化，气候变化问题已成为重大民生和社会问题，加快实施煤炭消费总量控制、推动煤炭尽早达峰已成为经济社会可持续发展的共识。同时考虑到石油对外依存度已逼近60%，石油生产、加工和消费过程中的环境污染和碳排放仅次于煤炭，从保障能源安全、减少碳和其他环境污染物排放的角度出发，也需要尽早对石油消费进行控制。另一方面，加快实现天然气和电力等优质能源成为能源消费增长主要来源。从国际上看，清洁优质能源已经是发达国家能源消费的主体。电力作为清洁、高效、便利的终端能源载体，随着非化石能源电力占比的上升，会进一步具备低碳的优点，将逐步替代煤炭、石油、天然气等其他能源，成为终端用能的主要方式，而天然气作为近中期调整高碳能源结构的主要手段，将成为联结能源体系由高碳化石能源为主向非化石能源为主过渡的重要桥梁。美国、欧盟等绝大多数发达国家和地区人均天然气消费量接近或超过1 000立方米，人均电力消费高于7 000千瓦时，远高于2014年我国人均天然气消费（134立方米）和人均电力消费（约4 133千瓦时）[①]。到21世纪中叶，预计中国人均电力消费量将达到8 000千瓦时左右、人均天然气消费量将上升至500立方米以上，煤炭在能源消费中占比将不断下降。要强化能源消费总量控制和碳排放总量控制手段，进一步破除分

---

① 中华人民共和国国家统计局：《中国能源统计年鉴2015》。

布式非化石能源在建筑、交通领域规模化应用的技术瓶颈和体制机制障碍，以碳排放峰值和非化石能源目标倒逼能源系统和产业结构加速低碳转型。

二、工业领域气候政策及成效

工业行业在中国全社会能耗中占比最高，其中钢铁、有色金属、建材、石化、化工和电力六大高耗能行业的能源消耗量占工业总能耗的比重高达70%。控制工业领域温室气体排放，发展绿色低碳工业，既是我国应对气候变化的必然要求，也是中国工业可持续发展的必然选择。

（一）行业应对气候变化目标

根据《工业节能"十二五"规划》《工业领域应对气候变化行动方案（2012—2020年）》，"十二五"工业低碳发展目标主要是：2015年规模以上工业增加值能耗比2010年下降21%左右，"十二五"期间实现节能量6.7亿吨标准煤，钢铁、有色金属、石化、化工、建材、机械、轻工、纺织、电子信息等重点行业单位工业增加值能耗分别比2010年下降18%、18%、18%、20%、20%、22%、20%、20%、18%。工业锅炉、窑炉平均运行效率比2010年分别提高5%和2%，电机系统运行效率提高2%—3%，新增余热余压发电能力2 000万千瓦。

根据《"十三五"控制温室气体排放工作方案》和《中国制造2025》等文件，中国工业行业到2020年节能减碳目标是：工业领域二氧化碳排放总量趋于稳定，主要高耗能产品单位产品碳排放达到国际先进水平，积极控制工业过程温室气体排放，制定实施控制氢氟碳化物排放行动方案，有效控制三氟甲烷，基本实现达标排放，"十三五"期间累计减排二氧化碳当量11亿吨以上，逐步减少二氟一氯甲烷受控用途的生产和使用，到2020年在基准线水平（2010年产量）上产量减少35%。2020年和2025年规模以上单位工业增加值能耗比2015年分别下降18%和34%，单位工业增加值二氧化碳排放量比2015年分别下降22%和40%。

（二）主要政策及行动

中国把积极应对气候变化作为推动工业发展方式转变的重要途径，强化重点行业、重点企业应对气候变化行动，努力形成政府引导、市场驱动、企业主体的与国情相适应的工业低碳发展机制。

1. 积极构建以低碳排放为特征的工业体系

以提高碳生产力为目标，调整优化产品结构和用能结构，强化从生产源头、生产过程到产品的碳排放管理，促进工业低碳发展。加快调整优化工业产品结构。严格限制高耗能产业和过剩产业扩张，加快淘汰落后产能，加强能耗、环保等指标约束作用，积极推动以产业链为纽带、产业资源要素集聚的产业集群建设，提高产业集中度。大力发展循环经济，推进工业清洁生产。以工业园区、产业集聚区为重点，通过上下游产业优化整合，实现资源集约利用、废物交换利用、废水循环利用、能量梯级利用，构筑链接循环的产业链条。以高能耗、高排放、污染重和资源消耗型行业为重点，集中力量开发一批重大关键共性清洁生产工艺技术和绿色环保原材料（产品），加快建立清洁生产方式。

2. 大力提升工业能效水平

实施工业能效提升计划，推动重点节能技术、设备和产品的推广和应用，提高工业能效利用水平。以钢铁、建材、石化和化工、有色等高耗能行业为重点，加强对行业节能减碳的政策指导和规划引导，加快工业节能标准制定，强化重点用能企业节能管理，降低单位工业增加值能源消耗。组织实施工业锅炉、窑炉节能改造，内燃机系统节能，电机系统节能改造，余热余压回收利用，热电联产，工业副产煤气回收利用，企业能源管控中心建设，两化融合促进节能减排，节能产业培育等9大重点节能工程，提高企业能源利用效率。实施电机、内燃机、锅炉等重点用能设备能效提升计划，推进工业企业余热余压利用。健全节能市场化机制，完善能效标识、节能产品认证和节能产品政府强制采购制度。

3. 控制工业过程温室气体排放

通过原料替代、改善生产工艺、改进设备使用等措施减少工业过程温室气体排放。推广利用电石渣、造纸污泥、脱硫石膏、粉煤灰、矿渣等固体工业废渣和火山灰等非碳酸盐原料生产水泥，加快发展新型低碳水泥，鼓励采用电炉炼钢—热轧短流程生产工艺，推广有色金属冶炼短流程生产工艺技术，改进电石、石灰生产工艺，减少生产过程二氧化碳排放。改进化肥、己二酸、硝酸、己内酰胺等行业的生产工艺，采用控排技术，减少工业生产过程氧化亚氮的排放。实施高温室效应潜能值气体替代，通过采用合理防护性气体、创新操作工艺、开展替代品研发、改进设备使用等措施，大幅度降低工业生产过程含氟气体排放。

4. 加快工业低碳技术开发和推广应用

制定重大低碳技术推广实施方案，促进先进适用低碳新技术、新工艺、新设备和新材料的推广应用。2008—2013 年，国家发改委共发布了六批《国家重点节能技术推广目录》，累计向社会推荐了 215 项重点节能低碳技术，2014 年又发布《国家重点节能低碳技术推广目录（2014 年本）》。指导各地深入开展能效水平对标达标，实施重点企业节能技术改造，积极推广先进节能生产工艺。加快传统生产设备的大型化、数字化、智能化、网络化改造，推进以低碳技术为核心的企业技术改造。推动建立以企业为主体、产学研相结合的技术创新体系，推动建立以市场为导向、多种形式相结合的低碳技术与装备产业联盟。鼓励钢铁、有色金属、石油与化工等重点行业推广应用低碳技术。编制完成钢铁、石化等11个重点行业节能减排先进适用技术目录、应用案例和技术指南。

5. 促进低碳工业产品生产和消费

完善主要耗能产品能耗限额和产品能效标准。国家发展改革委、质检总局和国家标准委等全力推进实施"百项能效标准推进工程"，截至 2015 年 9 月，共发布强制性能耗限额标准 105 项，强制性产品能效标准 70 项。加大高效节能家电、汽车、电机、照明产品等推广力度。推动实施低碳产品标准、标识和认证制度，加快低碳工业标识标准体系建设，优先选择使用量大、普及面广的终端消费产品开展低碳产品标识试点，促进企业开发低碳产品，加快向低碳生产模式转变。建立节能产品优先采购制度，制定了节能产品政府采购清单。采取综合性调控措施，抑制高消耗、高排放产品市场需求，鼓励企业采购绿色低碳产品，刺激低碳产品需求，提高低碳产品社会认知度，倡导低碳消费。2011 年，国家发改委发布了《中国逐步淘汰白炽灯路线图》，决定从 2012 年 10 月 1 日起逐步禁止进口和销售普通照明白炽灯。

6. 实施工业低碳发展重点示范工程

以实施工业重大低碳技术示范工程，工业过程温室气体排放控制示范工程，高排放工业产品替代示范工程，工业碳捕集、利用与封存示范工程，低碳产业园区建设试点示范工程和低碳企业试点示范工程六大重点工程为抓手，提高工业单位碳排放生产效率，提升碳管理水平，有效控制工业温室气体排放。"十二五"期间，在工业领域力争培育和形成 80 个国家低碳产业示范园区，培育 500 家示范企业。

7. 完善工业低碳发展支持政策

加强应对气候变化工作与工业节能、资源综合利用、清洁生产等工作的协调配合，发挥协同效应。加强财税、金融等政策支持，积极探索绿色信贷融资等新模式。积极应对低碳贸易障碍，进一步调整进出口贸易政策，鼓励低碳工业产品出口。建立工业温室气体排放监测体系。构建工业产品碳排放评价数据库。对高消耗、高污染行业制定更为严格的节能低碳准入标准，制订高能耗工业产品能耗限额强制性、超前性国家行业标准。研究制订粗钢、水泥、烧碱、铝等高耗能产品的碳排放强制性标准，加紧制订重点用能企业碳排放评价通则，指导和规范企业降低排放。研究制订低碳工业产品标准，推动实施低碳工业产品认证和碳标识。积极开展专题培训，加强人才培养，增强企业低碳发展的意识和能力。

（三）政策成效及未来展望

1. 政策成效

从总体来看，中国工业领域应对气候变化政策取得了显著成效，具体可概括为以下三个方面：

一是工业能效水平有所提高。2005 年以来，中国规模以上工业万元增加值能源消耗累计下降超过 32%，火电厂供电煤耗、吨钢可比能耗、吨水泥综合能耗、吨乙烯综合能耗、吨电解铝交流电耗分别下降了 13.8%、

10.7%、16.8%、19.9%、6.7%，部分产品单耗已达到国际先进水平；"十二五"期间，规模以上企业单位工业增加值能耗累计下降28%，实现节能量6.9亿吨标准煤。2015年多数工业产品的单位产品能耗比2012年明显下降。在统计的重点用能工业企业的39项单位产品综合能耗指标中，85%的指标比2012年下降。其中，原煤生产单耗下降7.3%，制纸及纸板生产单耗下降7.5%，烧碱单耗下降9%，乙烯单耗下降4.4%，合成氨单耗下降3.7%，电石单耗下降1.7%，水泥单耗下降4.6%，平板玻璃单耗下降7.9%，吨钢综合能耗下降4.4%，铜、铝、铅、锌冶炼单耗分别下降17.6%、2.8%、6.4%和3.1%，火力发电煤耗下降2.4%。

二是工业产品结构不断优化。经过控增淘劣、提质增效、转型升级、低碳发展，积极推进化解产能过剩等各项工作，"十二五"期间，不仅提前一年完成了原定的"十二五"淘汰落后产能任务，还提前完成了国务院追加任务，全国累计淘汰落后炼铁产能9 089万吨、炼钢9 486万吨、电解铝205万吨、水泥（熟料及粉磨能力）6.57亿吨、平板玻璃1.69亿重量箱。

三是工业节能技术推广成效初步显现。截至2013年，国家发改委发布了6批推荐目录，其中工业节能技术121项。在2011—2014年，这些技术推广应用共计形成节能能力7 380万吨标准煤，拉动投资2 080亿元，技术推广成效初步显现。"十二五"期间，在地方层面，各省市结合区域工业产业结构，陆续发布了针对性更强的技术推广目录。仅在2013年和2014年，北京、山东、山西、广东、江苏等14个省市，发布了20个节能技术/产品推广目录，工业适用节能技术共计约270项。

2. 未来展望

工业转型升级、低碳发展是中国实现温室气体排放控制目标的关键环节。尽管中国产业结构调整和工业节能减碳取得了显著成效，但工业体量庞大、重化特征明显、附加值偏低的总体状况仍未改变。无论是工业单位能耗，还是排放总量，与发达国家相比仍存在明显差距，转型升级任务依然艰巨。

当前，第三次工业革命已初见端倪，新一轮的工业升级正在发生发展，宣告工业 4.0 时代即将到来。新的工业革命对世界制造业格局的影响已开始显现，各国不断加大科技创新力度，发达国家纷纷实施"再工业化"战略，以信息产业、新能源产业为代表的低碳产业等成为各国重点发展对象，全球制造业格局面临重大调整，未来全球将进一步步入智能化、数字化为代表的工业低碳生产新时代，各国围绕市场、资源和技术等方面的竞争更趋激烈。

在全球工业升级的大背景下，我国制造业面临发达国家和其他发展中国家"双向挤压"的严峻挑战。从国内看，生态文明理念尚未得到根本落实，在以经济增长为主的政绩考核体系和流转税为主的税制指引下，地方政府更偏爱发展工业。由于存在对微观经济主体的过多干预和短期行为，工业产能过剩问题日益严重。钢铁、水泥、电解铝等传统产业产能过剩问题尚未解决，新兴产业中的太阳能光伏发电、风电设备等也逐渐出现产能过剩的倾向，导致大量资源被低效或无效地沉淀在过剩行业，大量过剩产品对市场价格体系形成冲击，产生"劣币驱逐良币"的效应，不利于工业低碳发展。随着中国经济发展进入新常态，主要依靠资源要素投入、规模扩张的粗放发展模式难以为继，调整结构、转型升级、提质增效刻不容缓。工业要实现绿色低碳和可持续发展，突破资源能源瓶颈制约，必须加快转变工业发展方式，着力促进产业结构调整，逐步淘汰落后产能，大幅提高高能耗行业的能源使用效率，大力发展低碳产业，形成技术先进、绿色低碳与可持续的现代化工业体系。

三、建筑领域气候政策及成效

2014 年，全国建筑总面积达到 605 亿平方米，其中，公共建筑面积约 100 亿平方米，城镇居住建筑面积为 260 亿平方米，农村居住建筑为 245 亿平方米。数据显示，2014 年，全国建筑能耗约 8.14 亿吨标准煤，占全国能源消费总量的 19.12%，在部分经济发达省市甚至高达 40% 以上。其中，公共建筑能耗为 3.26 亿吨标准煤，城镇居住建筑能耗为 3.01 亿吨标准煤，农村建筑能耗为 1.87 亿吨标准煤。由于中国仍处在城镇化快速发展阶段，建筑能耗和碳排放仍在增长，建筑领域的低碳、可持续发展，对实现中国的低碳发展目标具有重要作用。

（一）行业应对气候变化目标

根据《"十二五"建筑节能专项规划》《国务院"十二五"节能减排综合性工作方案》，"十二五"期间建筑行业低碳发展行动目标包括：北方采暖地区既有居住建筑供热计量和节能改造4亿平方米以上，形成2 700万吨标准煤节能能力；夏热冬冷地区既有居住建筑节能改造5 000万平方米，公共建筑节能改造6 000万平方米，高效节能产品市场份额大幅度提高。加强新建建筑节能工作，形成4 500万吨标准煤节能能力。推动节能改造与运行管理，形成1 400万吨标准煤节能能力。推动可再生能源与建筑一体化应用，形成常规能源替代能力3 000万吨标准煤。

根据《住房城乡建设事业"十三五"规划纲要》《强化应对气候变化行动——中国国家自主贡献》《"十三五"控制温室气体排放工作方案》等文件，"十三五"时期建筑行业相关行动目标包括：城镇新建建筑中绿色建筑推广比例超过50%，绿色建材应用比例超过40%，新建建筑执行标准能效要求比"十二五"期末提高20%。装配式建筑面积占城镇新建建筑面积的比例达到15%以上。北方城镇居住建筑单位面积平均采暖能耗下降15%以上，城镇可再生能源在建筑领域消费比重稳步提升。

（二）主要政策及行动

1. 加强城乡低碳化建设和管理

城乡建设发展理念和模式对建筑碳排放具有重要影响。改革开放以来，中国"大拆大建"、急功近利的城乡建设模式，以及不科学的城市发展规划理念，导致城镇建设高碳浪费低效的恶性循环，高碳锁定效应突出。为此，必须在城乡规划中落实低碳理念和要求，探索集约、智能、绿色、低碳的新型城镇化模式，优化城市功能和空间布局，鼓励编制城市低碳发展规划，科学划定城市开发边界，按照低碳生态理念制（修）订规划建设标准，把绿色发展要求纳入城市规划。开展低碳生态城市、绿色生态城区试点示范，鼓励探索低碳生态城市规划方法和建设模式。提高基础设施和建筑质量，防止大拆大建。推广绿色施工和住宅产业化建设模式。强力推进建筑产业化。适度增加城市规划建成区绿地和生态用地规模，限制城市建设挖山、填河，确保城市居民"望得见山，看得见水"。同时，加强城市低碳运营管理，开展城市碳排放精细化管理，树立低碳消费的行为导向。

2. 建立健全新建建筑节能标准

中国自 1986 年起，已初步建立了一套覆盖不同气候区、不同建筑类型、不同能源、资源种类的建筑节能标准体系。目前实施的建筑节能标准包括《严寒和寒冷地区居住建筑节能设计标准》《夏热冬冷地区居住建筑节能设计标准》《夏热冬暖地区居住建筑节能设计标准》和《公共建筑节能设计标准》。"十二五"期间，居住建筑基本全面执行 65% 的节能标准，部分有条件的省市已开始执行 75% 的节能标准。详见表 3-1。

表 3-1　新建建筑节能的标准体系

	建筑节能标准	内容
设计标准	《严寒和寒冷地区居住建筑节能设计标准》（2010）	将原有新建居住建筑节能标准提高 30%；对采暖地区的居住建筑从围护结构和采暖、通风与空调系统两方面提出了明确的节能要求
	《夏热冬冷地区居住建筑节能设计标准》（2010）	要求新建居住建筑执行 65% 的标准；对居住建筑围护结构的保温隔热性能，以及采暖空调和通风系统的节能设计提出了要求
	《夏热冬暖地区居住建筑节能设计标准》（2012）	要求新建居住建筑执行 65% 的标准；对居住建筑的墙体和屋顶热工，窗户遮阳、隔热性能和空调通风系统的节能设计提出了要求
	《公共建筑节能设计标准》（2015）	适用于全国各个气候区，针对不同的气候区域分别提出了节能措施和要求。除了对建筑围护结构的保温隔热性能做出规定外，重点提出了空调系统的节能设计，并建立了典型公共建筑模型数据库
验收标准	《建筑节能工程施工质量验收规范》（2007）	包括有关的节能工程（墙体、幕墙、门窗、屋面、地面、采暖、通风和空调、空调和采暖的系统冷热源及管网、配电与照明、监控和控制），建筑节能工程现场检验，建筑节能分部分工程质量验收等

3. 加强既有建筑节能低碳改造

中国 2007 年颁布的《节约能源法》规定，"建筑节能规划应当包括既有建筑节能改造计划""对既有建筑进行改造，应当按照规定安装用热计量装置、室内温度调控装置和供热系统调控装置"等。2008 年颁布的《民用建筑节能条例》，对既有建筑节能做出专门规定，包括既有建筑改造的定义、技术选择、费用等内容。根据《"十二五"建筑节能专项规划》和《"十二五"节能减排综合性工作方案》部署，"十二五"期间，大力推进北方采暖地区既有居住建筑供热计量及节能改造，加快实施"节能暖房"工程。开展大型公共建筑采暖、空调、通风、照明等节能改造，推行用电分项计量。以建筑门窗、外遮阳、自然通风等为重点，在夏热冬冷地区和夏热冬暖地区开展居住建筑节能改造试点。鼓励在旧城区综合改造、城市市容整治、既有建筑抗震加固中，采用加层、扩容等方式开展节能改造。加快北方采暖地区既有居住建筑供热计量和节能改造。加快热力管网建设与改造。中央财政政策采用"以奖代补"的方式对既有居住建筑节能改造进行资金奖励，依据《北方采暖区既有居住建筑供热计量及节能改造奖励资金管理暂行办法》，对严寒和寒冷地区分别按照 55 元/平方米和 45 元/平方米进行资金奖励。在此基础上，地方政府纷纷出台资金补贴政策，推进既有建筑节能改造工作。

4. 强化公共建筑节能低碳化运营管理

办公建筑和大型公共建筑年耗电量约占全国城镇总耗电量的 22%，每平方米年耗电量是普通居民住宅的 10—20 倍。公共建筑节能是中国建筑节能的重点。2008 年，国务院发布《公共机构节能条例》，要求公共机构加强节能监督管理，规划和推行有关节能措施。2011 年发布的《公共机构节能"十二五"规划》和《公共机构能源资源消耗统计制度》，设定了公共机构节能目标，推动建立公共机构节能组织管理体系、政策法规体系、计量监测考核体系、技术支撑体系、宣传培训体系和市场化服务体系。

5. 大力发展绿色建筑

绿色建筑是指在建筑的全寿命周期内，最大限度节约资源、节能、节地、节水、节材、保护环境和减少污染，与自然和谐共生的建筑。中国绿色建筑发展经历了从点到面、走向大规模推广的发展阶段。2007年发布的《绿色建筑评价标识管理办法》，将绿色建筑等级由低至高分为一星级、二星级和三星级三个等级，每个等级都有对应的各项详细指标。2011年起，住建部先后出台了《绿色建筑评价标准》和《绿色建筑评价技术细则》，前者着重设计阶段，后者强调运行阶段，完善了绿色建筑管理体系，并启动"双百工程"。具体内容见表3-2。

表3-2　《绿色建筑评价标准》和《绿色建筑评价技术细则》

	绿色建筑设计评价标识	绿色建筑评价标识
依据	《绿色建筑评价标准》	
	《绿色建筑评价技术细则》	
	《绿色建筑评价技术细则补充说明（运行使用部分）》	《绿色建筑评价技术细则补充说明（规划设计部分）》
针对	对处于规划设计阶段和施工阶段的住宅和公共建筑	对已竣工并投入使用的住宅和公共建筑
标识有效期	一年	三年

在绿色建筑推广中，重点开展三方面工作：

（1）加大可再生能源建筑应用。加大太阳能光热系统在城市中低层住宅及酒店、学校等有稳定热水需求的公共建筑中的推广力度。在传统非采暖的夏热冬冷地区，积极推广利用空气源、地表水源、污水源热泵技术供暖，建立小区级的城市微采暖系统。具备条件的，利用工业余热，建立热电联产的分区域集中供热模式。大力推广太阳能光伏等分布式能源，建立城市可再生能源微网系统。制定分布式能源建筑应用标准，在城市燃气未覆盖地区，推广采用污水处理厂污泥制备沼气技术。

（2）推广应用绿色建材。完善绿色建材评价体系，动态发布绿色建材产品目录及相关信息，促进形成全国统一、开放有序的绿色建材市场。强化绿色建筑等对绿色建材的应用要求。大力开展绿色建材示范工程、产业化基地建设。以建筑垃圾处理和再利用为重点，加强再生建材生产技术和工艺研发以及推广应用工作。

（3）大力发展装配式建筑。推广绿色低碳建造方式。积极推动装配式混凝土结构和钢结构建筑发展，在具备条件的地方倡导发展现代木结构建筑。积极扩大装配式建筑应用规模。制定装配式建筑设计、构配件生产、施工装修、质量检验和工程验收等规范。加强装配式建筑产业能力建设。推进智能化生产、运输和装配。建设一批国家级装配式建筑生产基地。创新建设管理模式，探索适应装配式建筑发展的招投标、工程造价、质量监督、安全管理、竣工验收等管理制度。

《住房城乡建设事业"十三五"规划纲要》要求实施绿色建筑推广目标考核管理机制，强化绿色建筑质量管理，完善绿色建筑评价体系，加大绿色建筑强制推广力度，逐步实现东部地区省市全面执行绿色建筑标准，中部地区省会城市及重点城市、西部地区重点城市强制执行绿色建筑标准。为支持绿色建筑发展，各省市制定了一系列绿色建筑激励政策。基于绿色建筑星级标准、建筑面积、项目类型等组合方式，有关省市制定了财政补贴标准，9个省市明确了对星级绿色建筑的财政补贴额度，补贴范围从 10 元/m² 到 60 元/m² 不等（上海对预制装配率达到 25% 的，资助提高到 100 元/m²），北京、上海和广东从二星级开始资助，江苏和福建对一星级绿色建筑提出了奖励标准，但关于二星和三星的奖励标准并未发布；陕西省提出了阶梯式量化财政补贴政策，奖励额度为 10—20 元/平方米。

6. 开展绿色生态城区示范建设

2013 年住房和城乡建设部发布《"十二五"绿色建筑和绿色生态城区发展规划》，提出在"十二五"期间，实施 100 个绿色生态城区示范建设，初步形成财政补贴、税收优惠和贷款贴息等多样化的激励模式。此前财政部、住建部发布的《关于加快推动我国绿色建筑发展的实施意见》，提出对绿色生态城区发展给予专项补贴，每家为 5 000 万元，主要用于补贴绿色建筑建设增量成本及城区绿色生态规划，指标体系制定、绿色建筑评价标识及能效测评等。申报绿色生态城区示范区要求新区按绿色、生态、低碳的理念完成城市新区总体规划，控制性详规及建筑、市政、能源等专项规划，并且建立了相应的指标体系；城市新区先导区面积需达到 3 平方千米，2 年内开工建设规模不小于 200 万平方米，新建建筑全部执行《绿色建筑评价标准》，二星级及以上建筑比例超过 30%。2012 年已经确定的首批八个示范区为：贵阳中天·未来方舟生态新区、中新天津生态城、深圳市光明新区、唐山市唐山湾生态城、无锡市太湖新城、长沙市梅溪湖新城、重庆市悦来绿色生态城区和昆明市呈贡新区。

7. 倡导低碳生活和低碳消费

建筑领域碳排放不仅来源于建筑运营本身，也取决于居民的消费行为和生活习惯。培养低碳生活方式是降低建筑领域碳排放的重要能动措施。中国在倡导低碳生活方面的主要举措包括：抑制不合理消费，限制商品过度包装，减少一次性用品使用。鼓励使用节能低碳产品，开展低碳生活专项行动。遏制食品浪费。深入开展低碳家庭创建活动，提倡公众在日常生活中养成节水、节电、节气、垃圾分类等低碳生活方式。倡导公众参与造林增汇活动。

（三）行业政策成效及未来展望

1. 政策成效

建筑行业应对气候变化政策取得的具体成效如下：

一是新建建筑节能标准执行率提高。截至 2014 年底，全国城镇新建建筑设计阶段执行节能强制性标准的比例为 99.94%，施工阶段执行强制性标准的比例为 98.98%。全国城镇累计建成节能建筑面积 105 亿平方米，共形成 1 亿吨标准煤节能能力。

二是绿色建筑发展迅速。截至 2015 年底，全国共有 3 979 个项目获得了绿色建筑评价标识，建筑面积超过 4.5 亿平方米。"十二五"期间完成北方采暖地区既有居住建筑供热计量及节能改造 10 亿平方米，完成夏热冬冷地区既有居住建筑节能改造面积 7 090 万平方米。

三是公共建筑能耗管理不断加强。"十二五"期间全国公共机构能源消费总量年均增速较"十一五"期间下降了 1.43 个百分点，顺利完成节能目标。全国累计完成公共建筑能源审计 10 000 余栋，对 8 000 余栋建筑进行了能耗动态监测。

四是可再生能源应用规模扩大。截至 2014 年底，全国城镇太阳能光热应用面积 27 亿平方米，浅层地能应用面积 4.6 亿平方米，太阳能光电建筑装机容量达到 2 500 兆瓦。

2. 未来展望

目前，中国建筑运行阶段能耗约占全社会能源消耗总量的 20%—25%，虽仍低于发达国家 30%—40% 的水平，但随着民众对建筑舒适性及生活品质需求的提升，建筑领域能耗将进一步增长。特别是中国正处在城镇化快速发展阶段，目前常住人口城镇化率为 53.7%，户籍人口城镇化率只有 36% 左右，不仅远低于发达国家 80% 的平均水平，也低于人均收入与中国相近的发展中国家 60% 的平均水平，城镇化进程还有较大的发展空间。未来 20 年，中国城镇化将继续处于快速发展阶段，并将经历高峰发展时期和接近拐点发展时期。综合考虑世界银行、OECD 以及国内相关研究机构预测，2030 年左右中国将达到城镇化的拐点，届时城镇化率约为 65%—72%。到 2050 年，将赶上并超过世界城市化的平均水平，城镇化率将达到 75%—80%。城镇化所处阶段决定了短期内对能源仍存在较高的刚性需求。随着城镇化推进，建筑面积总量将随之快速增长。相关资料显示，目前全国既有建筑总量约为 450 亿平方米，若按照建筑面积每年新增 10 亿平方米的速度计算，到 2030 年建筑能耗总量将增加 1 倍以上，建筑领域能源供应及碳减排压力巨大。城镇化进程加速也将推动第三产业发展，导致公共建筑能耗增加；同时，农村人口流向城市，居民生活水平不断提升，也将进一步增加能源消耗和碳排放。建筑领域将成为中国未来能源消费和碳排放的主要增长源。

同时，现阶段中国建筑能效标准水平仍然偏低。研究表明，现阶段我国北方居民住宅全年供暖能耗设计指标为发达国家的 1.5—2 倍，公共建筑的供冷供热全年能耗设计指标为发达国家的 1.2—1.5 倍。建筑使用寿命短，大拆大建等问题突出。尽管总体上建筑节能标准执行率已接近 100%，但存在地区发展不平衡、高性能建筑占比小、执行质量参差不齐、综合效果多数停留在设计阶段及少部分建筑节能工程偷工减料等现象，建筑节能工程质量水平有待提高。改变现有城市发展方式，成为我国建筑领域低碳发展的必然选择。未来需要进一步完善政策体系，探索建筑领域的低碳发展模式，加快建设绿色城市、智慧城市和人文城市建设，着力打造"集约、智能、绿色、低碳"新型城镇化，加快既有建筑节能改造，研究低碳发展机制，不断提升能效标准，积极发展绿色建筑，加快建设低碳城市、绿色生态城区和低碳社区。

四、交通领域气候政策及成效

随着经济的快速增长以及城市化和工业化的迅速发展，交通部门已成为中国能源消耗（尤其是石油消耗）增长最快和温室气体排放量增长最快的部门。2000—2012 年，中国交通终端能源消费量累计增加 189%，高于中国终端能源消费总量增速。交通运输行业在快速发展的同时，不断强化政策引导，节能减排与应对气候变化取得了积极成效。

（一）行业应对气候变化目标

根据《交通运输"十二五"发展规划》《公路水路交通节能中长期规划纲要》等文件，"十二五"行业应对气候变化目标包括：与 2005 年相比，2015 年营运车辆单位运输周转量的能耗和二氧化碳排放分别下降 10% 和 11%，营运船舶单位运输周转量的能耗和二氧化碳排放分别下降 15% 和 16%，港口生产单位吞吐量综合能耗下降 8%。与 2010 年相比，2015 年民航运输吨公里的能耗和二氧化碳排放均下降 3% 以上，基本淘汰 2005 年以前注册运营的"黄标车"。

《"十三五"控制温室气体排放工作方案》要求：到 2020 年，营运货车、营运客车、营运船舶单位运输周转量二氧化碳排放比 2015 年分别下降 8%、2.6%、7%，城市客运单位客运量二氧化碳排放比 2015 年下降 12.5%。推广新能源汽车，到 2020 年，纯电动汽车和插电式混合动力汽车生产能力达到 200 万辆，累计产销量超过 500 万辆。

（二）主要政策及行动

1. 综合交通

理想的运输体系应是铁路、公路、水运、航空、管道等各种运输方式的合理分工和无缝衔接，使各种运输方式的特点得到充分发挥，组合优势得到最大程度的释放，从而实现运输系统的高效低碳。在发展综合交通方面，中国的主要政策包括：

（1）综合交通运输体系建设。中国交通运输基础设施大拆大建的高潮已过去，发展现代化综合交通运输体系成为国家和社会公众的迫切需求。推进结构性节能减碳的根本途径是根据各种运输方式的技术经济特征，优化资源配置，充分发挥各种运输方式的比较优势，实现优化组合。中国基础设施仍处在大规模建设阶段，构建可持续的交通体系，就是要在加快发展中优化运输结构。2013年中国政府机构改革，将原铁道部拟定铁路发展规划和政策职责划入交通运输部，实现了中央政府层面交通运输行业政策制定的整合，为构建低碳综合交通运输体系打下了良好基础。"十二五"以来，交通运输部门统筹各种运输方式发展，强化基础设施优化衔接，加强低碳交通枢纽建设。加快交通运输科技创新和信息化发展，提高综合运输服务保障能力。优化交通运输结构，按照"宜水则水、宜陆则陆、宜空则空"的原则，提高铁路、水路在综合运输中的承运比重，降低运输能耗强度。积极促进铁路、公路、水路、民航和城市交通等不同交通方式之间的高效组织和顺畅衔接。优化客运组织。加快发展绿色货运和现代物流，加快发展专业化运输和第三方物流，积极引导货物运输向网络化、规模化、集约化和高效化发展，优化货运组织，提高货运实载率。加强城市物流配送体系建设，建立零担货物调配、大宗货物集散等中心，提高城市物流配送效率。依托综合交通运输体系，完善邮政和快递服务网络，提高资源整合利用效率。

（2）节能减排科技专项行动。为进一步贯彻落实国务院《节能减排"十二五"规划》和《"十二五"节能减排综合性工作方案》的部署，全面推进节能减排科技工作，2014年科技部、工业和信息化部组织制定了

《2014—2015年节能减排科技专项行动方案》。重点加强交通运输节能减排与低碳交通实验室、技术研发中心、技术服务中心等科技创新和服务体系建设，积极开展节能减排与应对气候变化重大战略和政策研究；加强基于物联网的智能交通技术研发与推广，积极采用新技术、新材料、新装备和新工艺。制定并公布交通运输节能减排技术、产品的推广目录，建立交通运输行业能效与低碳标识、节能低碳产品认证制度。组织实施节能减排科技示范项目和重点工程。重点开展节能与新能源汽车、半导体照明产品、节能环保船型等示范推广。大力推进替代能源和可再生能源在交通运输基础设施建设与运营、运输生产等领域中的应用。积极开展节能减排与低碳科普行动。

（3）重点企业低碳交通运输专项行动。2010年以来，交通部启动组织开展了"车、船、路、港"千家企业低碳交通运输专项行动。"车"：大力推广节能驾驶经验，加强营运车辆用油定额考核，严格执行车辆燃料消耗量限值标准，淘汰高耗能车辆，推广新能源和清洁燃料车辆，推进甩挂运输；"船"：大力推广船型标准化，靠港船舶使用岸电；"路"：大力推广高速公路不停车收费，优化运输组织，推广甩挂运输，公路隧道节能和路面材料再生技术，推进太阳能在公路系统的应用；"港"：大力推广轮胎式集装箱、门式起重机、"油改电"和船舶使用的岸电建设。2011年交通运输节能减排专项资金为3.5亿元，2012年为4.3亿元，2013年和2014年均为7.5亿元。

2. 道路交通

从结构上看，道路交通是整个交通领域温室气体排放"主要贡献者"。而政策制度的创新和发展是推动道路交通领域节能减排、低碳发展的重要驱动因素。中国现阶段鲜有直接以减少交通部门温室气体排放为目标的政策措施，更多的是以缓解拥堵、大气污染治理、保障燃油供应安全以及促进交通可持续发展为主要目的，而温室气体减排以及低碳发展可视为这些交通政策的协同效应，所以这些政策可称为广义的低碳交通政策。

（1）制定乘用车燃油经济性标准。燃油经济性标准被国内外公认为政府控制机动车油耗和碳排放最有效的手段之一。中国从 20 世纪 80 年代初开始制定汽车油耗标准，并颁布了各类车辆的行业性燃油消耗量限值标准。自 2003 年起，国家质量监督检验检疫总局会同相关部门先后发布了《轻型汽车燃料消耗量试验方法》(2003)、《乘用车燃料消耗量限值》标准(2004)、《国家乘用车燃料消耗量限值》(GB 19578—2004) 和《轻型商用车燃料消耗量限值》(2007)。2005 年，中国推出了《乘用车燃料消耗量评价方法及指标》，提出对国内汽车生产进行强制性燃料消耗控制。该办法主要实施对象为新开发车型，按照车型整备质量不同设定了不同的标准，如果不达标将不准生产、销售。2005 年 7 月 1 日，新开发车型开始实施第一阶段限值要求。2008 年 1 月 1 日，乘用车燃料消耗第二阶段限值开始执行。

2013 年 5 月 1 日，由工信部、发展改革委、商务部、海关总署和质检总局制定的《乘用车企业平均燃料消耗量核算办法》(以下简称《办法》)正式实施，被称为第三阶段。《办法》确定了企业平均燃料消耗值(CAFC) 的计算办法，相对第一、第二阶段，第三阶段有三个重大变化：第一个变化是第三阶段标准不再以单一车型为评价对象，而是将汽车企业作为整体进行评价；第二个变化是将"零能耗"新能源汽车引入标准之中，用以鼓励企业生产新能源汽车；第三个变化是将进口车型也计入统计当中，并独立核算。《办法》规定，纯电动乘用车、燃料电池乘用车、纯电动驱动模式综合工况续驶里程达到 50 公里及以上的插电式混合动力乘用车的综合工况燃料消耗量实际值按零计算，并按 5 倍数量计入核算基数之和；综合工况燃料消耗量实际值低于 2.8 升/100 公里（含）的车型（不含纯电动、燃料电池乘用车），按 3 倍数量计入核算基数之和。可以看出，新能源汽车在 CAFC 的计算中权重极高。对于油耗值偏高的企业来说，生产新能源汽车显然对企业整体达标十分有利，甚至只需少量的新能源汽车，即可起到很大作用。

《办法》规定，乘用车企业平均燃料消耗量有两个目标，一个是"企业平均燃料消耗量目标值"，另一个是国家目标值。企业平均燃料消耗量实际值在与企业目标值比对时，不计入新能源汽车；与国家目标值比对时，可计入新能源汽车。其中，企业平均燃料消耗量目标值分四年执行，即所谓"达标值"。要求2012年企业平均燃料消耗量要达到标准的109%，2013年要达到106%，2014年要达到103%，2015年要达到100%。2016—2020年则为第四阶段。虽然关于燃油经济性的标准已经出台，但由于相应的管理办法一直没有出台，目前对未达标企业的惩罚措施尚不清晰。

2016年8月11日，国家发改委发布《新能源汽车碳配额管理办法》向社会征求意见，该文件主要目的是加强对汽车温室汽车排放的控制和管理，加快新能源汽车发展，目前只是一个管理框架和思路，并没有细则。政策制定的依据是碳排放权交易管理有关法规及《节能及新能源汽车产业发展规划（2012年）》。要求2017年试行，2018年正式施行。政策的针对对象为中国汽车生产企业及进口汽车总代理商。国家有关部门会按照燃油汽车企业规模制定其应缴的新能源汽车碳配额，企业应达到这个碳配额要求，具体可以通过生产和进口新能源汽车获得新能源汽车碳配额，或者通过配额市场交易获取新能源汽车碳配额，每年达不到的企业要被罚以前一年配额市场均价的3—5倍的罚款（管理部门、碳配额标准及配额市场均价还待细则发布）。但这一办法与乘用车企业平均燃料消耗量标准如何协调实施，尚无定论。

2016年9月22日，工信部公布《企业平均燃料消耗量与新能源汽车积分并行管理暂行办法》（征求意见稿），对在中国境内传统能源乘用车年产量或进口量大于5万辆的乘用车企业，设定新能源汽车积分的年度比例要求。2016年和2017年度，对新能源汽车积分比例不做考核，2018—2020年，新能源汽车积分比例要求分别为8%、10%和12%。2020年以后的比例要求另行制定。单车分值以续航里程多少为基础，从2分到5分不等。具体这个政策如何执行，尚在探讨之中。

（2）控制汽车保有量。控制汽车保有量的主要措施包括汽车总量控制政策和税费政策。汽车总量控制政策包括汽车牌照拍卖、摇号制度等。目前主要是在一些特大城市实施，如上海市采取私车牌照拍卖政策，北京采用机动车申购摇号制度。税费政策主要包括两种：一是与获得、购买或登记车辆有关的税收——增值税、消费税、车辆购置税；二是与拥有汽车相关的税——车船税、牌照税、保险税。燃油税也被认为是能够有效引导消费者合理消费车用燃料、降低道路交通能源消费以及减少碳排放的一种重要政策。2009年1月中国开始实施燃油税，即成品油消费税。2011年，中国通过《车船税法》，车船税基于排量大小实行递增税率，类似欧洲国家的机动车碳税。

（3）推广车用替代燃料。车用替代燃料被认为是减少交通领域二氧化碳排放的一项重要政策选择。中国目前主要政策导向是：推进以天然气等清洁能源为燃料的运输装备和机械设备应用，积极探索生物质能在交通运输装备中的应用。推广应用混合动力交通运输装备，采用租赁代购模式推进电池动力的交通运输装备应用。加快燃料乙醇的推广应用，制定财政补贴以及各种税收优惠等推进车用替代燃料发展，2004年财政部下发《关于燃料乙醇亏损补贴政策的通知》，国家对燃料乙醇的生产及使用实行优惠的财税和价格政策。一些地方政府也针对替代燃料汽车或基础设施建设颁布了补贴政策，主要适用于购买使用替代燃料出租车或公交车以及改装成替代燃料汽车等行为。

（4）发展公共交通和慢行交通。推动以公共交通为导向的城市发展模式，加快城市轨道交通、公交专用道、快速公交系统（BRT）等大容量公共交通基础设施建设，加强自行车专用道和行人步道等城市慢行系统建设，增强绿色出行吸引力。加快建设城市新能源公交车辆的配套服务设施。《城市公共交通"十三五"发展纲要》设定到2020年，初步建成适应全面建成小康社会需求的现代化城市公交系统，并根据不同城区常住人口规模（100万以下或500万以上）设定了20%—60%的城市公交出行分担率目标，75%—85%的城市交通绿色出行分担率目标等。发展城市步行和自行车等慢行交通，重点解决中短距离出行和与公共交通的接驳换乘；要求中小城市将步行和自行车交通作为主要交通方式予以重点发展。2012年，住建部联合发改委、财政部出台了《关于加强城市步行和自行车交通系统建设的指导意见》，引导各地加强城市步行和自行车交通建设，合理设置行人过街设施和自行车停车设施。

专栏 3-1：共享单车在中国快速发展

自行车出行是低碳、健康的出行方式。以骑自行车代替开车，每骑行1公里可以消耗热量 25 卡路里，减排二氧化碳 200 克。近年来，杭州、北京、武汉、太原等城市积极发展城市公共自行车项目，仅太原市公共自行车系统就有 1 285 个网点、4.1 万辆车，这对方便居民低碳出行，缓解城市交通拥堵、减少交通碳排放产生了良好的效果。

公共自行车虽然低碳环保，但公共自行车租赁点毕竟有限，消费者使用仍然存在不够便捷的问题。2016 年以来，随着移动互联网和共享经济发展，一种新的交通出行方式——共享单车开始在我国各大城市快速发展。共享单车通过网络实时定位，可以十分方便地随时随地用车还车，可以将"最后一公里"的出行时间由步行 15 分钟减少到骑行 5 分钟。短时间内，摩拜、ofo、优拜、永安行等企业纷纷进入共享单车领域，形成了一轮投资高潮。据不完全统计，截至 2017 年 1 月，该领域主要企业融资总额超过46 亿元，向市场投放和计划投放的自行车超过 140 万辆。共享单车的出现，有助于进一步解决出行难问题，摩拜单车、ofo 单车在北京、上海、深圳、广州等城市随处可见，成为城市靓丽的风景线。

（5）推广新能源汽车。中国推动新能源汽车发展已有多年，2009 年 1月财政部、科技部联合发布《关于开展节能与新能源汽车示范推广试点工作的通知》，被认为是新能源汽车发展的标志性事件。随着"十城千辆"节能与新能源汽车示范推广应用工程启动，政府出台了一系列针对新能源汽车的鼓励政策，新能源汽车生产和消费进入了井喷发展的阶段。2010年，中国开始对购买新能源汽车进行补贴试点，对满足支持条件的新能源汽车，按 3 000 元/千瓦时给予补助。插电式混合动力乘用车最高补助 5 万元/辆；纯电动乘用车最高补助 6 万元/辆。2013 年按照《财政部、科技部、工业和信息化部、发展改革委关于继续开展新能源汽车推广应用工作的通知》要求，2014 年 1 月 1 日起开始执行新的补贴标准，2014 年和 2015 年度补助标准将在 2013 年标准基础上下降 10% 和 20%。各地方也出台了一系列鼓励政策，促进新能源汽车发展，导致新能源汽车在高速发展过程中出现了"骗补"等问题。自 2017 年 1 月 1 日起，国家要求在保持 2016—2020 年补贴政策总体稳定的前提下，调整新能源汽车补贴标准。设置中央和地方补贴上限，其中地方财政补贴（地方各级财政补贴总和）不得超过中央财政单车补贴额的 50%。除燃料电池汽车外，各类车型 2019—2020 年中央及地方补贴标准和上限，在现行标准基础上退坡 20%。同时，将根据新能源汽车技术进步、产业发展、推广应用规模等因素，不断调整完善。

3. 水路交通

出台《公路、水路交通实施〈中华人民共和国节约能源法〉办法》，制定了《水运工程节能设计规范》，发布了《公路水路交通节能中长期规划纲要》和《资源节约型环境友好型公路水路交通发展政策》，组织完成了内河船型标准化、限制船舶污染物排放等专项行动。通过加强水路运输行业管理，建立节能减排监管体制，提高航运企业集中度，加快船舶技术升级改造等措施，积极开展港口轮胎式集装箱门式起重机"油改电"，探索应用靠港船舶使用岸电技术等。

4. 铁路交通

铁路是最节能低碳的运输方式。与其他运输方式相比，无论是单位运量的能源消耗、对环境的保护和适应性，还是运营安全，铁路的优势都最为明显。特别是高速铁路以其速度快、运能大、能耗低、污染轻等一系列的技术优势，适应现代社会经济发展的新需求，成为近 10 年来中国交通基础设施建设的重点。如果以"人/公里"单位能耗进行比较的话，高速铁路为 1，则大客车为 2，小轿车为 5，飞机为 7。高铁的节能低碳优势极为突出，且高速列车利用电力牵引，不消耗石油等化石燃料，可利用各种形式的电能。随着京津城际铁路、京广高速铁路、郑西高速铁路、沪宁城际高速铁路、沪杭高铁、京沪高铁、哈大高铁、兰新高铁等相继开通运营，中国高铁正在引领世界高铁发展。从 2010 年起至 2040 年，中国将用 30 年的时间，将全国主要城市连接起来，形成国家高速铁路网络。高速铁路网络的形成，便利了居民出行，对汽车、飞机等高碳交通方式发挥了重要替代作用，对中国交通运输低碳发展具有重大意义。铁路机车方面，2012 年国务院印发的《"十二五"综合交通运输体系规划》中强调要提高用能效率。提高铁路机车车辆，提高铁路电气化比重，淘汰高耗能交通设施设备和工艺，降低单位运输量的能源消耗。通过对铁路机车牵引动力结构改革，从蒸汽机车转变为以内燃、电力机车并重，铁路的能耗结构得以优化，从以煤为主逐步转为以用电和用油为主。2013 年发布的《铁路主要技术政策》中强调推广运用节油、节电、节水、节煤、余热余能综合利用等新技术，推广应用散堆装货物运输抑尘技术。

5. 航空交通

国务院印发的《"十二五"综合交通运输体系规划》强调要提高航空用能效率，加强节能新技术、新工艺、新装备的研发与推广应用工作，提高民用航空器、港站节能环保技术和工艺的应用水平，降低单位运输量的能源消耗。在航空运输实践中，通过科学飞行、运行挖潜、机务保障等措施实现运营的全过程节油控制；启用单位油耗相对低的机型执行航线任务；民航飞机将截弯取直，从而减少飞行时间和降低航油消耗等措施，节约航油消耗，降低航油成本开支。

（三）行业政策成效及未来展望

1. 政策成效

近年来，中国交通领域应对气候变化政策实施取得了积极成效，具体表现在：

一是交通运输体系低碳发展的战略取向逐步确立。从"十一五"开始，中国即开始对交通运输体系绿色循环低碳发展的战略研究，制定印发了《建设低碳交通运输体系指导意见》等政策文件，并提出了构建综合交通运输体系的发展目标，逐步摸索形成中国交通运输行业的低碳发展战略框架。低碳发展成为交通运输发展的重要政策导向，高速客运铁路网、城市公共交通等低碳交通运输方式成为优先发展的重点领域，综合运输结构进一步优化，促进了交通运输业发展方式转变，大大提升了交通运输系统节能减碳的整体水平。

二是重点领域低碳发展取得积极成效。2011 年设立交通运输节能减排专项资金以来，对 413 个项目给予"以奖代补"，补助资金总额接近 7.5 亿元，形成年节能量 15.8 万吨标准煤，替代燃料 26.2 万吨标准油，减少二氧化碳排放 69.9 万吨。单位交通运输能耗下降。乘用车平均燃油消耗量下降显著，2002—2006 年下降 11.5%。2015 年营运车辆和营运船舶单位运输周转量二氧化碳排放分别比 2005 年下降 15.9% 和 20%，民航运输吨公里油耗及二氧化碳排放均下降 13.5%。高铁等低碳运输方式发展成绩巨大。中国已成为世界上高速铁路系统技术最全、集成能力最强、运营里程最长、运行速度最高、在建规模最大的国家。目前，中国高速列车保有量 1 300 多列，世界最多。列车覆盖时速 200 公里至 380 公里各个速度等级，种类最全；动车组累计运营里程约 16 亿公里，经验最丰富。2016 年中国高铁运营里程超过 2.2 万公里，占全球高铁运营里程的 65% 以上，居世界第一位。同时，中国还大力发展时速 200 公里以下的快速铁路和普通铁路，截至 2015 年底，铁路营运里程超过 12 万公里。城市公共交通发展成效显著，到 2015 年，全国共有城市公共汽电车辆超过 63 万辆，运营线路总长度约 90 万千米，全国已有 25 个城市开通了轨道交通线路，运营线路总长度已超过 3 200 千米，城市建成区公交站点 500 米覆盖率已达到 85%。新能源汽车发展迅速。2016 年中国新能源汽车全年销量达到 50.7 万辆，占新车销售比例 1.8%，保有量已经突破 100 万辆，位居全球第一。全国公共充电桩运营数量从 2016 年初不到 5 万个到年底超过 15 万个，成为充电基础设施建设发展最快的国家。2017 年力争新增充电桩达到 80 万个。预计"十三五"期间电动汽车累计产销量超过 500 万辆。

三是重点交通运输产业技术创新取得重要突破。中国目前已经拥有世界先进的高铁集成技术、施工技术、装备制造技术和运营管理技术。成本低，标准却更高。中国企业核心竞争力在于对成本的控制力。中国铁路的配套产业完整，包括上下游在内的完整产业链发达，这是一般国外厂商无法做到的。新能源汽车关键技术取得显著进步。动力电池的关键材料发展进程加快、性能指标稳步提升、成本明显降低。动力电池的单体、电池包、电池包管理等方面的安全技术研究全面推进。驱动电机技术也取得新突破，特别是共性基础技术进一步突破，导磁硅钢、稀土永磁材料、绝缘体材料、位置传感器、芯片的集成设计和电力电子系统，取得了新进展。

2. 未来展望

交通运输是国民经济的基础性行业和能源消费的重点领域。尽管中国交通运输领域低碳发展取得了积极进展，但在行业快速发展过程中，低碳转型压力和挑战十分突出。一是综合运输体系结构仍不合理。中国经济布局和资源禀赋布局空间分布不匹配的特点，导致跨区域货物运输特别是能源运输压力巨大。2012年，中国货物运输总量412亿吨，其中公路占78%，水运占11%，铁路占9%。公路运输承担了大量附加值低的大宗货物长距离运输任务，造成巨大的能源消耗和碳排放。二是交通基础设施和运输装备能耗偏高。公路基础设施的网络化程度仍较低，专业化港口码头吞吐能力不足，内河航道比较薄弱，专业运输发展缓慢，甩挂运输发展滞后，内河船舶标准化水平较低。目前，中国载货汽车单位油耗比世界平均水平高30%左右，远洋船舶的能效技术水平已接近国际水平，内河运输船舶油耗比国外先进水平高20%以上。三是节能减碳标准规范和体制机制仍有待进一步完善。交通运输行业绿色循环低碳发展的法规标准不健全，战略规划体系仍需完善，制度环境有待改进，激励约束政策有待进一步强化；资金投入与实际需求还存在较大差距；适应市场经济体制的交通运输行业节能减排监管体系有待完善，绿色低碳发展长效机制尚未形成。当前中国石油对外依存度已突破60%的警戒线，汽车尾气排放已成为城市严重雾霾天气的重要排放源，交通运输行业低碳发展要求迫在眉睫。

发达国家交通运输业能耗占全社会能源消耗的比例一般在1/4—1/3。目前中国交通运输能耗占全国总能耗的8%左右，但是石油制品消耗占全国的 34%左右，由于中国工业化、城镇化进程仍未完成，未来我国交通运输业能耗仍将持续增长。根据相关预测，到 2020 年交通运输碳排放占全社会碳排放比重可能升至 20%—30%，交通运输是我国能耗和二氧化碳排放增长最快的行业之一，低碳发展迫在眉睫。从工业化进程对交通运输业的影响看，工业的发展与公路货物周转量之间的弹性系数达到 0.902，工业的增长几乎要求货运需求以相同的速度增长。同时我国工业化进程进入中后期，伴随着工业转型升级，运输结构发生相应变化，高价值低重量产品，如电子产品等运输比重增加，而低价值高重量产品，如煤炭、铁矿石等传统原材料产品比重下降。综合而言，2020 年以前，工业化发展将使货运需求规模仍保持较快增长速度；2020 年以后，货运需求规模增速将放缓。工业化的发展带来的产品结构变化，将对不同运输方式需求带来不同影响。随着工业化逐步完成，煤炭、铁矿石等原材料运输减少，对于铁路、水运的需求将呈现增长放缓，逐步趋于稳定直至下降。对于公路、民航等运输方式而言，由于未来高附加值产品运输需求不断增长，将持续促进这两种运输方式需求的增长。从城镇化对交通运输发展的影响看，城镇化将引起客运需求快速增长。据统计，城镇化率与旅客运输量之间存在显著线性相关关系，中国城镇化率每提高 1 个百分点，旅客运输量将增加 7.21 亿人次，旅客周转量增加 698.9 亿人公里。同时，城镇化也将引起交通运输需求结构变化。城镇化将使中国的人口布局呈现区域集中的特点，城市群之间的人员出行需求将更为集中，规模也更庞大。而随着居民收入增加及消费特点的变化，快速、安全、便捷、个性化等高质量的出行需求增加，中长距离出行方面，民航、高铁出行需求将明显增长，短距离出行方面，体现便捷、快速、个性的小汽车出行将不断增长。同时，随着城镇化导致的产业聚集度不断提升，城市群体系内的产业联系更为紧密，区域间短距离货物运输需求不断提升，将持续促进公路货物运输的需求增长。个性化的商贸需求与商贸业新技术的普及，将带来运输需求总量上的突变性增长，这一增长在当前的电商运行过程中已经逐步显现，短距离的物流组织和配送将增长，从而推动了公路运输需求增加。

经济快速发展和产业升级要求交通运输不断提高服务能力及水平，对交通运输能力从数量和质量上都提出了更高的要求，新型城镇化发展要求交通运输扩大服务范围，传统的以行政辖区为主的运输组织已无法适应这种服务范围的拓展要求。科技革命与深化改革要求交通运输实现低碳创新发展，能源生产和能源消费革命要求交通运输实现绿色低碳转型。中国交通低碳发展是一项长期的战略任务，必须分步实施、有序推进。未来将围绕建设资源节约型、环境友好型交通运输行业，加快推进绿色循环低碳交通基础设施建设、节能环保运输装备应用、集约高效运输组织体系建设，推动交通运输转入集约内涵式发展轨道，构建以低消耗、低排放、低污染、高效能、高效率、高效益为主要特征的绿色交通系统。近期应优化运输结构，着力加快综合交通运输体系建设。中期应强化科技创新，着力实现交通能源与低碳科技革命。远期应完善治理模式，着力实现以市场主导、良性治理的低碳交通发展模式。

五、农业领域气候政策及成效

中国农业温室气体排放量大，但同时减排固碳潜力较大。农业温室气体排放占全部温室气体排放 10% 以上。其中甲烷和氧化亚氮的排放，主要来自农业。为加快农业低碳发展，控制农业领域温室气体排放，增强适应能力，中国制定了一系列政策措施，推进农业和农村节能减排，积极应对气候变化。

（一）行业应对气候变化目标

《农业部关于进一步加强农业和农村节能减排工作的意见》设定如下目标：到 2015 年，农业源化学需氧量排放总量比 2010 年降低 8%，氨氮排放总量比 2010 年降低 10%；测土配方施肥覆盖率达到 60%，化肥利用率提高 3%；大力推进病虫害专业化统防统治，力争主要粮食作物病虫害统防统治率达到 30%；50% 以上的规模化畜禽养殖场配套建设废弃物处理利用设施；农村沼气用户达到 5 500 万户，年用沼气 216 亿立方米，形成年开发 3 400 万吨标准煤的能力；加强土壤培肥改良，开展"到 2020 年农药使用零增长行动"和"到 2020 年化肥使用零增长行动"等工作。

2012 年国务院办公厅印发的《国家农业节水纲要（2012—2020年）》，提出到 2020 年在全国初步建立农业生产布局与水土资源条件相匹配、农业用水规模与用水效率相协调、工程措施与非工程措施相结合的农业节水体系，基本完成大型灌区、重点中型灌区续建配套与节水改造和大中型灌排泵站更新改造，小型农田水利重点县建设基本覆盖农业大县。《国家应对气候变化规划（2014—2020 年）》提出的农业应对气候变化目标是：初步建立农业适应技术标准体系，农田灌溉水有效利用系数提高到0.55 以上。《"十三五"控制温室气体排放工作方案》中提出到 2020 年实现农田氧化亚氮排放达到峰值，规模化养殖场、养殖小区配套建设废弃物处理设施比例达到 75%。

（二）主要政策及行动

近年来，中国实施的农业应对气候变化政策包括：

1. 控制农业温室气体排放

《国家应对气候变化规划（2014—2020 年）》强调控制农业生产活动排放。积极推广低排放高产水稻品种，改进耕作技术，控制稻田甲烷和氧化亚氮排放。开展低碳农业发展试点。鼓励使用有机肥，因地制宜推广"猪—沼—果"等低碳循环生产方式。发展规模化养殖。推动农作物秸秆综合利用、农林废物资源化利用和牲畜粪便综合利用。积极推进地热能在设施农业和养殖业中的应用。控制林业生产活动温室气体排放。加快发展节油、节电、节煤等农业机械和渔业机械、渔船。加强农机农艺结合，优化耕作环节，实行少耕、免耕、精准作业和高效栽培。加强农田保育和草原保护建设，提升土壤有机碳储量，增加农业土壤碳汇。推广秸秆还田、精准耕作技术和少免耕等保护性耕作措施。

2016 年，国务院印发的《"十三五"控制温室气体排放工作方案》着重强调了发展低碳农业，实施 2020 年农药化肥使用量零增长行动，推广测土配方施肥，减少农田氧化亚氮排放，到 2020 年实现农田氧化亚氮排放达到峰值。同时，控制农田甲烷的排放，选育高产低排放良种，改善水分和肥料管理。

2. 适应气候变化

2012 年农业部印发《关于推进节水农业发展的意见》，要求建立和完善农业气象监测与预警系统，提升农业综合生产能力；完善农田水利设施配套，因地制宜开发和推广农田节水技术，推广全膜双垄集雨沟播、膜下滴灌、测墒节灌等九大节水农业技术。继续推进东北节水增粮、西北节水增效、华北节水压采、西南"五小水利"工程以及南方地区节水减排工程建设。《国家应对气候变化规划（2014—2020 年）》提出，在种植业方面，加快大型灌区节水改造，完善农田水利设施配套，大力推广节水灌溉、集雨补灌和农艺节水，积极改造坡耕地控制水土流失，推广旱作农业和保护性耕作技术，提高农业抗御自然灾害的能力；修订粮库、农业温室等设施的隔热保温和防风荷载设计标准。根据气候变化趋势调整作物品种布局和种植制度，适度提高复种指数；培育高光效、耐高温和耐旱作物品种。畜牧业方面，坚持草畜平衡，探索基于草地生产力变化的定量放牧、休牧及轮牧模式。严重退化草地实行退牧还草。改良草场，建设人工草场和饲料作物生产基地，筛选具有适应性强、高产的牧草品种，优化人工草地管理。加强饲草料储备库与保温棚圈等设施建设。

（三）行业政策成效及未来展望

总体来看，中国低碳农业进行了大量的实践和探索，取得了一定成绩，农业领域应对气候变化的政策实施初显成效，农业温室气体排放得到控制，农业科技创新取得新进展。截至 2014 年底，全国机械化秸秆还田面积达 6.47 亿亩，各试点区的秸秆还田率已达到 92% 以上，保护性耕作面积达 1.29 亿亩，减少农田风蚀 6 450 万吨，农机化率已达 61%。在适应气候变化方面，农田水利建设与农业科技创新发挥了重要作用。

在气候变化和农业可持续发展双重压力下，中国农业应对气候变化既面临着机遇，也面临着严峻的挑战。低碳经济是应对气候变化的根本出路，低碳农业则是农业产业节能减排、实现可持续发展的必由之路。农业涉及范围广、从业人口多，没有农业参与的低碳经济是不全面的。同时，农业适应气候变化任务相当艰巨。我国具有地理及农业资源优势，发展低碳农业已有一定基础，国内民众对低碳绿色农产品需求日益增加，农业固碳减排潜力巨大。未来 10 年，中国农业将逐步实现低碳转型。同时也要看到，中国低碳农业尚处于探索阶段，无论是技术、机制和路径，还是不同区域特征实现农业低碳化发展，目前都存在问题。例如，对发展低碳农业认识不足，政策支持力度不够。科技支撑和宣传引导力度不够。农业并非天然的、必然的低碳产业，低碳农业需要政府推动。国际上每个成功的低碳农业案例背后都有强大的政府政策导向支持，改变农民传统习惯也并非一朝一夕的事情，只有依靠制度、政策保障，农业应对气候变化能力才能得到全面加强。

六、林业领域气候政策及成效

中国是全球森林资源增长最快的国家，中国大力推进林业发展，不仅吸收了大量的二氧化碳，为应对全球气候变化作出了积极贡献，也为中国建设生态文明和可持续发展打下坚实的基础。

（一）行业应对气候变化目标

根据《林业应对气候变化"十二五"行动要点》，在"十二五"期间，全国完成造林任务 3 000 万公顷、森林抚育经营任务 3 500 万公顷，新增森林面积 1 250 万公顷，到 2015 年森林覆盖率达 21.66%，森林蓄积量达 143 亿立方米以上，森林植被总碳储量达到 84 亿吨。新增沙化土地治理面积 1 000 万公顷以上。湿地面积达到 4 248 万公顷，自然湿地保护率达到 55% 以上。林业自然保护区面积占国土面积比例稳定在 13% 左右。初步建成全国林业碳汇计量监测体系。

根据《"十三五"控制温室气体排放工作方案》，到 2020 年，森林覆盖率达到 23.04%，森林蓄积量达到 165 亿立方米。《林业发展"十三五"规划》设立林业应对气候变化目标如下：天然林、湿地、重点生物物种资源得到全面保护，森林覆盖率提高到 23.04%，森林蓄积量增加 14 亿立方米，湿地保有量稳定在 8 亿亩，林业自然保护地占国土面积稳定在 17% 以上，新增沙化土地治理面积 1 000 万公顷。森林年生态服务价值达到 15 万亿元，林业年旅游休闲康养人数力争突破 25 亿人次，国家森林城市达到 200 个以上，人居生态环境显著改善。生态文化更加繁荣，生态文明理念深入人心。

（二）主要政策及行动

国家林业局制定了《林业应对气候变化"十二五"行动要点》和《林业应对气候变化"十三五"行动要点》，提出加快推进造林绿化、全面开展森林抚育经营、加强森林资源管理、强化森林灾害防控、培育新兴林业产业等林业应对气候变化行动。从总体来看，林业应对气候变化政策和行动包括：

1. 加强组织机构建设

2003 年，国家林业局成立了林业碳汇管理办公室。2007 年，成立了国家林业局应对气候变化和节能减排领导小组及其办公室，成立国家林业局生物质能源领导小组及其办公室。2008 年成立了亚太森林恢复与可持续管理中心，2010 年建立了中国绿色碳汇基金会。这些机构的成立，对林业领域落实国家应对气候变化战略和政策，发挥了重要作用。

2. 增加林业碳汇

全面落实《全国造林绿化规划纲要（2011—2020 年）》，扎实推进天然林资源保护、退耕还林、防护林体系建设等林业重点工程，加大荒山造林力度，深入开展全民义务植树，统筹做好城乡绿化，积极开展碳汇造林，加快木材及其他原料林基地建设。发布实施长江、珠江防护林体系和平原绿化、太行山绿化工程三期规划。编制实施《全国森林经营规划（2015—2050 年）》，建立健全森林抚育经营调查规划、设计施工、技术标准、检查验收，研究建立森林抚育经营管理新机制。完善森林抚育补贴制度，逐步扩大补贴规模，大力开展森林抚育，加强森林经营基础设施建设，稳步推进全国森林经营样板基地建设；出台退化防护林改造指导意见，启动退化防护林更新改造试点，全面提升森林经营管理水平，促进森林结构不断优化、质量不断提升、固碳能力明显增强。积极推进木竹工业发展，改善和拓展木竹使用性能，提高木竹综合利用率，健全木竹林产品回收利用机制，增强木竹产品的储碳能力。

3. 减少林业排放

加强森林资源管理，实施《全国林地保护利用规划纲要（2010—2020年）》，严格落实林地保护利用规划。积极推进林木采伐管理改革，加强天然林保护，扩大天然林保护范围，加快推进停止天然林商业性采伐。强化林地用途管制，严厉打击非法侵占林地行为，科学确定采伐限额，减少林地流失、森林退化导致的碳排放。全面落实《全国森林防火中长期发展规划（2009—2015年）》，强化森林火灾预防、扑救、保障体系建设。落实《森林防火条例》，健全和完善森林火灾预警与响应机制，提升森林火灾监测、火源管控和应急处置能力，减少火灾导致的碳排放。实施《全国林业有害生物防治建设规划（2011—2020年）》，强化监测预警、检疫御灾和防灾减灾体系建设，加强松材线虫病、美国白蛾等重大林业有害生物灾害治理。大力推进实施以生物防治为主的林业有害生物无公害防治措施，减少有害生物灾害导致的碳排放。建设能源林示范基地，培育能源林，推进林业剩余物能源化利用，提升林业生物质能源使用比重，部分替代化石能源。推进节约型园林绿化建设，鼓励并推广节水、节能的新技术、新设备和新材料。

4. 提升林业适应能力

加强林木良种基地建设和良种培育，加大林木良种选育应用力度，提高在气候变化条件下造林良种壮苗的使用率。坚持适地适树，提高乡土树种和混交林比例，优化造林模式，培育适应气候变化的优质健康森林。加强森林抚育，调整森林结构，构建稳定高效的森林生态系统，增强抵御气候灾害能力。加快沙化土地综合治理，有效保护和增加林草植被，优化沙区人工生态系统结构，增强荒漠生态系统适应气候变化能力。加强林业自然保护区建设，强化景观多样性保护和恢复，开展适应性管理，提升气候变化情况下生物多样性保育水平。保护国家级野生动植物，拯救极小种群，提高气候变化情况下重要物种和珍稀物种的适应性。

5. 健全科技政策支撑

紧跟气候变化国际国内进程，聚焦林业应对气候变化重大科学问题，加强森林、湿地、荒漠生态系统对气候变化的响应规律及适应对策等基础理论、关键技术研究，切实加强科研成果的推广应用。开展《2020 年后林业增汇减排行动目标研究》，提出 2020 年后我国林业减缓气候变化的落实方案。林业局出台《碳汇造林技术规定（试行）》（2010）等文件，启动实施了减少毁林和森林退化排放（REDD+）行动年，明确了林业碳汇交易工作的指导思想、基本原则和政策措施；在土地合格性、造林地选择等方面做出规定；对碳汇造林项目实施备案管理制度。加强林业碳汇技术标准管理，适时出台实际需要的林业碳汇相关技术规范。推进生态定位观测研究平台建设，做好生态效益评价和服务功能评估工作，不断提升应对气候变化科技支撑能力。

6. 加强碳汇计量监测

着力加快推进全国林业碳汇计量监测体系建设，进一步完善基础数据库和参数模型库，出台森林、湿地、采伐木质林产品固碳测算技术规范，建成全国统一的、符合国际规则和国内实际的林业碳汇计量监测体系，实现定期更新监测数据、计量报告结果。加强全国和区域林业碳汇计量监测中心能力建设，进一步规范林业碳汇计量监测单位的管理。开展土地利用变化与林业碳汇计量监测工作，到 2015 年底已覆盖 25 个省区市、新疆生产建设兵团、四大森工集团，建成林业碳汇基础数据库。编制《林业碳汇计量监测技术指南》《森林生态系统碳库调查技术规范》《全国优势树种基本木材密度标准》《林业碳汇计量监测术语》《湿地碳汇计量监测技术方案》《木质林产品贮碳测算技术指南》等。组织做好第三次国家应对气候变化信息通报林业碳汇清单编制。抓好温室气体排放林业指标基础统计、森林增长及其增汇能力考核工作。

（三）行业政策成效及未来展望

1. 政策成效

2014 年，中国森林面积比 2005 年增加 2 160 万公顷，森林蓄积量比 2005 年增加 21.88 亿立方米[①]。"十二五"期间全国共完成造林 4.5 亿亩、

---

① 中华人民共和国国家发展和改革委员会，强化应对气候变化行动—中国国家自主贡献，http://www4.unfccc.int/submissions/INDC/Published%20Documents/China/1/China%27s%20INDC%20-%20on%202030%20June%202015.pdf，2015。

森林抚育 6 亿亩，分别比"十一五"增长 18%、29%，森林覆盖率提高到 21.66%，森林蓄积量增加到 151.37 亿立方米，已提前实现到 2020 年增加森林蓄积量的目标，成为同期全球森林资源增长最多的国家。全国森林植被总碳储量由第七次全国森林资源清查（2004—2008 年）的 78.11 亿吨增加到第八次清查的 84.27 亿吨。河北省和黑龙江、吉林、内蒙古三省区的大小兴安岭、长白山林区已停止天然林商业性采伐，天然林资源保护工程区管护天然林面积已达到 1.154 亿公顷，实现森林面积、蓄积双增长，涵养水源、吸收 CO_2 等生态功能明显增强。截至 2015 年底，累计落实禁牧休牧面积 15.3 亿亩，落实草畜平衡面积 25.6 亿亩，划定基本草原 35.3 亿亩。全国正在履行自愿减排项目备案程序的林业碳汇项目已达到 34 个。

截至 2015 年底，林业系统已建立各级各类自然保护区 2 228 处（含国家级自然保护区 345 处），总面积达到 1.24 亿公顷，占国土面积的 12.99%。

根据联合国粮农组织发布的全球森林资源评估报告，在全球森林资源持续减少的情况下，亚太地区森林面积出现净增长，其中，中国实施植树造林活动在很大程度上抵消了其他地区森林的高采伐率[1]。1980—2005 年间，全国森林净吸收二氧化碳 46.8 亿吨，并且随着中国森林资源的不断增加，中国森林固碳能力不断增强[2]。

2. 未来展望

在相关国际进程中，林业与气候变化的关系日益受到重视。在 2020 年后全球应对气候变化议程中，林业将继续发挥重要作用。在中国应对气候变化的国家战略中，林业作用也日益凸显。中国还有相当数量的宜林地，60%—70%的森林正处在中幼林龄，湿地保护与恢复力度持续加强，具备了碳汇能力继续增加的有利条件。同时也要看到，中国林业应对气候变化工作也面临一些问题：森林资源总量不足、质量不高，生态系统稳定性不

---

① FAO:《2015 年全球森林资源评估报告：世界森林变化情况》罗马，2015。
② 国务院办公厅:《国务院关于印发中国应对气候变化国家方案的通知》［国发（2007）17 号］，2007 年 6 月 8 日。

强，林业适应和减缓气候变化的能力有待提高；林业应对气候变化管理和技术人才紧缺，林业应对气候变化相关科研支撑能力弱，需要进一步改革创新。

未来林业应对气候变化要坚持林业行动目标与国家战略规划相衔接，坚持增加林业碳吸收与减少林业碳排放同步加强，坚持国内工作与国际谈判互为促进，坚持政府主导与社会参与有机结合，以建设生态文明和美丽中国为总目标，以落实国家应对气候变化总体部署和实现林业"双增"为总任务，以增加林业碳汇为核心，以制度创新为抓手，扎实推进造林绿化，着力加强森林经营，强化森林与湿地保护，扩面积、提质量、多固碳，不断增强林业减缓和适应气候变化能力，为维护生态安全、拓展发展空间、促进经济社会持续健康发展作出贡献。

七、废弃物领域气候政策及成效

废弃物领域是甲烷排放主要来源之一。该领域温室气体排放主要来源于垃圾处理、污水处理以及农林业废弃物。中国正处于城镇化加快发展阶段，城乡废弃物快速增长，废弃物领域已成为应对气候变化、控制温室气体排放关注的重点领域。

（一）行业应对气候变化目标

根据《"十二五"节能减排综合性工作方案》，到 2015 年基本实现所有县和重点建制镇具备污水处理能力，城市污水处理率达到 85%。实施规模化畜禽养殖场污染治理工程。工业固体废物综合利用率达到 72% 以上，初步建立起现代废旧商品回收体系，以先进技术支撑的废旧商品回收率达到 70%。

《住房城乡建设事业"十三五"规划纲要》提出，到 2020 年城市生活垃圾焚烧处理能力比"十二五"时期增长 22 万吨/日，城市污水处理率达到 95%，县城污水处理率达到 85%，缺水城市再生水利用率达到 20% 以上，地级及以上城市污泥无害化处置率达到 90%，城市生活垃圾无害化处理率达到 95%，力争将城市生活垃圾回收利用率提高到 35% 以上。

根据《"十三五"全国城镇生活垃圾无害化处理设施建设规划》，到2020年直辖市、计划单列市和省会城市（建成区）生活垃圾无害化处理率达到100%；其他设市城市生活垃圾无害化处理率达到95%以上（新疆、西藏除外），县城（建成区）生活垃圾无害化处理率达到80%以上（新疆、西藏除外），建制镇生活垃圾无害化处理率达到70%以上。全国城镇新增生活垃圾无害化处理设施能力34万吨/日。全国城镇生活垃圾焚烧处理设施能力占无害化处理总能力的50%以上，其中东部地区达到60%以上；直辖市、计划单列市和省会城市垃圾得到有效分类，30%的城镇餐厨垃圾经分类收运后实现无害化处理和资源化利用，城市生活垃圾回收利用率达到35%以上。

（二）主要政策及行动

1. 加强生活垃圾分类回收和综合利用

《"十三五"控制温室气体排放工作方案》中提出创新城乡社区生活垃圾处理理念，合理布局便捷回收设施，科学配置社区垃圾收集系统，在有条件的社区设立智能型自动回收机，鼓励资源回收利用企业在社区建立分支机构。建设餐厨垃圾等社区化处理设施，提高垃圾社区化处理率。鼓励垃圾分类和生活用品的回收再利用。《住房城乡建设事业"十三五"规划纲要》中提出，加强加快城市生活垃圾处理设施建设，在土地紧缺、人口密度高的城市优先推广焚烧处理技术。统筹餐厨垃圾、园林垃圾、粪便等有机物处理，建立餐厨垃圾排放登记制度，在设市城市全面建设餐厨垃圾收集和处理设施。对现有建筑垃圾处理设施开展摸底和安全隐患排查，建立档案，推动建筑垃圾资源化利用。力争到2020年，基本建立城市餐厨垃圾、建筑垃圾回收利用体系。

2. 控制废弃物领域温室气体排放

推进工业垃圾、建筑垃圾、污水处理厂污泥等废弃物无害化处理和资源化利用，在具备条件的地区鼓励发展垃圾焚烧发电等多种处理利用方式，有效减少全社会的物耗和碳排放。开展垃圾填埋场、污水处理厂甲烷收集利用及与常规污染物协同处理工作。

3. 加强废弃物生物质利用

支持规模养殖场对畜禽圈舍进行标准化改造，建设贮粪池、排粪污管网等粪污处理配套设施。在农垦区域因地制宜积极推进生物质能源综合利用、畜禽粪便综合利用等新技术，实施生物质发电、生物质气化、沼气工程、固体成型燃料及生物质能源替代化石能源区域供热等示范项目。

（三）政策成效及未来展望

1. 政策成效

近年来，中国城市垃圾和污水处理基础设施建设取得了显著进展，生活垃圾和污水处理能力得到提升，垃圾资源化利用率不断提高。截至 2015 年底，全国城市生活垃圾无害化处理能力达到 75.8 万吨/日，比 2010 年增加 30.1 万吨/日，城镇生活垃圾无害化处理率达到 90.21%，其中设区城市 94.10%，县城 79%，超额完成"十二五"规划确定的 85% 和 80% 的目标任务。在垃圾处理方式上，卫生填埋处理仍是占主导的处理方式，但近年来，较为环保低碳的焚烧处理方式发展很快，比重在快速增长。2003—2013 年，中国垃圾焚烧处理厂数量由 47 座增加至 166 座，复合增长率达到 13.45%，同时随着垃圾焚烧技术的不断提升，城市生活垃圾焚烧无害化处理能力由 1.5 万吨/日提升至 15.85 万吨/日。

2. 未来展望

目前，中国垃圾处理行业尚处于起步阶段，垃圾处理方式还比较落后，其中填埋处置约占垃圾处理量的 55%。实际上，垃圾是最具开发潜力的、永不枯竭的"城市矿藏"，是"放错地方的资源"。据估计，全世界垃圾年均增长速度为 8.42%，而中国垃圾增长率达到 10%。全世界每年产生 4.9 亿吨垃圾，仅中国每年产生近 1.5 亿吨城市垃圾。中国城市生活垃圾累积堆存量已达 70 亿吨。垃圾围城，已成为城乡发展中面临的突出问题。而由于垃圾分类回收机制不健全，依靠填埋处理和焚烧处理，不仅造成可利用资源的极大浪费，增加处理成本，而且成为环境污染和碳排放的重要来源。更为严峻的是，由于公众对环保监管的不信任等因素，在中国的城市建设中，无论是建立垃圾填埋场，还是垃圾焚烧厂，又都面临着巨大的公众压力和难以化解的"邻避效应"。实现中国城乡可持续发展，必须解决好废弃物领域的碳排放问题，其中的关键环节是转变发展和建设观念，从法律、政策、机制、公众参与等各个层面建立垃圾分类和资源化回收利用体系，最大限度减少垃圾产生量，并积极探索社区化垃圾处理方式，从根本上减少温室气体排放。

八、中国行业应对气候变化政策特点

行业部门是中国行业政策制定的主体，行业政策既要体现国家应对气候变化的总体战略要求，又要体现行业发展的特点和未来发展趋势，从总体来看，中国行业气候变化政策具有以下特点：

（一）坚持把应对气候变化作为行业转型升级的重要着力点

中国的能源、工业、建筑、交通、农业等行业，既是国家发展的重点领域，也是温室气体排放的主要来源。改革开放以来，这些行业均保持高速发展，产业规模在全球位居前列，但同时也存在大而不强、结构不优等问题。转变发展方式，提高发展质量和效益，不仅是对国家经济发展的要求，也是行业发展的重要政策导向。中国应对气候变化和低碳发展的政策，与国家转变发展方式的要求具有高度的关联性和一致性，为产业结构调整和行业转型升级提供了重要的契机和抓手。近年来，中国制定的一系列能源、工业、建筑、交通等行业发展规划和颁布的重大政策文件，均将应对气候变化和绿色低碳发展作为重要内容纳入政策框架，通过行业的结构调整、技术进步，推动行业的绿色发展，同时以绿色低碳为重要的政策导向，形成行业转型升级的倒逼机制，提高行业发展的质量和效益，实现气候变化政策与产业政策相互融合促进。如 2015 年国务院公布《中国制造 2025》，将绿色发展作为重要的指导思想，将全面推行绿色制造作为重点任务，并提出了单位工业增加值能耗和二氧化碳排放量下降目标，形成了完整的政策体系。

（二）重视发挥行业规划统领、长期目标引领和行业主管部门主导作用

中国的行业政策，注重整体设计和长远规划。行业专项规划，是中国国家中长期规划体系的重要支撑性规划。一般来说，配合国家的五年规

划，行业主管部门会组织编制本行业五年规划或中长期战略，明确本行业5—10年的发展目标、指导思想、总体思路、重点任务和政策导向。其中，绿色低碳发展是行业发展的重要任务和重点政策，规划一般会明确行业绿色低碳发展的主要约束性和指导性指标，以及具体的发展任务。同时，在国家总体应对气候变化战略规划制定出台后，行业主管部门会制定本行业的实施方案或行动计划，在本行业分解落实国家总体目标任务。因此，对中国行业应对气候变化政策来说，行业主管部门具有主导力，是主要的政策制定者和实施者。行业的应对气候变化政策，往往具有较强的部门色彩和路径依赖。

（三）财税政策在政策工具中作用比较突出

作为一个转轨国家，中国的市场化改革任务仍未全部完成。政府行政手段在行业运行调节中仍然发挥着较为突出的作用，特别是在能源领域，不论是发电环节、输配电环节，还是成品油、天然气价格，仍然存在诸多的价格管理措施，难以有效形成顺畅的价格传导机制。与此相应，财政激励和税收优惠政策，由于操作比较简便，并易于同中国现行的行政管理体制相衔接，因而成为最为关键和重要的经济政策。中国对节能减碳的财政激励政策，体现在经济发展的各个层面，主要包括：优化产业结构、淘汰落后和过剩产能，低碳技术的研发应用和示范工程，实施重大节能工程，促进节能和绿色产品消费，绿色产品政府采购，控制煤炭消费和实行天然气替代，发展太阳能、风能、沼气等可再生能源，鼓励煤层气开发利用，新能源汽车开发应用等。在税收政策方面，制定了阶梯电价、阶梯水价制度，实行差别化的消费税政策，全面推开资源税改革，在此前对原油、天然气、煤炭、稀土、钨、钼6个品目实施资源税改革的基础上，对合适的品目全部改为从价计征，清理收费基金，落实合同能源管理项目税收优惠政策，进一步完善节能、资源综合利用等企业和产品的税收优惠，加快制定环境保护税法，推进环境保护费改税。

（四）坚持把技术创新和应用作为行业应对气候变化的重要支撑

创新发展是中国经济社会发展重要的政策导向。低碳技术创新和推广应用既是产业转型升级的重要手段，也是行业应对气候变化的重要途径。近年来，中国着力推动低碳技术创新和应用，利用新技术、新工艺、新设备改造提升传统产业，能源、工业、建筑、交通等行业技术水平显著提升，也推动行业碳排放强度大幅降低。例如，能源行业加快推动超超临界发电机组、大型水力发电机组、新一代核电、大型太阳能、风能发电设备应用，行业技术能效水平达到世界先进水平。加快推进信息化和工业化深度融合，加快传统工业生产设备的大型化、数字化、智能化、网络化改造，如在钢铁工业推动煤粉催化强化燃烧、余热、余能等二次能源回收利用等减排关键技术，有色金属工业采用高效节能采选设备、冶炼过程能耗控制与优化技术，石油石化工业采用新型化工过程强化技术、工业排放气高效利用技术等；建材工业采用碳排放减缓技术和装备、低碳排放的凝胶材料等；制造业采用低能耗低排放制造工艺及装备技术、制造系统的资源循环利用关键技术等。通过企业技术改造，提高了企业的核心竞争力和节能低碳水平。同时，推动建立以企业为主体、产学研相结合的技术创新体系，推动建立以市场为导向、多种形式相结合的低碳技术和产业联盟，形成良好的技术支撑和保障体系。

同时也要看到，中国行业气候变化政策在发挥重要作用的同时，仍存在一些不足之处：由于各主管部门对本行业政策的主导性，行业政策之间缺乏必要的协调，协同作用存在不足。如近年来财政部会同相关部门出台了多项支持新能源和节能减排的财政政策。这些财政支持性资金名目繁多，由不同的主体实施，资金资助方式不同，有的是项目投资补助，有的是基于结果的资金奖励，还有的是有偿性的资金支持。由于部门利益分割，行业政策制定和实施协调性不足，行业政策效果评估存在缺失，影响到财政资金效果的最大化和协同效应。如关于乘用车节能减排，中国先后出台了 NEV 碳配额、ZEV、CAFC 三种政策，这三者之间的关系如何处理，由于涉及不同部门，至今仍无定论。简而言之，NEV 积分是借鉴加州的ZEV 积分政策提出的，探索在中国实施路径时形成了两种中国化改进方案：一种是将 NEV 积分转换为 NEV 碳配额，之所以进行转换，既是为了借助碳排放权交易条例解决中国实施的法律依据问题，也是为了推动交通领域的温室气体减排，也可以说是单独实施 ZEV 积分政策；另一种是将 NEV 积分加入到研究中的企业平均燃料消耗管理办法中，希望合并实施后毕其功于一役，一个政策既能推动节能，又能实现鼓励新能源汽车发展的目的，也可以说是 CAFE 和 ZEV 二合一方案。但从目前来看，工信部在推动 CAFE 和 ZEV 并行实施。在这一模式下，企业若无法实现油耗目标可以通过购买新能源汽车富余积分来抵消油耗负积分。它的优点在于可以通过一个政策将燃油汽车减排和新能源汽车推广都兼顾，而且对于企业来讲具有更高的灵活性，可以根据其意愿选择生产新能源汽车或降低油耗来达到标准。缺点在于：第一，油耗积分和 NEV 积分是不同的计算规则，计量单位可能也不一样，油耗和新能源汽车积分交换值可能是政府直接赋予的，确定这个值非常复杂，需要科学设置比例，这个比例如果设计得不恰当就有可能导致两个法规会互相影响；第二，两个政策本身都很复杂，如果放在一起则会加大积分计算及交易难度；第三，由于新能源汽车可抵消高油耗产生的负积分，这可能会使得部分企业降低改进油耗的动力；第四，对推动新能源汽车推广效果可能不佳，美国的 CAFE 政策中也覆盖了推广新能源汽车相关内容，但在实施后并未对美国新能源汽车推广起到推动作用。同时，考虑到发展改革委产业协调司又制定了单独的 NEV 碳配额制。如何破解这一难题，尚未找到确切答案。

第二节　美国重点行业应对气候变化政策

一、能源领域气候政策及成效

近年来，美国碳排放减少主要来源于能源结构的调整。美国能源部门通过关停燃煤电厂、发展清洁能源、可再生能源和页岩气的战略，以及热电联产和碳捕集和封存等技术的推广，使美国能源不断向低碳转型。美国能源信息署（EIA）的资料显示，2015 年美国碳排放量的减少主要是源于

"燃煤发电的减少，天然气发电的增加"。EIA 表示美国碳排放的减少分布在不同的用电领域，与各个领域售电量的份额成比例。

（一）推广清洁电厂

发电厂是美国碳排放的大户，近 1/3 的温室气体都是由它们产生的。2012 年 4 月，作为发电厂现代化方案的一部分，奥巴马政府建议为新建发电厂制定碳污染标准，要求新建燃煤电厂的温室气体排放在其运营生命周期内要减少约 50%，并须达到每度（kWh）净发电排放低于 453.6 克 CO_2（但当前运营电厂和未来 12 个月内修建的电厂不受新标准的限制）。环境保护署建议加强清洁能源技术革新，增加新建发电厂使用天然气的份额，通过市场力量和可再生能源部署的增长来快速提升 2012 年新建发电厂的容量。

2015 年 8 月 3 日，时任美国总统奥巴马和美国环境保护署颁布《清洁电力计划》（CPP），旨在减少美国电厂的碳排放，同时保证能源供给的可靠性和价格的可接受性，该计划要求提高当前燃煤火电厂的热效率，减少每单位发电量的碳排放；提高现有天然气发电设施的清洁能源发电比重，以替代高温室气体排放的火电厂发电；提高以风电和光伏为代表的零排放清洁能源发电比重，以替代高温室气体排放的火电厂发电。该计划提出到 2030 年，美国发电厂的碳排放与 2005 年相比减少 32%，相当于减少碳排放 8.7 亿吨。据美国环保署（EPA）估算，预计到 2030 年，CPP 能带来公众健康和气候效益共约 540 亿美元，远超过每年 51 亿—84 亿美元的实施成本。

CPP 最终版的计划更为灵活，同期还颁布了针对新建、改建和重建电厂的碳排放标准，并提出了一项帮助各州实施 CPP 的模式规则和联邦计划。CPP 将建立 EPA 与各州的合作关系，由 EPA 设定各州的总体减排目标和核算标准，由各州灵活选择方法来实现各自目标。在综合考虑不同类型发电机组的性能和能效提高潜力后，EPA 分别为化石燃料蒸汽发电机组和天然气联合循环发电机组设定二氧化碳排放中期和最终目标。另外，由于各州电力结构和消耗量不同，每个州分配到的减排目标不同。

在联邦立法和有效行动缺失的情况下，各州和地方政府正在成为应对气候变化的重要实体，这也是本次 CPP 草案给予各州政府最大限度灵活性的原因。其灵活性体现在：根据各州资源禀赋和发电状况设定不同的碳排放目标、允许各州自行提交相关减排计划、鼓励各州单独或者联合设立减排目标，并给予各州政府 1—2 年制订计划的时间，以及 10—15 年实现目标的宽限期。

具体而言，在减排方式上，EPA 提供了三种形式的目标核算方式供各州选择：①以磅/兆瓦时为单位的排放绩效目标；②以吨二氧化碳为单位的总排放量目标；③以吨二氧化碳为单位并涵盖新源排放的总排放量目标。

在减排路径方面，各州可以独立减排，也可以和其他州联合减排。各州可选用最终方案中的三大最佳减排模块，即提高已有煤炭发电厂的能效、将高排放煤炭发电厂替换为低排放天然气发电厂、增加零排放可再生能源发电（不包括核能）；也可以采用一些不在最佳减排模块中的减排行动，如提高用户能效，使用核能或碳捕获和存储等低碳技术。另外，不同州的电厂进行跨州交易碳排放额度前，两州无需提前签署跨州交易协议。

在减排计划方面，CPP 要求各州在 2016 年 9 月之前提交减排最终计划。如不能按时提交最终计划，该州需提交减排初步计划和不超过两年的延期申请。各州需在 2022 年至 2029 年之间落实中期目标，在 2030 年达到最终目标。各州电力部门减排率目标见图 3-1。

然而，《清洁电力计划》的实施意味着大量燃煤电厂将关闭，因此已经遭到多个州的反对，2016 年 2 月，美国最高法院做出暂停执行这一计划的裁决，该计划最终能否得以实施还要看 2016 年秋季的终审判决①。据预测，如果《清洁电力计划》能够顺利实施，到 2030 年，相比 2005 年美国能源部门的碳排放将减少 32%，二氧化硫排放减少 90%，氮氧化物排放减

---

① 截至 2017 年 6 月，该诉讼仍有待美国联邦巡回法院判决。如特朗普总统要求环保署撤销该计划，也需环保署经过一段漫长的规则制定过程，以遵守《行政程序法》，且联邦机构任何撤销法规的决定均可能受到法院的挑战。

最终方案各州2030年相比2012年减排率%

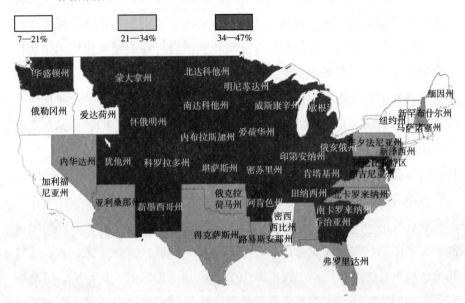

图 3-1　各州电力部门减排计划目标

少 72%，并会带来 260 亿—450 亿美元的纯经济利益，显著改善公众健康。

（二）大力发展可再生能源

从 20 世纪 70 年代开始，尤其是近年来，可再生能源，作为常规化石燃料的一种替代能源，由于其清洁、无污染、可再生，符合可持续发展的要求而受到世界许多国家的青睐，并将其作为能源发展战略的重要组成部分。美国目前非水力可再生能源发电量占全国总发电量的 7%，其推动可再生能源发展的政策包括以下三个方面。

1. 税收减免政策

美国联邦政府主要通过使用税收减免政策激励可再生能源的发展，相关税收抵免措施历经多次届期、延长、修改与更新。2015 年 12 月，美国国会通过了三项延期清洁能源税收减免政策的 2016 年综合拨款法案（The Consolidated Appropriations Act 2016）[可再生能源发电税收减免（PTC）、清洁能源投资税收减免（ITC）和居民可再生能源税收减免（ETC）]，保证了可再生能源项目建设的政策稳定性。

可再生能源生产税收减免（PTC）以减免税收的形式给予可再生能源发电项目发展资金支持，规定生产可再生能源电力的纳税企业在可再生能源设施投入使用后十年内均可享受企业税收减免。税收减免额度为销售电量乘以每千瓦时减免补贴，减免补贴会根据膨胀率有所调整。2016年风能、地热和生物质能的减免补贴为2.3美分/千瓦时，其他符合要求的可再生能源技术的减免补贴为1.2美分/千瓦时。目前，风电项目税收减免延期到2019年底，减免补贴会逐年下降。其他项目税收减免到2016年底截止。PTC对于美国的可再生能源，特别是风电的增长和发展起到了重要作用。

清洁能源投资税收减免（ITC）为投资新能源的纳税人提供一定比例的企业税收抵免额度。原政策到2016年底截止，为投资太阳能、燃料电池和小型风电项目提供总投资额30%的税收抵免额度，投资地热、微型燃气轮机和热电联产项目提供总投资额10%的税收抵免额度。延期后，新政策只覆盖太阳能项目、大型风机和地热发电项目。地热发电项目一直保持总投资额10%的税收抵免额度，无截止日期；太阳能项目从2020年开始到2022年（以项目完工年份为准），抵免额度占比从30%下降到10%，之后一直保持10%的抵免额度占比；大型风机的抵免额度则从2016年的30%下降到2019年的12%，2019年之后完工的风电项目则不再享受税收抵免。

居民可再生能源税收减免（ETC）规定在住宅单元安装和使用可再生能源设备的纳税人可以享受相当于安装成本总额30%的个人税收减免。原政策到2016年底截止，覆盖的可再生能源设备包括太阳能板、太阳能热水器、风能、地热泵和燃料电池。延期后的新政策到2022年截止，只覆盖太阳能板发电和太阳能热水器部分，税收减免额度逐年呈阶梯下降。2019年底之前安装的设备可享受30%的个人税收减免，2019—2020年之间安装的设备享受26%的减免，2021—2022年之间安装则下降为22%。

2. 配额、成本优惠、贷款和补贴政策

美国在可再生能源领域的其他主要政策措施还包括可再生能源配额制（RPS）、成本加速折旧（MACRS）、农村能源计划、财政补贴等。

可再生能源配额制自20世纪90年代在美国各州开始陆续实施，要求或鼓励给定管辖范围内的电力供应商按照各州的计划提供特定的最低份额的可再生能源电力。电力供应商可以通过运营可再生能源发电设备完成配额任务，也可购买可再生能源配额证书（REC）①。美国目前有 29 个州和华盛顿特区实施可再生能源配额制，由于各州独立性较强，此项政策不具备联邦级的规划要求，许多州各自建立本州的配额制度。

成本加速折旧政策规定可再生能源项目可以通过此政策享受加速折旧优惠，加快回收投资成本，这项制度为不同类型的资产建立了一套寿命分类体系，范围从 3 年到 50 年，超出部分即可进行折旧。

美国农村能源计划是美国农业部设立的贷款和补贴项目，专门资助农业生产者与农村小企业购买安装和建造可再生能源设备、使用更低能耗的可再生能源技术以及提高现有设备能效。符合该项目要求可再生能源包括生物质燃料、地热发电、小于 30MW 的水力电站、风能和太阳能发电、潮汐能等。符合该项目能效升级改造要求的设备包括暖通空调系统（HVAC）、照明设备、隔离层、制冷系统、门窗等。该计划在 2015 年向 264 个项目发放共计 6 300 万美元的贷款和补助。

与美国环保署相比，美国能源部更倾向于使用补贴和优惠贷款手段落实气候变化相关的能源法案。2014 年 7 月，能源部发布了 40 亿美元的贷款担保征集令，以支持创新型可再生能源和能效改善项目。此次贷款担保重点关注领域为先进电网整合和存储、生物燃料、垃圾发电、微型水电或为非动力水坝添加水电设备、效率提升。2015 年 8 月，美国能源部针对新建可再生能源、能效等项目追加高达 10 亿美元额度的贷款担保。

针对美国核能项目，能源部也提供了贷款担保。2014 年 2 月，能源部宣布向佐治亚电力公司和奥格索普电力公司提供 65 亿美元贷款担保，支持两家公司合作新建的核电项目 Vogtle Project，这是 30 多年以来美国首次批准建设新核电站。在 2015 年 6 月，DOE 向佐治亚州市政电力管理局（MEAG）的三个子公司提供 18 亿美元的贷款担保，支持他们参与核电项

---

① 又称绿色电力证书制度，是基于可再生能源配额制度的一项政策工具。配额制的实施需要和可再生能源证书交易市场配套运行。

目 Vogtle Project。除此以外，DOE 于 2014 年 12 月发布高达 125 亿美元的先进核能项目贷款担保征集令，重点关注领域包括先进核反应堆、小型模块化核反应堆（SMRs）、现有核设施的改进与升级以及前沿核能项目等。

3. 清洁能源技术研发

在各新兴产业中，奥巴马政府高度重视发展清洁能源和低碳技术，并提出了相应的基于清洁化和多元化发展方向的新能源战略，以推进能源体系转型，支持国家制造业重振计划。希望通过设计、制造和推广新的切实可行的"绿色产品"来恢复美国的工业，以培育一个超过 20 万亿—30 万亿美元价值的新能源大产业，大量增加国内就业需求，作为美国经济结构调整的基础。

奥巴马主张依靠科学技术开辟能源独立的新路径，在 18 年内把能源经济标准提高 1 倍，在 2030 年之前将石油消费降低 35%。具体措施包括：加大清洁能源技术开发示范力度，在未来 10 年内投入 1 500 亿美元开发下一代生物燃料技术及插电式混合动力汽车，促进可再生能源的商业化，建设低排放煤电厂，建设新数字化电网等；发展下一代生物能源和能源基础设施，采取税收激励、现金奖励和政府采购等措施，加快发展纤维质乙醇，在 2013 年前向市场投放第一批 20 亿加仑纤维质乙醇燃料，2022 年达到供应 360 亿加仑生物燃料的能力；推进风能、太阳能、地热等可再生能源的利用，到 2010 年实现 10% 的电力来自可再生能源，到 2025 年提高到 35%；设立清洁技术发展风险投资基金，未来 5 年每年投资 100 亿美元推动新技术从实验室向商业化应用；推行"碳限排—交易"体系，对限排额度实行 100% 拍卖，并从每年的拍卖收益中拿出 150 亿美元开发替代能源。

截至 2015 年 1 月，美国能源部下属的能源高级研究计划局已经资助了超过 400 个能源研究项目。2015 年 8 月，该局宣布将支持 7 个州的 11 个太阳能技术研究项目，旨在将太阳能板能源利用效率提高 50%。奥巴马政府 2016 年度财政预算中计划为清洁能源研发和推广拨款 74 亿美元，其中有 3.25 亿计划拨给 ARPA-E。

2015 年 2 月，奥巴马政府发起清洁能源投资倡议，旨在促进私营部门投资清洁能源技术。到目前为止，该倡议已经带动来自各大基金、机构投资者和慈善基金会的超过 40 亿美元的投资承诺。在 2015 年巴黎气候大会上，包括美国在内，20 个国家签署了"创新使命"，承诺在未来 5 年让本国的清洁能源投资翻番。由比尔·盖茨等私人投资家组成的"突破能源联盟"也宣布参与"创新使命"。

美国太阳能计划是美国能源部可再生能源和能效部门于 2011 年宣布设立的专门支持太阳能研发和推广的基金。通过资助企业、学校和国家实验室开展太阳能研发、展示和推广，该计划希望到 2020 年实现无补贴太阳能发电成本降低到 0.06 美元/kWh 或 1 美元/W，使太阳能成为更多人选择的方便又实惠的能源。

截止到 2014 年，能源部已经向 22 个生物炼制项目提供资金支持。美国农业部也为生物燃料的研发提供支持，包括先进生物燃料采购项目，生物炼制贷款项目以及再生能源补贴项目。此外，能源部资助的研发项目还包括测量和减缓水力压裂时产生的甲烷泄漏、先进核反应堆技术、延长现有发电站的使用年限和燃料回收概念创新。

（三）扶持页岩气产业发展

美国页岩气储量丰富。进入 21 世纪后，美国由于页岩气开采技术的突破和成熟，在全球率先催生了"页岩气革命"，成为世界上第一个能进行大规模商业化开采页岩气的国家。为了扶持页岩气产业，联邦政府和州政府出台了很多政策，包括税收减免与补贴、金融扶持、科技研发监管等政策，形成了系统全面且针对性强的产业政策体系，有力促进了美国页岩气产业的发展，也给本国带来了就业、经济增长等实实在在的利益。

1. 提供政策支持，对页岩气勘探、开发实行税收减免及财政补贴

20 世纪 70 年代末，美国政府就开始鼓励开发本土的非常规资源。政府将致密气、煤层气和页岩气统一划归为非常规天然气，并通过立法落实对非常规天然气的补贴政策。这些补贴政策最早开始于 1978 年的《天然气政策法案》，但在该法案中并没有明确说明对页岩气的具体补贴额度和年限。1980 年，美国国会通过《原油暴利税法》，其中第 29 条"非常规能

源生产税收减免及财政补贴政策"明确规定：从 1980 年起，美国本土钻探的非常规天然气（煤层气和页岩气）可享受每桶油当量 3 美元的补贴。美国国会后来又将第 29 条法案的执行期续延了两次至 1992 年。该政策有效地激励了非常规气井的钻探，使美国在 1980—1992 年间非常规气井数量暴增，达新增矿井总数的 78%。

1992 年，美国国会再次对《原油暴利税法》第 29 条进行修订，对 1979—1999 年期间钻探、2003 年之前生产的页岩气实行税收减免政策，减免幅度为 0.5 美元/千立方英尺（约 0.02 美元/立方米），而 1989 年美国的天然气价格仅为 1.75 美元/千立方英尺（约 0.07 美元/立方米）。美国对页岩气的税收减免政策前后共持续了 23 年。

在 1997 年颁布的《纳税人减负法案》中，美国政府依然延续对非常规能源实行税收减免政策，直到 2006 年美国政府出台新的产业政策。新的产业政策规定：在 2006 年投入运营、用于生产非常规能源的油气井，可在 2006—2010 年享受每吨油当量 22.05 美元的补贴。此项政策使得美国非常规气探井数量大幅上升，天然气储量和产量也随之大幅增加。

2. 建立专项研究基金，资助研究机构开展技术研发

20 世纪 70 年代初，美国天然气产量持续下降，造成本土天然气供应紧张。为缓解能源供应问题，美国政府积极推动本土非常规气的勘探和开发，成立了美国天然气研究院（GTI），旨在整合其国内天然气领域的技术研究人才，开展非常规能源技术研究。美国天然气院作为非盈利性机构，在后来的很多年，一直在为美国能源行业提供技术支撑，在一定程度上支持政府实现既定的产业政策。

1976 年，美国联邦政府启动"东部页岩气项目"。美国联邦能源管理委员会（FERC）也同时批准了 FERC 研究中心和美国天然气院的研究预算。政府还邀请多所大学、研究机构和私营的石油天然气公司加入该项目，进行联合研究。同年，FERC 研究中心成功研发页岩气大型水力压裂技术，该技术对非常规天然气产业产生了深远影响，极大地提高了非常规能源的开发效率，许多中小型公司开始运用这种技术。20 世纪 80 年代末

至90年代初，美国能源部设立了很多专项基金，支持研究机构和中小型技术公司开展新技术研究。在专项基金的资助下，美国能源部所属的Sandia国家实验室很快研发出包括微地震成图、页岩及煤层水力压裂等技术。

2004年，美国政府开始新一轮的基金资助。《美国能源法案》规定，政府将在未来10年内每年投资4 500万美元用于包括页岩气在内的非常规天然气研发。从20世纪80年代至今，美国能源部、美国联邦能源管理委员会等多个政府部门先后投入了60多亿美元用于非常规气的勘探开发，其中用于培训和研究的费用近20亿美元，后来诸多技术突破都得益于这些研究。其间，美国政府资助研发的技术主要包括：水平井钻井技术、水平井多段压裂技术、清水压裂技术和近期出现的同步压裂技术。这些先进技术的规模化应用提高了页岩气井产量，降低了开采成本，使页岩气生产进入了工厂化、规模化开发阶段。

3. 引进市场竞争机制，开放天然气价格，降低页岩气开发成本

除了制定税收补贴政策、设立基金支持技术研发外，美国政府还一直致力于打造多元化的投资环境，建立自由市场机制。1978年，美国国会通过了《天然气政策法案》，放松了对天然气价格的管控，使气价的变动完全由市场需求来决定，联邦政府只通过环境保护和管道建设进行有限介入，这在一定程度上使天然气市场成为具有竞争性的市场。这种自由市场机制避免了大型石油公司对气价和市场的垄断，使具有竞争力的中小型石油公司都可以参与市场竞争。

据美国能源信息署（EIA）统计，2003年，美国85%的页岩气都是由中小型石油公司生产的。迫于页岩气产业的低回报、高成本压力，这些公司不断进行技术革新，成为推动美国页岩气开采技术快速发展的主要动力。由于中小型独立油气开发商在技术革新方面行动更快捷，而大公司在长期性和财务稳定性上有更多保证，因此，美国的页岩气产业逐渐出现了中小公司取得技术和产业突破，大公司则对中小公司进行收购和兼并的现象。政府积极推动的这种产业模式丰富和完善了产业链环节，促进了美国页岩气产业的快速发展。

（四）减少能源开发领域甲烷排放

天然气和石油是美国甲烷排放的第一和第四大排放源，约占 2014 年甲烷排放总量的 33%。2015 年 1 月，白宫提出到 2025 年油气部门的甲烷排放相比 2012 年下降 40%—45% 的目标。为实现该目标，奥巴马政府在 2015 年夏天发布了致力于控制新的或改良后的水力压裂油井及其下游生产组件甲烷和挥发性有机化合物（VOC）排放的标准，包括要求钻油井时捕获甲烷，控制气动泵、压缩机站和气动控制器的甲烷排放，以及要求油井业主和施工方寻找、修补甲烷泄漏点等。

煤层气也是美国主要的甲烷排放源之一。美国 EPA 从 1994 年开始实施煤层气拓展计划（CMOP），旨在减少煤层气排放。该计划通过向煤矿企业和其他项目开发者提供相关信息和技术支持以减少在采矿过程中的甲烷排放。计划主要关注地下煤矿脱气系统和矿井通风系统的甲烷减排，同时也致力于减少废弃矿井和露天煤矿的甲烷排放。

（五）推广热电联产

美国环保署联合各州和地方推广热电联产（CHP）伙伴关系计划，同时各州制定了一系列的经济激励政策，旨在通过促进使用热电联产来降低发电造成的环境影响。热电联产以单一燃料为能源，是一种高效、清洁且稳定的发电方式，可以将电力生产效率从 33% 的平均水平提高到 50%—70%。这种效率提高会降低矿物燃料的消耗量，并减少空气污染物和二氧化碳的排放量。通过热电联产行业、州和地方政府以及其他利益相关者之间的密切合作，能源用户在该项目中发挥积极作用，支持新项目的发展，从而实现能源、环境和经济效益双赢。

加入热电联产伙伴关系计划的企业通过提供有关现有热电联产计划和新开发项目的年度数据来协助美国环保署。美国环保署将这些数据用于：计算参与者热电联产计划的环境效益；为参与者提供年度温室气体减排报告；统计通过其热电联产计划减少的温室气体排放量，通过案例研究提高运作中的热电联产计划的效益（在参与者允许的情况下）；促进开展有关热电联产技术、排放特征、效率以及热电联产在不同行业中的应用情况的教育；对项目进行跟踪，并确定环保署的工作重点，以协助项目实施。

（六）推广碳捕集和封存（CCS）技术

美国在碳捕集的商业化应用方面走在世界的前列。2006 年的《美国气候变化技术计划》规划了通过收集、储存方式来控制温室气体的排放量。2008 年，世界资源研究所发布了《CO_2 捕集、运输和封存指南》，主要针对利用 CO_2 提高石油采收率做出了具体的规定。2009 年 3 月，美国提出《碳捕集与封存技术及早部署法案》，鼓励相关行业及早部署 CCS 技术，并规定相关行业可以集体投票决定是否成立 CCS 研究机构。同年 7 月的《美国清洁能源领导法》进一步规定了 CCS 的监管框架，以及为 CCS 提供财政援助等。2010 年的《美国安全碳存储技术行动条例》规范了 CCS 项目的具体实施措施，同年的《CO_2 封存法案纳入法律条款的提议案》（HB259）规定了 CCS 项目关闭后封存气体拥有权和责任转移问题。

在税收优惠方面，美国的国内税收法典 45Q，规定捕集并安全封存每吨规定标准的 CO_2 将获得政府 20 美元的税收抵免，而捕集每吨规定标准的 CO_2 并用于 EOR 项目运行安全封存将获得 10 美元的税收抵免。此外，美国把拥有 CCS 系统的发电厂纳入清洁能源中，并给予一定额度的电价补贴。

（七）行业政策成效及未来展望

总体来看，近年来，能源领域是美国气候变化政策着力最多的领域，并且实现了能源结构的改善，特别是可再生能源、页岩气产量增长显著。从 2005 年到 2015 年，美国因为发电燃料的改变而减少的碳排放占能源消费碳排放减少量的 68%。

1. 可再生能源利用快速增长

自 2008 年以来，美国风能发电量增加到原来的 3 倍，太阳能发电量增加超过 30 倍。截至 2011 年，美国建造了 400 座风力发电场，总发电量为 2.7 万兆瓦，足以为 800 万个家庭提供电能。此外，有近 30 万兆瓦发电量的风力发电场项目等待并网。多年来，德克萨斯州是美国产油大户，现在在风能发电方面则处于全美领先地位。当德克萨斯州西部大草原丰富的风力资源与德克萨斯州中部和东部大城市相连的输电线完成后，该州的风力发电量还将大幅增长。按照风力发电占本州发电总量比例计算，爱荷华州以 20% 名列前茅。在利用太阳能发电方面，美国计划中的大规模项目发电量约为 2.2 万兆瓦，其中并不包括居民安装的太阳能板。

2. 清洁能源成本大幅降低

到 2015 年，太阳能无补贴发电成本已从 2010 年的每千瓦 3.8 美元下降到 1.64 美元。电动汽车电池制造成本已经从 2009 年的 1 000 美元/千瓦时下降到 2015 年的 254 美元/千瓦时。在生物燃料方面，纤维素乙醇的成本已经从每加仑 13 美元下降到 2 美元。

3. 页岩气产量大幅增加

美国是目前世界上唯一实现页岩气大规模商业性开采的国家，2014 年美国页岩气总产量达 13 万亿立方英尺，占美国天然气总产量的 43.3%，而 2007 年这一比例仅为 8%。美国发生的页岩气革命引发了全球能源变革的一系列连锁反应。页岩气产量的提升和成本的下降直接导致煤电和气电占比的此消彼长，2005 年到 2015 年，煤电厂退出的速度甚至超过了此前美国能源信息署的预测。

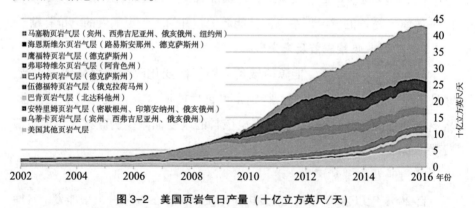

图 3-2 美国页岩气日产量（十亿立方英尺/天）

注：图中列出了美国各大页岩气田年产气量比例。其中，分布在四个州的马塞勒页岩气田目前天然气产量占比最高。

数据来源：美国 EIA 2015 年。

4. 煤炭产量大幅降低

2011 年至 2016 年美国煤炭生产下降了 27%，从 10.96 亿吨跌至 7.3 亿吨，国内消费下降 30%，是历史上 5 年内最大跌幅。煤炭行业就业人数下降 44%，从 132 156 人跌至 73 749 人。[1]

5. CCS 技术示范方面处于领先地位

目前全球已经投入运营的 14 个 CCS 项目中有 7 个项目位于美国，CO_2 捕集与封存能力达到 2 030 万吨/年。此外，美国正在建设三个具有代表性的 CCS 项目，分别为美国伊利诺伊州工业 CCS 项目、美国 Kemper County 能源设施以及美国 Petra Nova 碳捕集项目，项目建成后，CO_2 捕集能力分别为 100 万吨/年、300 万吨/年和 140 万吨/年。

在多种因素的综合作用下，美国的能源消费结构和电力消费结构发生了显著变化，可再生能源发电和天然气发电比重显著增加，煤电比重显著降低。美国电力消费结构变化如图 3-3 所示。

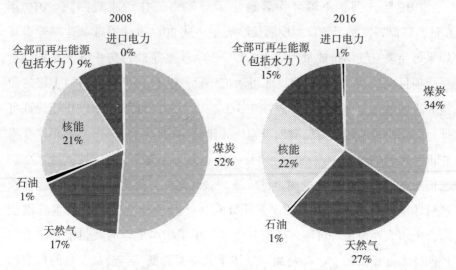

图 3-3　2008—2016 年美国电力消费结构变化

数据来源：美国 EPA。

---

[1]　数据来自美国哥伦比亚大学全球能源政策中心《煤炭能否归来？》研究报告，2017。

同时，随着页岩气供应的增长，美国能源成本大幅下降，加之美国近年来推行的"再工业化"战略，工业能源消耗量增加，反而增加了美国工业领域碳排放。美国新总统特朗普上台后，能源政策面临重大调整，其鼓励化石能源发展的倾向，对美国乃至全球应对气候变化等领域将产生重要影响。

二、工业领域气候政策及成效

美国在工业领域也开展了众多鼓励节能的项目，这些项目有由联邦政府运营的，也有各州、公用事业单位、市政和非营利性组织运行的。为了推动工业节能，联邦政府还制定了一些强制性的工业产品最低标准以及自愿性标准。联邦、州和地方政府还提供了一些税收优惠以鼓励工业企业节能投资。

（一）温室气体排放限额

2010 年 5 月，美国环保署通过了《温室气体约束规则》。2010 年 6 月，环保署发布了该项制度的最终规则，从 2011 年 1 月起新建工业设施如果每年温室气体排放量大于 10 万吨 CO_2e，必须获得防止空气品质严重恶化项目（PSD）建设许可证才可动工建设。已有 10 万吨排放以上级的设施如果因改建造成新增年排放在 7.5 万吨以上的，也需申领 PSD 建设许可证。而无论是新建还是已有的设施，年排放 10 万吨 CO_2e 以上的必须获得 Title V 运营许可证。该制度主要针对发电厂、冶炼厂、水泥厂等排放源，它们涵盖了美国近 70%的固定排放源。除此之外，规定提出排放设施必须进行环境影响评价，为此环保署还针对各个行业建立了全套技术标准指南，要求大型设施许可证须证明其已经应用了指南推荐的"目前最有效的控制技术（BACT）"，即将温室气体排放降至最低。目前最有效的控制技术并不是为任何一种特定排放源确立的特定温室气体排放标准，而是考虑到能源、环境影响和经济影响的个案决策。

（二）更好的工厂项目

更好的工厂项目（Better Plants Program）是由美国能源部发起的旨在

提高美国工业能效的一项自愿行动，美国工业企业的工厂可通过注册成为参与项目的志愿者，该项目目标是在10年多的时间内降低能源强度25%。参与企业可获得美国能源部（DOE）的认可和技术支持。更好的工厂项目建立在以往立即节能先锋项目（Save Energy Now program）的基础上，立即节能先锋项目于2009年成立，旨在到2017年实现工业能源强度降低25%。更好的工厂项目的主要项目要求与立即节能先锋项目相同。

（三）工业"能源之星"项目

工业"能源之星"是美国环保署与美国能源部联合推出的项目，开始于1992年，旨在帮助家庭和企业通过节能产品和节能实践节约资金和保护环境。"能源之星"包括一系列有针对性的子项目，如"建筑和工厂能源之星"计划，着重于商业建筑和制造厂的能源管理；如"工业能源之星"计划，旨在采用能源管理战略来协助美国工业测量能源绩效、设定目标并跟踪节能情况。参与这些项目的企业即为"能源之星伙伴"。工业"能源之星"项目着重于各个制造行业的能源效率，包括水泥、玉米加工、乳品加工、食品加工、玻璃、钢铁、金属铸造、机动车辆制造、石油化工、炼油业、药品、纸浆和造纸以及预拌混凝土。

"能源之星"项目参与者包括拥有、经营、出租建筑物及制造厂的协会、组织、服务提供商和产品供应商、小型企业、公用事业单位以及节能计划赞助商。2008年，美国共有45%的工厂获得"能源之星"称号，自此后这个数量一直在急速增长，包括那些做出实际减排承诺的企业。

（四）锅炉最大可行控制技术

锅炉最大可行控制技术（Boiler MACT）规则是一套尚未正式出台的排放标准，一旦定案，将要求主要排放源所在的工业、商业及公共机构的锅炉和工艺加热器必须满足排放限值。此项规则的正式名称是《关于主要危险空气污染源的国家排放标准：工艺、商业及公共机构锅炉和工艺加热器》。规则将推出新的标准，以限制汞、二噁英、颗粒物、氯化氢的排放量以及现有和新型锅炉和工艺加热器排放的一氧化碳量。尽管二氧化碳排放不在此份污染物名单之中，但此项规则有望大幅提高锅炉效率，促进换用燃料（如煤炭、石油和天然气）和采用可替代技术（如天然气热电联产），从而实现二氧化碳减排。

（五）电动机能效标准

电动机能效标准要求电动机制造商和生产商证明自己生产的电动机在出售之前达到最低效率值。在美国，电动机为超过80%的非车辆轴提供动力，并消耗占全国60%以上的电力。

《2007年能源独立与安全法》（EISA 2007）第313节明确了对通用电动机和特种电机设计的能效标准。标准（2012年5月修订版）要求，电动机的标称满载效率等于或大于美国电气制造商协会（NEMA）标准出版物MG1－2009所定义的能源效率。标准还要求制造商及私营标识机构在分销或进口标准覆盖的电动机商品之前获得合格证。

《2007年能源独立与安全法》对1975年《能源政策与节能法案》（EPCA）覆盖下的电动机能效标准进行了更新，为一大批工业设备设定了能效标准，包括电动机。EPCA标准涵盖所有通用电动机，但不涵盖"专用电动机"和"特殊用途电动机"。

（六）淘汰HFCs

氢氟碳化物（HFCs）是蒙特利尔议定书确定的被广泛用来替代臭氧层消耗物氯氟碳化合物（CFCs）和含氢氯氟烃（HCFCs）的替代品。虽然HFCs并不消耗臭氧层，但却是"超级温室气体"，HFCs的全球变暖潜势（GWP）值是CO_2的上万倍。虽然HFCs在美国温室气体排放总量中的占比仍然较低，2014年约占温室气体排放总量的2.4%，但增速非常快，从1990年到2014年，美国HFCs的排放增长了257.9%，增幅达1.2亿吨CO_2当量。

美国政府积极推动削减HFCs。重要新替代品政策（SNAP）是美国用于减少HFCs使用和排放的主要政策。SNAP是美国环保署根据清洁空气法612条款的要求，于1994年开始制定实施的政策，旨在识别消耗臭氧层物质（ODS）的替代品，评估新型和已有替代品对人类健康和环境的整体风险，发布可接受和不可接受替代品名单，推广可接受替代品，以及向公众

提供替代品对环境和人类健康的潜在影响。2015 年 2 月，EPA 扩充了
SNAP 可接受替代品列表。2015 年 7 月，EPA 修订 SNAP 不可接受替代品
名单，禁止了某些 HFCs 的多项用途。奥巴马政府于 2016 年上半年启动
SNAP 政策修订程序，希望禁止 HFCs 的某些用途以及禁止未来 SNAP 扩充
可接受替代品列表。2016 年 4 月，EPA 再次修订 SNAP 替代品名单，加入
了更安全的替代品，并禁止了一些高全球变暖潜能值（GWP）的替代品。

美国还试图通过制冷剂管理法规管控 HFCs 排放。2015 年 10 月，环保
署公布了对清洁空气法案下制冷剂管理法规的修订提案。该提案希望改善
制冷剂销售、使用、回收和再利用途径。除加强现有的制冷剂使用管理法
规外，该提案提议将 HFC 等非臭氧消耗制冷剂替代物也纳入管理法规。

除了国内行动，近年来，美国已将 HFCs 的减排行动升级至国际层面。
2013 年 6 月，国家主席习近平和时任美国总统奥巴马就在《蒙特利尔议定
书》下逐步消减 HFCs 达成协议。2010—2015 年，美国、加拿大和墨西哥
连续五年提交对蒙特利尔议定书的修正提案，提议逐步停止 HFCs 的生产
和使用，同时限制制冷剂生产过程中产生的 HFCs 副产品的排放量。2016
年 10 月，全球正式达成《蒙特利尔议定书》2016 修订案，为在全球范围
内管控 HFC$_S$ 奠定了法律基础。

（七）行业政策成效及未来展望

美国工业领域气候变化政策对推动工业节能降碳发挥了积极作用。据
美国环保署统计，截至 2012 年 10 月，加入"能源之星"计划的参与者共
计 399 家，其中 155 家已实现工业"能源之星"项目所规定的 5 年内节能
10%及以上的目标。仅 2011 年一年，就有 60 家工厂实现或超额实现了其
节能目标，使能源强度降低了 10%，减少近 100 万吨的二氧化碳排放。截
至 2011 年 11 月，代表 1 300 多项设施的立即节能先锋项目（2011 年后被
纳入"更好的工厂项目"）参与企业提交了年度报告，记录了其能源强度
改进情况、能耗数据和取得的成果。超过 2/3 的报告企业正逐步实现能源
强度降低 25%的目标。2009—2011 年，立即节能先锋项目将工厂的能耗和
成本降低了 5%—15%。据美国能源部分析，《能源独立与安全法》规定的

电动机能效标准将在 2008—2038 年间减排 230 万吨碳当量，同时，将为遵守新版标准的美国企业节省近 6 亿—10 亿美元净成本。

回顾美国产业经济发展过程，制造业曾被认为是"夕阳产业"。由于资源环境和劳动力成本问题，传统产业逐步向海外转移。2008 年美国金融危机爆发，许多人认为其根源在于近十年来美国经济的"去工业化"，美国新的经济增长必须依靠实体创新而非金融创新。因此，时任美国总统奥巴马提出"再工业化"战略，即美国经济要转向可持续的增长模式，也就是出口推动型增长和制造业增长，让美国回归实体经济，重新重视国内产业，尤其是制造业发展。特朗普上台后，更加重视本国制造业发展及美国国内就业机会，美国正经历着由过去把工业生产环节大量转移海外的"去工业化"到现在"再工业化"的快速转身，其后续效应令人关注。

尽管从美国经济本身看，制造业比重只有 15% 左右，但由于经济总量巨大，美国制造业的全球份额仍高达 20% 左右。通过"再工业化"，美国力图重振本土工业，一方面是防止制造业萎缩失去世界创新领导者的地位，另一方面是要通过产业升级化解高成本压力，寻找能够支撑未来经济增长的高端产业，而不是仅仅恢复传统的制造业。随着实体经济回归美国国土，美国温室气体减排难度将增大，实现减排目标面临更大的不确定性。

三、建筑领域气候政策及成效

建筑业是美国经济支柱之一，建筑耗能在美国能源消耗中占有重要比例。美国建筑有其独特性，大部分住宅都是 3 层以下的独立房屋，供暖、空调全部是分户设置，电力、煤气、燃油等能源支出是家庭日常开销的重要部分。美国政府进行建筑节能的手段主要是制定行业和产品标准、开发和推荐能源新技术等。近 10 年来，美国共出台 10 多个政策计划来推动建筑节能减碳。

（一）高性能、绿色建筑设计标准

根据 1992 年的《能源政策与节能法》修订案，1993 年美国建立了建筑节能标准项目，要求美国能源部通过此项目对建筑节能标准进行管理，参与全国性建筑标准的修订过程，以及从技术和资金方面协助各州制定与执行建筑节能标准。

美国的住宅建筑模式标准是"国际节能法规（IECC）"，关注的建筑用能途径包括四个方面：采暖、空调、生活热水和照明。IECC 规定了建筑围护结构各部件的参数给出最低要求，建筑采暖、通风、空调等主要设备系统的性能参数，以及建筑围护结构的气密性做法等，是新建建筑的强制标准，但不对已有建筑进行改造的强制性规定。1998 年，第一版 IECC 标准颁布，之后每三年经过一次修订，建筑节能标准逐步提高。

美国采暖，制冷与空调工程师学会（ASHRAE）的任务是"推进供热、制冷和空调及通风的艺术和科学，为人类服务并推进可持续世界的建设"。美国的公共建筑模式标准是该学会制定的 ASHRAE 90.1，从 2004 年出台以来，该标准几经修订，对建筑物性能的要求逐步提高。ASHRAE 标准 189.1 的子标题是"高性能、绿色建筑（低层居住建筑除外）的设计标准"，是美国第一个用于高性能建筑的法规类别标准。该标准提供"一个完整的建筑可持续性建议"。标准 189.1 在场地的可持续性、水资源使用效率、能源效率、室内环境质量，以及建筑对大气、材料和资源的影响等领域建立强制性标准。

美国能源部通过国家可再生能源实验室，为标准 189.1 制定初步的节能评估，并预计利用标准 189.1—2009 中的最低规定建议，与标准 90.1—2007 相比，会实现 30% 的加权平均现场能源节约。标准 189.1—2011 的能源改善标准比标准 189.1—2009 提高 5% 到 15%。标准 189.1 是经过批准的、可作为 IECC 的替代标准。

为了促进标准的实施，美国采取税收减免政策，例如，对于超出最低能效标准的民用建筑，每平方英尺（约等于 0.1 平方米）减免 75 美分，约占建筑成本的 2%，2005 年的《能源政策法》规定，凡在 2004 年 IECC 标准的基础上进一步节能 50% 以上的新建住宅，给予 2 000 美元减免税，而在 90.1—2001 基础上进一步节能 50% 以上的公共建筑，给予营业税纳税人 1.8 美元/平方英尺的减免税。

（二）建筑能效标识

1992 年，由美国能源署启动了能源之星（Energy Star）项目，能源之星除了规定建筑物的某些部件应达到的性能外，更主要的衡量标准是建筑物的整体能耗状况。能源之星是一个能效品牌，主要对能源高效的消费产品进行标注。

美国大约有 1.14 亿栋居民住宅。这些住宅大约消耗美国总能耗的 22%。根据目前的新房建设速度、能源使用趋势及现有建筑的能源效率，改善现有住宅状况是实现显著节能的最好机会之一，远超过新建房屋所能实现的节能。由美国环保署制定，目前由能源部负责管理的标识能源之星的住宅性能（HPWES）项目，通过将全面的诊断性评估与明确的改进途径相结合，帮助房主采用整体房屋能源审计和改造方法来完成推荐的建筑节能改造措施。HPWES 评估覆盖供热与制冷设备、管道、窗户、保温、空气渗透/通风，以及对所有燃烧天然气的家电的安全性检查。房屋节能改造完成后，承包商需要再次评估房屋的性能，并说明该房屋采取哪些具体的方式来实现预定的能源节约。所有参与的承包商都需要由第三方进行质量保证审查，确保项目符合标准且为房主交付优质工程。

美国商业建筑每年耗能为 19.3EJ①，相当于整个美国能源消耗总量近 20%。对既有商业建筑来说，通过建筑围护结构和建筑系统的改造，以及改善运营和维护方法，可产生巨大的能源节约机会。

能源之星建筑项目充分利用这一广泛认可的能效品牌，提高商业建筑物能源管理方面的能源效率。近年来美国越来越多的能效项目将能源之星建筑项目加入其商业建筑项目。大多数情形下，项目经理人会与参与方一道，对建筑制定基准，识别能源节约潜力最大的设施以及符合能源之星建筑标识要求的设施，确定优先性，并敦促参与项目管理者提供的相关激励措施及/或技术援助项目。很多项目已经采用能源之星标杆，推动建筑所

---

① 能量单位。EJ = 10 的 18 次方焦耳。

有人之间进行改善能源性能的竞争。其他项目则提供自动化基准检测服务，允许客户通过电子方式提交每个月的能耗数据给美国能源部；与此相对，客户收到他们的能源之星性能分数、气候修正后的能源使用强度基准，以及碳排放预测，以便于进行持续的跟进和能源管理。

（三）　电器和设备标准

电器标准是美国在提高能源效率方面最为有效的政策。首批标准是州一级别的标准，于 1974 年在加利福尼亚州颁布实施。其后二十年，在联邦政府未有作为的情形下，各州继续推行电器标准，并最终导致法院判决要求能源部应用特定原则去建立标准。

自 2001 年开始，13 个州及哥伦比亚特区已经采用新的州一级标准。2005 年，《能源政策法案》（EP Act 2005）为 16 种产品制定新的标准，并要求能源部通过制定规则的形式为另外 5 种产品出台标准。2007 年，国会通过《能源独立与安全法案》（EISA 2007），为 13 种产品颁布新的或更新的标准，其中部分产品是首次在州一级进行调整。EISA 制定了美国历史上第一份常规用途照明灯泡的标准，开始将传统的白炽灯泡淘汰。

（四）　能效与节能专项资金

在美国，给州政府和地方政府提供联邦补助的项目是由《2007 年能源独立和安全法案》（EISA）授权，且《2009 年美国复苏与再投资法案》（ARRA）提供专项资金。该项目即能源效率与节能专项资金（EECBG），是根据美国住房和城市发展部（HUD）管理的社区发展住宅补贴项目的模式建立实施的，目的是帮助社区制定能效和节能项目。该资金补助用于诸如建筑节能改造和保温、建筑节能标准的制定和执行、节能路灯，以及热电联产系统的安装等。

美国市长会议进行的一份城市调查发现，大部分城市将这些资金投资于高能效的照明改造部分，40% 的城市投资于新建筑技术。该调查还发现，85% 的城市的受访者认为，该资金对于新能源技术的推广很重要，87% 的受访者认为，仍然需要该资金以进一步推广新能源技术。

（五）"总统更优建筑挑战"项目

美国在建筑领域还通过自愿倡议和提供融资便利等政策推动减排。例如，奥巴马于 2011 年 12 月发起"总统更优建筑挑战项目"，目标是在 2020 年以前将美国商业和产业建筑的能效提升至少 20%。参与该挑战项目的组织机构需承诺对其所在或者所拥有的建筑进行能源利用效率评估、进行能效提高改造、设定节能目标、采取节能行动，以及分享成功的节能案例和能耗数据。此外，政府正在实施另一个项目"更优建筑加速器"，支持和鼓励采用国家和地方减少能源浪费的政策。

（六）领先能源与环境设计（LEED）认证标准

领先能源与环境设计（LEED）是美国绿色建筑协会在 2000 年设立的一项绿色建筑评分认证系统，用以评估建筑绩效是否能符合可持续发展。

这套标准出台以后历经多次修订，目前适用版本为 2009 版。适用建物类型包含：新建案、既有建筑物、商业建筑内部设计、学校、租屋与住家等。对于新建案（LEED NC），评分项目包括 7 大指标：可持续性建址、用水效率、能源和大气、材料和资源、室内环境品质、革新和设计过程、区域优先性。

虽然 LEED 为自愿采用的标准，但自其发布以来，已被美国 48 个州和国际上 7 个国家所采用。在部分州和国家已被列为当地的法定强制标准加以实行，如俄勒冈州、加利福尼亚州、西雅图市，加拿大政府正在讨论将 LEED 作为政府建筑的法定标准。而美国国务院、环保署、能源部、美国空军、海军等部门都已将 LEED 列为所属部门建筑的标准，在北京的美国驻中国大使馆新馆也采用了该标准。

（七）行业政策成效及未来展望

美国建筑领域气候政策对推动建筑节能产生了积极效果。目前为止，已经有 20 万栋居民房屋在能源之星的住宅性能项目中登记。项目参与方仍在持续增加。所有能源之星认证建筑中，有 10% 的建筑使用的能源比常规建筑降低 1/2 或以上。电器标准节能效果明显，整体而言，2010 年这些标准将美国的电力使用降低约 7%，二氧化碳排放减少约 2 亿吨（约相当于美国 2010 年净排放量的 3.5%)。对于消费者而言，截至 2025 年累积净节约将超出 9 000 亿美元。LEED 认证建筑正不断增加，目前，在美国和世界各地已有 53 个工程获得了 LEED 评估认定为绿色建筑，另有 820 个工程已注册申请进行绿色建筑评估。每年新增的注册申请建筑都在 20% 以上。在时任总统奥巴马的第一任期，美国能源部、住房和城市发展部在超过 100 万个家庭完成了能效升级，为洗碗机，冰箱和许多其他产品设立了新的最低能效标准，并提出了 2030 年能效相对于 2010 年水平提高 1 倍的目标。

美国地广人稀和能源资源丰富的国情，决定了美国建筑领域高碳的用能方式。这种用能方式与美国人的生活方式密切联系，尽管美国法律对建筑用能等建立了诸多的标准，但美国人对能源节约的意识一般来说是缺乏的。这就决定了从短期看，美国人改变高碳的生活方式的可能性很小。同时，房地产业是美国重要的支柱产业，美国是全球精英热衷的购房置业的热点地区，这就决定了美国建筑领域能耗和碳排放控制是一个有待破解的世界难题。另外，由于美国城镇化历史长，美国城镇存在许多历史较长的老建筑，这些建筑如何进行绿色低碳改造也是美国建筑领域面临的挑战。

四、交通领域气候政策及成效

美国是世界上最早执行机动车排放标准的国家，也是排放控制指标种类最多、排放法规最严格的国家。与中国工业部门是主要排放来源不同，美国的交通部门是最大的终端消费排放源。此外，由于美国总体人口密度低，城市内交通以私家车和高速路网为主，同时缺少线状连续分布的大型城市，地方分权等原因，美国铁路经营逐年衰落，高铁项目发展迟缓，故交通部门低碳政策主要集中在道路交通、航空运输和水路运输方面。

（一）道路交通

道路交通部门温室气体排放量取决于车辆燃料效率、燃料中的碳含量、车辆行驶里程和行驶过程中的运作效率。仅靠单一的技术、政策不能实现减排。美国通常从优化能源结构和运输结构入手，首先明确低碳交通发展的基本目标和拟采取的政策措施。

1. 制定燃油经济性标准

20 世纪 70 年代石油危机后，为提高交通工具的燃油效率，美国于 1975 年颁布了《能源政策与节约法》。该法案在世界上首次建立了针对小轿车和轻型卡车的公司平均燃油经济性标准（CAFE），并在 1978 年首次实施。1978 年，只有轻型乘用车（轿车和后来的城市 SUV）受到这个标准的限制。到 1979 年，也为轻型卡车（主要是皮卡，包括采用类皮卡底盘的越野车和大型厢式面包车）制定了不同的油耗限值。重型皮卡和重型商用卡车则直到 2012 年和 2014 年才被纳入到标准中。

CAFE 标准不针对某个具体的车型，而是将在美国销售车辆的汽车公司作为控制对象。所谓企业平均油耗标准，就是每年每个汽车企业销售的所有新车，按销量的加权平均油耗值不能超过一个最高值。如果车企这一年的平均油耗超过了限值，就需要按全年的总销量和平均油耗超过限值的部分的乘积缴纳罚款。此后美国不断对其进行修订，提高标准以促进汽车行业节能减排。到 2007 年，又增加了新的规定，车企如果当年平均油耗低于限值，可以积攒下点数，在其他超出限值的年份抵用。CAFE 属于总量控制体系，有利于国家从总体上掌握燃料消耗量，科学合理地制定和实施燃料消耗计划。2010 年，美国环保署和交通运输部下属的国家高速公路安全管理局（NHTSA）共同发布了 2012—2016 年的燃油经济性与温室气体排放标准。规定从 2012 年起，全国轻型车辆平均汽车燃油经济性从 2011 年的 8.6 升/百公里提高变为 6.9 升/百公里，比现行标准提高 24%；并首次提出美国首个碳排放量限制标准，即要求轻型车辆在 2016 年达到平均 CO_2 排放为 155 克/公里的水平。该标准适用于在美国销售、总重不超过 3.85t 的轻型汽车。没有达到 CAFE 标准的汽车生产厂家必须交纳罚金，每超标 0.1 加仑/英里（约 0.235L/km），每辆车罚款 5.5 美元。

2010 年 5 月 21 日，在奥巴马发布的总统备忘录中，明确要求环保署和美国国家公路交通安全局（NHTSA）依据清洁空气法案和能源独立和安全法案在 2017 年至 2025 年间提高轻型汽车燃油经济性和降低轻型汽车温室气体排放，并于 2011 年 8 月之前制定出台第一个中型和重型汽车燃油效率及温室气体排放标准，新标准从 2014 年开始实施。

根据奥巴马政府指示，环保署和交通部在 2012 年 8 月宣布出台新的燃油经济性和温室气体排放标准，适用于 2017—2025 年生产的新车。新标准规定到 2025 年轻型汽车的平均燃油经济性提高到约 54.5mpg，二氧化碳排放量降低到 163gpm，预计使新车每英里二氧化碳排放量减少约 40%。中型和重型汽车燃油效率及温室气体排放第一阶段新标准，覆盖拖拉机、厢式货车、运货卡车、公交车和垃圾车在内的多种车型，将于 2014 年至 2018 年之间实施。由于中重型汽车的车型和用途多样化，新标准将中重型汽车分为三大类，分别降低约 10%、15% 和 20% 的油耗和碳排放，该标准还要求到 2025 年乘用车的平均绩效将达到每加仑 54.5 英里，相当于百公里油耗低于 4.5 升，在过去 30 年间美国的燃油经济性标准都是维持在 25 英里/加仑左右。新标准预计可减少燃油消耗 5.3 亿桶，减少汽车使用期GHG 排放约 2.7 亿吨。2016 年 8 月 16 日，环保署和美国国家公路交通安全局联合发布第二阶段的中重型汽车油耗和排放标准，第二阶段标准将在2021 年至 2027 年间实施。新标准预计将减少约 11 亿吨二氧化碳排放，节约燃油成本 1 700 亿美元。

根据美国国会的要求，油耗限值的设置需要综合考虑技术可行性、经济性，其他排放标准对油耗的影响和国家保存能源的需要。为了给车企留出足够的时间提高燃油效率，每年的限值一般会提前几年就制定好。虽然CAFE 标准是对一种企业的限制，但实际上车企方面的阻力却比较小。只要对油耗的限制是对所有车企一视同仁，车企的利益并不会受到损害。反而汽车技术进步加快，可能会刺激消费者更换汽车的需求。不过不同车企销售的车型结构不同，销售大车更多的车企还是会受到规定的负面影响。将皮卡和乘用车分开计算平均油耗的方法，照顾了销售皮卡更多的企业，也就是美国本土的三大汽车厂。但是像奔驰和宝马这样主要销售豪华车的企业，因为所售车型都是偏大型的乘用车，几乎每年都要缴纳罚款，如奔驰公司 2011 年就缴纳了 3 000 万美元罚款。2011 年后，奥巴马政府制定了新的标准，让平均油耗限制跟车型的道路投影面积（即车长乘车宽）挂钩。如此一来，即可允许大型车奔驰 S 级比小型车本田飞度有更高的油耗。

由于近年来汽油价格降低，美国消费者更倾向于选择 SUV 和皮卡等车型，美国企业平均燃油经济标准遭遇争议。2016 年中，美国环境保护署（EPA）和美国国家公路交通安全管理局（NHTSA）开始组织持续两年、花费 3 500 万美元的中期审查，本次中期审查是针对 2012 年政策的中期审查，以决定维持或调整联邦油耗标准，其结果将影响汽车制造商在十年内的产品战略。据估计，最终决策将在 2018 年 4 月 1 日做出。

2. 新能源汽车的推广

美国是能源消费大国，为了完成能源消费减量战略，美国政府通过立法支持新能源汽车技术发展，并将政府采购作为支持新能源汽车产业的重要手段。

美国《2005 年国家能源政策法》，除了实施汽油超标税，授权 EPA 制定和实施可再生燃料标准（RFS）以外，还在鼓励个人消费新能源汽车方面出台了多种措施。比如，购买重量在 8 500 磅以内的氢能源车买主，最低可享受 8 000 美元的减税优惠；超过 8 500 磅的氢能源车买主，还可享受更高的减税优惠。除此之外，新能源法还推出各种措施，鼓励人们购买使用液化气、天然气等非汽油燃料的清洁能源汽车，以提高美国汽车行业的节能、洁能效果。从 2006 年 1 月 1 日到 2010 年 12 月 31 日，购买柴油轿车和混合动力汽车可以从美国联邦政府得到最高 3 400 美元的税收返还。油电双动力车比普通车一般要贵 4 000 美元左右，其技术可使蓄电池在汽车等候红灯时自动充电，并自动切换到电动机马达上运行，从而使耗油大幅度降低。2007 年 5 月初，美国国内收入局（IRS）调整针对环保车辆的税收优惠措施。美国消费者购买不同混合动力车型可获得 250—1950 美元的税收抵免。奥巴马上台后，为鼓励车主购买充电式混合动力车，给予购买者 7500 美元的税收抵扣，同时美国政府投入 4 亿美元支持充电站等基础设施建设。

美国在新能源汽车起步阶段，非常重视政府采购给企业的支持。美国奥巴马政府要求，2015 年开始，联邦政府将仅采购纯电动、混合动力和其他新能源汽车作为政府用车。

美国积极发展电动汽车技术和电动汽车充电基础设施。奥巴马于 2012 年 3 月启动了 EV Everywhere 项目，2013 年，美国能源部发布了《电动汽车普及蓝图》（EV Everywhere Grand Challenge），提出了 2022 年电动汽车发展目标。项目目标是在未来十年内普及充电式电动汽车（plug-in electric vehicle）的使用，计划到 2022 年使得充电式电动汽车像燃油汽车一样易于购买和使用。此项目支持电动汽车的研发、宣传、教育和合作伙伴关系建设，极大地推进了电池、发电机、发动机、轻型结构和充电等领域的技术发展，降低了电动汽车和充电设备的成本。自 2014 年 1 月起，美国能源部已向 33 个公司、26 所国家实验室和 20 个大学项目投资 1.67 亿美元，资助研究提高电动汽车电池的发电效率和降低制造成本等课题。

3. 可再生燃料标准

2005 年美国通过《能源政策法案》，并建立"可再生燃料标准"，要求美国可再生燃料利用量逐年递增，到 2012 年达 75 亿加仑，已提前完成目标。2007 年美国实施《美国能源独立与安全法案》，修订了可再生燃料标准，规定运输燃料、航空燃料和取暖用油中必须掺入一定比例的可再生燃料，实现到 2022 年可再生燃料年使用量达到 360 亿加仑的目标，并提出新的目标：2022 年生物燃料总利用量达 360 亿加仑（约合 1.1 亿吨），与基准燃料比，温室气体最低减排要求为 20%；纤维素燃料利用量为 160 亿加仑（约合 0.5 亿吨），减排要求为 50%；先进生物燃料利用量为 210 亿加仑（约合 0.6 亿吨），减排要求为 60%。

4. 推动技术创新与需求管理

美国为降低交通部门的温室气体排放，还非常注重技术创新与需求管理。技术方面，2006 年 9 月，美国政府公布了新的气候变化技术计划，有关交通的主要内容有：①加大低碳技术的投资力度；②制定低碳燃料标准，该标准旨在通过减少交通运输燃料生命周期内的碳强度来削减加州温室气体的排放；③将气候变化因素纳入国家和地方的长期交通规划和交通

道生太极：中美气候变化战略比较

决策中；④改善公共交通服务质量和运行效率，提高公共交通吸引力；⑤提高运输网络效率，为车辆运行创造有利条件。

需求管理方面，作为世界汽车大国，美国政府和公众采取了多种措施提高非机动出行比例，如民间组织举行的"无车日"活动等。此外，美国政府对公共交通进行了大量投资及优化升级，联邦公路管理局办公室还通过《自行车和步行计划》，促进非机动出行人数和积极性。

此外，为促进物流业的进一步发展，提高运输效率，减少能耗，美国政府高度重视交通设备的标准化和各种交通方式的联合运作。目前，美国已拥有世界上最完善的综合运输体系，形成全国统一、职能明确、权责清晰的综合运输管理体制。在规划、设计和建设的各个环节，高度重视综合枢纽和大型换乘中心的建设，解决好各种交通方式之间、综合交通网点与线之间、城市对外交通与内部交通之间的协调与连接，实现各种交通方式的立体、无缝、便捷连接。

（二）航空运输

1. 推广飞机替代燃料

传统飞机燃料使用原油作为原料，而可持续发展航空生物燃料则可使用非食用天然油和农业废弃物等作为原料。美国 AltAir 工厂将这些原料转化为可持续生产的飞机燃料；与传统飞机燃料相比，这种燃料预计能够在整个生命周期内将温室气体排放量降低 60% 以上。这种燃料将 30% 的生物燃料与 70% 的传统燃料混合，并将被证明可以达到与传统飞机燃料相同的性能标准（ASTM 标准 D-1655）。美国联邦航空管理局认为只要这种燃料能够达到 ASTM 标准，便可应用于飞机。

美国联合航空公司与 AltAir Fuels 和 Honeywell UOP 公司合作，生产并推广飞机的替代燃料。他们与战略合作伙伴积极开展合作，生产可持续发展的航空生物燃料。这些燃料既能够降低碳排放量，还能帮助其实现能源多元化。美联航将在三年内向 AltAir 购买多达 1 500 万加仑的可持续发展航空生物燃油。2016 年，美联航开始购买 AltAir 可持续发展航空生物燃料，用于洛杉矶航运枢纽。

233

2. 开发下一代飞机

2009 年，美国联邦航空局和美国宇航局启动了可持续低耗能，低排放，低噪声项目（CLEEN）。CLEEN 计划是下一代航空运输系统项目的一部分，旨在加快环保型飞机技术的发展及可替代燃料的推广应用。联邦航空管理局授予波音公司、通用电气、劳斯莱斯等 5 家公司参与该项成本共享计划。五年中联邦总投资预计将超过 1.25 亿美元支持该项目，目标是将清洁技术应用到 2015—2017 年生产的飞机上，新型飞机燃油比目前的亚音速飞机降低 33%。

3. 航空区域导航

美国航空倡导和领导整个航空业实施了区域导航（RNAV）计划，以使飞机沿着最高效、通常也是最短的航程来飞行，节约燃料，降低碳排放。

（三）水路运输

美国主要从燃料、船舶和港口三方面控制水路运输的温室气体排放。燃料方面，美国西海岸加利福尼亚州长滩港环保法律规定，船舶燃料进入港口后从重油换到轻油，即净化燃料油，轻油相对来说排放的污染程度比较低一些，此外船靠了码头之后要接美国的岸电，停用船用内燃机发电。船舶方面，美国总统轮船公司在船上推广节能装置的运用，以减少燃油消耗，降低排放。港口排放控制方面，美国要求到港的船舶进入它的航道、海湾要减速，这样就可以减少碳排放。如美国洛杉矶港长期致力于温室气体减排，并且自 2006 年开始对其温室气体排放进行监测。作为其于 2007 年 12 月推出的都市气候行动计划的一部分，洛杉矶港制定了到 2030 年使温室气体排放量较 1990 年减少 35% 的目标；为了在供应链层次控制温室气体排放，洛杉矶港于 2006 年实施了一项环保租赁政策，其中包含承租人租赁协议中的环保要求：气体排放控制；水、暴雨水和沉淀物质量评估；对码头建筑进行能源审计，以衡量节能情况；此外，该港口的"技术进步项目"计划支持港口移动资源减排创新和技术的开发和推出。

（四）行业政策成效及未来展望

美国交通领域节能降耗取得了一定进展。由于 CAFE 标准的实施，1978 年到 2011 年，美国新售轻型乘用车平均油耗从 13.1 升/百公里降低到 7.8 升/百公里，下降了 40%。在每辆车行驶距离不变的情况下，意味着温室气体排放下降了 40%。据预测，未来 5 年，美国因实施 2016 年 CAFE 新标准可节省 18 亿桶石油，减少 9.6 亿吨温室气体排放。目前，美国道路上的车辆有 30% 都达到了 2016 年标准。另外，随着更加具有燃油经济性的发动机的引入，会有更多的车辆达到更高的排放标准。而由于 2025 年企业平均燃油经济性法规的实施，预计将减少燃油消费 5 150 亿美元。美国政府降耗减排政策将为消费者总计节约燃油费用超过 1.7 万亿美元，减少燃油消耗 120 亿桶，到 2025 年每辆汽车在寿命期内将节约开支 8 000 美元，并且油价有望因此每加仑降低 1 美元。消费者使用每辆满足 CAFE 新标准要求的汽车，可比使用现有车型节省超过 3 000 美元的燃料费。

更为难得的是，CAFE 标准在各种环保法规中，公众的支持率非常突出。根据皮尤中心的调查，美国支持民主党和共和党的民众分别有 91% 和 85% 支持更严格的 CAFE 标准。对于不关心环保和国家能源安全的人来说，CAFE 标准推动了车企的技术进步，也降低了民众使用汽车的成本。虽然 CAFE 标准提高了车辆研发和制造的成本，使得车价上升，变相地使民众承担了一部分成本，但相比之下，在众多节能减排的政策中，CAFE 标准虽避免了对民众的直接限制，却依然达到了很好的效果，确实是一个聪明的选择。

2008—2011 年，美国汽油用量迅速减少。其背后的原因是美国全国车辆总数下降、新车节油能力提高，以及每辆车行驶路程减少。美国车辆总量在 2008 年达到最高点，约为 2.5 亿辆。与此同时，由于高油价、经济下滑以及人们利用公共交通和自行车，车辆每年行驶的里程也在减少。美国政府的引领作用使新能源汽车在民间的接受程度大幅提高，新能源汽车份额占比逐年提高，美国新能源汽车份额从 2010 年的 2.4% 提升至 2013 年的 3.9%。

同时，美国作为发达国家，仍然面临着大城市交通拥堵，汽车燃料以汽油柴油为主，居民出行以私家车为主，公交分担率低等一系列问题和挑战，由于汽车数量庞大，特别是美国人偏好高油耗的豪华车，短期内美国难以改变其交通领域的能源结构，交通领域仍将是美国温室气体减排的重点关注对象。

五、农业领域气候政策及成效

美国农业具有科技水平高、人均耕地面积多的优势，农业从业人口只占全国 3%，农业人口人均耕地面积超过 60 公顷。美国充分发挥专业化、规模化的优势，提升农业生产效率和效益，从科学技术、发展战略、标准制定、经营模式、消费引导等多个层面，积极探索低碳农业发展道路。

（一）农业保护性耕作促进政策

2002 年美国颁布的《农场法案》包括一项"保护安全计划"，并于 2008 年将该项计划改名为"保护管理计划"。其主要内容是政府对美国农民的一系列环境友好行为都采取分摊成本的资助或现金奖励等政策，这些环境友好行为包括保护土地和其他资源，如修建蓄水池、修建渠道、栽种防护林等有利于环境的设施和结构，为野生动物（如蚯蚓）创造良好的生活条件，同时也包括保护性耕作的技术和管理。这些奖励措施起到了很好的激励和示范带动作用，而且各项政策均有充足的资金支持。例如，仅 2005 年度就有 2.02 亿美元预算用于该计划。在具体的实施过程中，政府与农民签订 5—10 年合同，每年划拨经费 20 000 — 45 000 美元不等。在该政策引导下，素质较高的农民主动采取一些先进的技术措施，如测土、绘地图、查病害等，同时大量采用抗虫害和适应除草剂的作物品种及其他有利于环境的保护性耕作措施等。在此过程中，政府建立动态数据库，详细记录农民的各种耕作法和保护措施的成本，以此作为制订补贴和奖励政策的参考依据。

此外，政府还通过教育和培训来引导农民开展保护性耕作的推广和研究，定期或不定期组织高校的推广普及机构、信息机构和农机企业开展试验、示范及咨询活动。当前，美国各级政府都成立了保护性耕作示范中心，部分州已成立了由农业专家组成的志愿顾问团，帮助农民进行环境分析，根据当地气候土壤条件制定保护性耕作的技术方案，确定适宜的农艺选择配套的农机具。

（二）农村新能源计划政策

美国政府通过立法制定能源政策，从而引导农村新能源的使用。在新能源的使用上，美国政府采取了一系列的补贴和激励政策，如税收抵扣、减税、免税和特殊融资，等等。其中，美国农业部每年有 2 300 万美元用于补贴农民提高能源效率，主要资助风动机、化粪池、太阳能热水系统等能源项目的补贴（补贴额度不超过项目成本的 25%），平均下来每个项目的补贴可达 1 500 万— 250 000 万美元，贷款可达 5 000 万— 10 000 000 万美元。

（三）农业碳交易政策

农作物在生长过程中大量吸收大气中的二氧化碳，经过光合作用后可将碳贮存在植物的秸秆和根部细胞中。因此，美国农场主的种植活动符合全球减少温室气体排放的趋势和要求。相关研究表明，玉米地每英亩（1 英亩 ≈ 4 046.86 平方米）每年可贮存 0.5 吨二氧化碳。由于农业特别是种植业具有明显的碳汇效果，同时可减少温室气体排放，农民可以通过拍卖自己的碳汇指标来取得效益。自 2003 年末起，美国农民通过这种方式贮存的碳可作为一种指标在芝加哥气候交易所拍卖出售，早期每吨碳指标值 1—2 美元，2008 年曾达 7 美元。这一活动随着芝加哥气候交易所的关闭而停止。

（四）设立农业低碳度量标准

美国筹备成立环境服务标准委员会，设立农业土壤管理碳汇度量标准，农业部负责该标准的出台、申报以及注册系统的建立，农业部长担任标准委员会的主席，该委员会的成员来自能源、内务、商业、交通和环保部门的负责人。2007 年，农业部拨付 5 000 万美元经费支持大学和研究人员辅助农业部制定标准。2007 年 6 月，美国环保协会和杜克大学联合发布了名为"杜克标准"的《农业林业低碳经济应用》文件，这是全球第一部关于农业碳排放交易的核定标准和操作手册。该标准有可能成为全球关于农林业碳排放交易的首部强制性标准。

（五）精确的农业生产方式

在农业生产中，肥料、生物固体及其他来源中的氮素并不会完全被作物吸收，氮素残留物可能产生二氧化氮的排放。因此，通过减少过滤和挥发流失，提高氮肥利用率，可减少二氧化氮排放，间接地减少氮肥生产导致的温室气体排放量。美国提高氮肥利用率的做法主要是采用精确农业技术，即在精确估计作物化肥需求量的基础上调整氮肥施用比率，利用不同控释或缓释肥料形态，抑或硝化抑制剂，在作物吸收之前且氮肥流失量最小的时候对作物施肥，精确定位施肥，使之处于最容易被作物根部吸收的位置，使氮肥的利用率达到高水平。

（六）增加农业碳汇

农业碳减排注重发挥作物的光合作用，吸收和固定大气中的二氧化碳并封存在土壤中以实现碳汇功能。美国通过不断改良作物品种和改进农艺措施，在增加农产品产量的同时使农作物的土壤固碳能力持续提升，如使用改良的作物品种，尤其是能固定更多碳量的多年生作物，执行适合的作物轮作制及保护性耕作等。在作物缺乏营养时使用氮肥添加养分，促进土壤固碳能力的提升，同时通过采用"减少对化肥、杀虫剂及其他投入物的依赖性的耕作制度"，显著减少耕地的碳排放量。在具体生产过程中，美国在长期耕作及土壤风化腐蚀的农地采取保护性耕作及休耕，并在休耕地的地表再次覆盖植被以增加土壤有机碳的储存容量，在东南部地区则通过降低耕作幅度与强度、减少土壤的物理性扰动以改进土壤有机质比例。

（七）减少牲畜甲烷排放

降低甲烷的排放量是美国畜牧业长期以来面临的挑战。减少牲畜的甲烷排放量可通过减少使用营养补充品、防止过度放牧以及为不同的牲畜采取不同的喂养方式等手段实现。在该领域，美国采取的有效措施包括改进饲料配方，从而减少家畜肠道发酵产生的甲烷气体；建立生物工厂，加强对家畜粪便的循环利用；提高家畜饲养和饲料种植的效率；植树造林，加强对土地和水资源的管理，利用价格和税收对畜牧业进行调节等；推动生物气体回收项目，鼓励在农场养殖中使用生物气体回收技术（主要是厌氧消化技术），减少牲畜排泄物产生的甲烷排放。

（八）行业政策成效及未来展望

2005 年，美国农业部对全美农场进行的抽样调查结果显示，82%的农场在进行土壤采样时使用了农田地理信息系统，74%的农村使用了 GIS 制图，38%的收割机带有产量测量器，61%的农场采用了产量分析。目前，在美国的 200 多万个农场中，有 60%—70%年收入在 25 万美元以上的大农场采用了精确农业技术，而且精确农业应用的主要地区在美国中西部，应用的主要对象作物是大豆、小麦、玉米和部分经济作物。

农村新能源计划对美国农村新能源的推广起到了很好的示范作用，如全国 200 多家生物燃料加工厂绝大多数分散于农村并且由农民自办，同时还促使美国在新能源立法和目标制定方面不断前进。例如，2007 年颁布的《能源自主与安全法案》提到美国生物乙醇和生物柴油的预期产量将由 2008 年的 2 700 万吨增加到 2022 年的 1.08 亿吨，到 2030 年则将替代全国 30%的化石运输燃料。同时，牲畜业甲烷排放大幅减少。1944—2008 年，美国牛奶总产量从 1 170 亿磅提高到 1 860 亿磅，奶牛甲烷气体排放却从 2 560 万头排放当量降低到 2008 年的 920 万头排放当量。截至 2016 年 5 月，全美共有 242 个厌氧消化系统在运行中，其中 196 个系统在奶制品牧场。

短期来看，技术进步和政策激励对美国农业生产活动的碳排放减少起到了显著效果，但美国农业仍然面临着降低化肥、杀虫剂、土壤侵蚀和退化、畜禽生产以及农业造成温室气体排放等对环境的影响的问题，同时也受气候变化带来的气温升高、极端天气等情况对农作物生产的新威胁。因此，未来的农业技术不但要减少化肥、农药、家畜粪便等对气候变化的影响，还要保持土地的质量，保证农业的可持续生产能力，使农业生产力保持在一个较高水平。

六、林业领域气候政策及成效

美国在保护森林方面制定了保留森林、森林重造、城市树林管理等一系列政策措施。美国森林除提供足够的木材产品外，还在保障优质水源、抵消温室气体排放、减缓气候变化等方面起着重要的作用。据测算，森林碳汇可消除全美化石燃料燃烧产生的近12%的温室气体排放量。

（一）保留森林及森林重造

美国现有森林覆盖率为33%，森林面积约3亿公顷；其中57%为私人所有，主要分布在美国东南部，43%为联邦政府、州政府或地方政府所有，主要分布在美国西部和北部。据研究，美国森林在1700—1950年的250年间，表现为碳源，因为工业革命期间森林遭到持续大规模的破坏，到1900年这种破坏达到顶点，当年造成29亿吨的CO_2排放。

经过20世纪持续的森林恢复，美国森林逐渐由碳源转变为碳汇。鉴于历史的教训，美国在关注森林传统功能的同时，提出要尽量减少森林破坏、加快恢复森林植被、发展生物质能源、开发木材替代品、发展混农林业与城市林业等。他们重视森林的科学管理，并将森林碳库管理的理念纳入森林经营之中，在管理活动中注重碳平衡和减少对碳库的干扰，努力控制林火和病虫害的发生，让森林处于较稳定的状态；美国通过法律手段支持保护森林，涉及林业的法律和条例有100多种，如1976年颁布的《国有林经营法》，对国有林的经营规定了高标准，1985年制定了《保护区规划》，鼓励农民在严重水土流失区域退耕还林、还草等。2014年10月，奥巴马政府发布了强化美国自然资源恢复力的优先事项，首次全面承诺支持加强自然资源恢复力和土地碳封存能力；同时，美国特别注重林业应对气候变化宣传教育，美国林务局更是把林业环保教育作为其三大工作领域之一，并在林业碳管理计划中设立了为个人和组织提供利用植树来补偿温室气体排放的机制。

（二）保护和清洁城市森林

美国最早提出了"城市森林"的概念，其城市森林的发展最早、最有成效，也极具特色。美国城市森林由行道树、广场绿化、片林、机关绿化、城市公园、运动场、庭院花园、高速公路绿化等组成，分布在仅占国土面积 3.1% 的城市地区，影响着近 80% 的美国人口。2005 年，美国城市森林覆盖率约为 35%，其中，覆盖率最高的是康涅狄格州（67%），最低的是内华达州（10%）。2002—2009 年，美国城市的森林覆盖率略有下降，年均下降 0.03 个百分点。

（三）扶持私有林

美国政府无权干预私有林的经营，便通过一系列的扶持政策来激励私有林主营林的积极性。对小私有林主实行税收和贷款等扶持政策，通过税收政策对森林经营者实行优惠，从而使林业生产对投资者更具吸引力。还向小私有林主发放专门贷款，利率在 5%—6.5%，年限为 1—7 年。对上缴木材所得税也给予一定优惠。

对私有林实行政策保护，并对私有林的经营技术、保护手段实行免费咨询和服务。私有林主有权自主经营，政府根据私有林主的经济实力对造林活动实行经济补贴。联邦政府每年都要拨出一定的经费作为对林主造林活动的奖励和补助，各州补助标准不同，一般的补助幅度控制在 50% 左右，需要履行申请、批复、施工和验收等一系列程序，经政府补贴营造的私有林采伐也要经过批准。为了搞好水土保持工作，政府鼓励私有林的伐后更新工作，无偿向林主提供 40% 的更新费用，此举调动了林主经营森林的积极性。

私有林更新造林的资金来源有限，为鼓励营造私有林，美国设立了一项林业奖励项目基金，各州统一实行造林奖励政策。该基金对造林费用补贴的最高幅度可达 65%，一位林主一年所获得的最高补助额可达 1 万美元，补贴费用由政府支付。申请者必须是小私有林主，拥有的宜林地面积必须在 4—400 公顷。该基金自 1973 年经国会批准实施，到 1993 年共有 12.641 8 万人获得造林补贴，补贴面积 173 万公顷，补助金额达 2.06 亿美元。根据补贴条款，用该款营造的林木至少 10 年内不得采伐。

（四）行业政策成效及未来展望

在政策支持下，美国森林碳汇能力大幅增强。据估计，美国48个大陆州城市森林的总生态价值约为2.4万亿美元。2006年，城市森林吸收了大约9 500万吨二氧化碳当量。根据2000年美国人口普查数据和2005年城市森林覆盖率数据，最近的碳估计显示，美国城市树木储存了约7.04亿吨碳，年均固碳2 800吨。在东北、东南和中南部地区，城市森林储存并固定了大部分碳。除了城市森林以外，美国整体森林每年吸收的CO_2量约为7亿吨，相当于当年化石燃料碳排放量的12%。

近几十年来，气候变化、重大火灾、病虫害都导致了美国森林健康水平的下降，影响到水域、气候、地方经济、野生动物及大众休闲，无论是公共的还是私营的，都是环境和经济资产，迫切需要恢复和保护，未来美国要通过联合管理的办法，密切关注这些自然资源的恢复，以使林业更加适应气候变化、保护水资源和改善森林健康的需要，同时有机会创造更多的就业岗位。

七、废弃物管理气候领域政策及成效

在废弃物管理领域，美国主要在废弃物的回收利用和减少垃圾填埋场甲烷排放等方面制定了法律法规，并依靠市场机制，减少温室气体排放。

（一）垃圾集中回收利用

1. 建立健全法律法规

联邦政府高度重视再生资源回收立法工作，早在1965年就制定了《固体废弃物处置法》，明确规定了处置各种固体废弃物的相关要求。1976年该法更名为《资源保护及回收法》，其后经历四次修订，最终确立了减量化、再利用、再循环的3R（reduce，reuse，recycle）原则，实现了废弃物管理由单纯的清理工作向分类回收、减量及资源再利用的综合性管理转变。

2. 建立依靠市场机制的回收体系

废钢、报废汽车、废有色金属等再生资源品种回收主要依靠市场机制调节，政府主要以环境保护标准为手段进行管理。以报废汽车为例，环境保护部门按照有关环保标准对申请企业进行审核，达到标准的企业即可获得经营牌照。同时，环保部门定期对企业进行监管检查，确保企业按照标准开展生产经营活动。对于电子废弃物、废旧轮胎等特殊品种废旧商品，由于其规范化处理成本较高，处理不当会导致严重环境污染，政府出台了一系列专门法规和政策措施来规范这类废旧商品回收处理。在联邦政府层面，颁布有电子废弃物回收处理法令，如要求所有政府部门产生的电子废弃物必须交由指定的公司进行回收处理。美国环保署还启动了志愿性的电子废弃物回收与再利用方面认证项目，包括两个标准及认证程序。企业可以自愿申请相关机构对其废弃物回收处理行为进行认证，通过认证的可以借此提高品牌影响。各州政府出台了相应的政策。美国对废旧轮胎也是采取消费者付费、处理企业领取基金的回收处理机制。

3. 实施税收优惠和其他鼓励政策

美国康涅狄格州对当地再生资源加工利用企业，除了可获得低息商业贷款外，州级企业所得税、设备销售税及财产税也可相应减少；亚利桑那州规定，对购买使用再生资源及污染控制型设备的企业，可减征销售税10%。从1993年起，美国联邦政府多次发布行政命令，规定政府采购应考虑资源节约和环境保护因素，优先采购再生纸等循环再生产品。

（二）垃圾填埋场甲烷使用推广计划

城市固体垃圾填埋场是美国第三大甲烷排放源，其2014年排放量约为1.48亿吨二氧化碳当量，占当年甲烷排放总量的20.2%。2015年8月，环保署发布两个政策建议草案，要求进一步减少城市固体垃圾填埋场富甲烷气体的排放，新建、改造和已有的垃圾填埋场需控制和收集甲烷气体，使甲烷排放减少到2015年排放水平的2/3。

为了减少温室气体的排放，积极开发利用新能源和可再生能源，美国环保署早在1994年就启动了垃圾填埋场甲烷使用推广计划。经过十多年的运行，该项目已经在美国取得积极的成果并与世界其他国家开展了广泛的合作。项目的主要环境效益和社会效益包括：

（1）直接减少温室气体的排放。美国仅 2004 年就产生了 3 800 万吨碳当量甲烷。减少垃圾填埋场甲烷排放对缓解全球气候变化具有重要意义。据估计，项目可以收集填埋场 60%—90% 的甲烷，这取决于系统的设计和运行的有效性。

（2）通过减少不可再生能源的使用，间接减少空气污染。使用甲烷气可以减少煤炭、石油、天然气等不可再生能源的使用，从而减少二氧化碳、二氧化硫、颗粒物等大气污染物排放。

（3）创造间接效益。利用甲烷气发电可以减少垃圾填埋场的异味从而改善周边社区的空气质量。同时，可以破坏掉甲烷气中的非甲烷类有机物，这些有机物虽然浓度较低，但是可能引发健康问题。将甲烷气收集起来还可以降低填埋场发生爆炸的风险，提高安全性。

（4）减少环境达标成本。目前《清洁空气法》规定大型垃圾填埋场必须对甲烷气进行收集和处理，如就地燃烧、排空或安装利用设施。其中只有甲烷气回收这种方式能为社区和填埋场减少环境达标成本，并同时将污染转变为有价值的资源。

（三）行业政策成效及未来展望

目前美国垃圾再生循环利用法规比较健全，有效规范了再生资源行业管理，为实现全社会资源循环再利用提供了法律保障。废弃物回收利用的税收优惠政策有效带动了美国社会再生产品的加工、使用，促进了再生资源回收利用产业的良性发展。美国目前 2 300 个正在运营和拟关闭的垃圾填埋场中，已经有 425 个开始利用甲烷气发电，每年发电总量达到 1 200 兆瓦。预计还将有 560 个能够把甲烷气转变成能源，产生的电能足够供给 870 000 户家庭使用。

从长期来看，美国由于经济发展快，汽车、电子产品等换代快，生活垃圾和废弃物排放量逐年增大，然而美国现有的垃圾填埋场容量有限，焚烧发电在美国发展并不顺利，因此美国废弃物管理领域减少温室气体排放仍然任重道远。

八、美国行业层面应对气候变化政策特点

美国行业应对气候变化政策的主管部门主要是环保署。环保署主要通过制定重点行业碳排放标准，减少温室气体排放。同时，能源部有关部门通过支持技术研发创新，发挥市场机制作用等，减少碳排放。美国行业气候政策的主要特点可以概括为：

（一）缺乏国家层面系统解决方案

由于美国联邦层面的气候立法被扼杀，奥巴马政府采取全方位气候政策和行动的能力被大大限制，美国在国家自主贡献文件中虽然制定了全经济范围的减排目标，但并没有制定系统的国家层面减排方案，其实现碳减排目标的着力点主要是能源、交通、建筑等重点部门。在这些重点行业层面，奥巴马政府重视度高，通过设立重点示范项目、行业产品标准和认证等形式采取了一系列应对气候变化和减排行动。

（二）注重法律保障及标准控制

尽管美国没有出台针对气候变化的专门法案，但美国在与气候变化相关的节能和环保等领域制定了多项法律和标准。美国实施的与气候变化相关法规政策包括《清洁空气法》（1970 年出台，1977 年、1990 年多次修正）、《能源政策法》（2005 年出台）、《能源独立和安全法》（2007 年出台）等，奥巴马政府时期并未有大的有关气候变化或清洁能源的法案正式出台，但有较多标准的建立和更新，如关于可再生能源的新燃料经济标准、机动车燃料经济标准、家电的最低功效标准、工业的电动机能效标准，等等，为各行业的具体产品设立了低碳标杆。

（三）注重技术创新与突破

美国政府注重和鼓励各行业的碳减排技术创新及其商业化，通过建立项目和资金支持等形式，在清洁能源及可再生能源领域、CCS 技术、建筑材料及家电能效提高方面、新能源汽车研发等，美国均有技术突破及显著的成果应用。技术创新与突破对于降低当前减排成本至关重要，并会带动

新的零碳和低碳技术发明和推广，使美国能源等相关产业变得更加清洁，并创造更多优质的就业岗位，降低美国对他国石油的依赖性。

（四）发挥企业主体地位与市场作用

美国的行业减排政策受到多重政治经济因素的影响，其中经济利益和成本收益分析是基本的也是最重要的政策考量。美国能源、交通、建筑等重点行业的减排措施，都是以不影响行业发展重大利益和产业国际竞争力为前提的。企业不仅通过游说集团，对政府拟出台的政策施加影响，甚至有关企业代表还直接参与到行业减排政策的制定，如果行业核心企业不认可，一些重大的行业减排政策基本不可能得到出台的机会。同时，随着全社会应对气候变化呼声的升高，以及非政府组织等推动，一些企业也开始转变发展观念和思路，主动开始向低碳经济转型。如 2007 年"美国气候行动伙伴计划（United States Climate Action Partnership）的诞生，就是由 27 家企业和非政府组织推动的，目的是督促联邦加快气候变化立法，大幅削减温室气体排放。该计划成员包括了诸如杜克能源、通用电气、壳牌公司、福特公司、杜邦公司等耗能和排放大户，其自发自愿参与其中，足见企业界对气候变化的认识及塑造"气候友好型企业"的内在驱动。

在行业政策实施过程中，政府重视通过市场力量推动政策落实。如美国的可再生能源配额制（RPS），由于购买存在着强制性，可再生能源证书（REC）市场也由此应运而生。REC 一般以 1 000 千瓦时作为一单位，电力企业可以通过购买 REC 来完成 RPS 的目标和任务。可再生能源证书（REC）制度，是实现可再生能源配额制和绿色电力消费申明的必要手段，一方面让电力部门避免重复计数和申明，另一方面满足了买方对绿色电力要求的质量标准。

第三节　中美行业应对气候变化政策对比分析

行业政策在中美气候变化政策中均占据重要地位，发挥着重要作用，但由于中美两国的社会制度、管理体制、发展阶段、产业结构、能源结构不同，行业政策的制定和执行、政策内容等方面有很多不同。同时，在一般意义上，中美行业气候政策又具有相互借鉴、相互启发的意义，对其他国家来说，也具有重要的启示作用。

一、政策制定与实施过程的比较

（一）中国行业政策的制定和实施

1. 行业气候政策的管辖和来源

从行业政策制定看，中国行业主管部门在行业政策制定过程中发挥着主导作用，相对于地方政府来说，中央各部门代表着中央政府的权威，地方政府必须遵循行业政策来处理地方有关事务。尽管发展改革委应对气候变化司是应对气候变化工作的牵头部门，但行业气候政策的制定权却分散在不同的行业管理部门，如能源生产领域气候政策主要由国家能源局负责，包括传统能源、水电、核电、可再生能源发展的目标和政策，而能源节约政策的牵头部门是国家发展改革委资源节约和环境保护司，工业、建筑、交通领域气候政策的主导部门则分别是工业和信息化部、住房和城乡建设部和交通部。一项行业气候政策的提出和形成，一般至少有三种机制：

一是党中央、国务院制定的综合性、战略性政策文件中提出有关气候变化的目标、任务和政策导向，由各部门根据职责分工进行落实，并制定专门的政策措施。如国民经济和社会发展"十二五"规划纲要在国家中长期规划中首次单独设置了有关应对气候变化的章节，即第二十一章：积极应对全球气候变化，从控制温室气体排放、增强适应气候变化能力、广泛开展国际合作三个方面明确了"十二五"时期应对气候变化工作的目标任务，如提出"合理控制能源消费总量，严格用能管理，加快制定能源发展规划，明确总量控制目标和分解落实机制。"这是有关部门"十二五"时期开展能源消费总量控制的重要政策依据，据此，国家发展改革委牵头研究建立了能源消费总量控制制度和分解落实机制。

二是国务院或应对气候变化的主管部门制定的应对气候变化综合性、指导性政策文件，对各行业、各领域应对气候变化工作进行总体政策设计，由各部门根据职责分工加以落实和细化。如 2016 年国务院印发的《"十三五"控制温室气体排放工作方案》，明确了"十三五"时期能源、工业、建筑、交通、林业等重点领域应对气候变化的目标任务。国务院有关部门根据职责分工，负责制定本领域应对气候变化政策和行动方案，落实国务院文件确定的目标任务。又如，由国务院批准、国家发展改革委编制实施的《国家应对气候变化规划（2014—2020 年）》，也是各部门应对气候变化行业政策制定的重要依据。

三是由各部门根据自身工作需要制定出台的行业气候政策。如国家林业局根据林业碳汇和减排工作需要，制定出台了《碳汇造林技术规定（试行）》（2010）、《林业生物质能源发展规划（2011—2020 年）》等文件。这类政策一般属于行业管理部门根据自身行政管理职能自发提出的政策动议和行业行动，也有一些政策动议来自更高层面领导人的批示和要求。

2. 行业政策的制定过程和实施机制

中国行业气候政策的制定过程，也是在行业气候政策有关部门之间寻求共识的过程。这里以《"十二五"控制温室气体排放工作方案》的制定和实施为例，来说明中国气候政策的制定和实施过程。该文件是中国首个针对温室气体控排的国务院文件，主要目标是保障"十二五"控制温室气体排放目标的顺利实现，也为全国应对气候变化相关工作的开展提供政策依据，同时向国际社会表明中国积极应对气候变化的决心和行动。这类文件一般由国家应对气候变化工作牵头部门，即国家发展改革委发起动议并组织文件起草。一般在文件起草的初期阶段，会通过召开研讨会的形式，听取有关部门、地方政府、专家学者的意见建议。初稿完成后，国家发改委会发函征求工业信息化部、财政部、环境保护部、交通部、住房和城乡建设部等有关部门和地方政府对文件内容的意见，同时在国家发展改革委内部，气候变化工作也涉及多个司局，除应对气候变化司为牵头司局外，还包括资源节约和环境保护司、产业发展司、基础产业司、财政金融司、农村经济司、地区经济司、国家能源局等诸多司局。一般来说，经过多轮沟通协调，各部门、国家发展改革委各司局对文件内容达成共识后，文件将经过国家发展改革委内审核程序，形成文件送审稿上报国务院，再经过国务院审核程序，最终印发实施。随后，国务院办公厅印发了关于"十二五"控制温室气体排放工作方案工作部门分工的通知，明确了各部门的责任和工作任务。根据分工，有关部门制定了本领域控制温室气体或应对气候变化工作方案。如工业和信息化部、国家发展改革委、科技部、财政部联合制定了《工业领域应对气候变化行动方案（2012—2020 年）》。国家林业局印发了《林业应对气候变化"十二五"行动要点》，提出 5 项林业减缓气候变化主要行动、4 项林业适应气候变化主要行动和 6 项加强能力建设主要行动。这些行业政策文件的制定，一般由牵头部门组织起草，征求有关部门意见后，由行业主管部门或行业主管部门联合有关部门发布。

国家重大政策文件出台后，各省级人民政府也将结合本地区实际，制定相应的实施方案。实施方案必须落实国家为本区域确定的约束性目标任务，但在实现路径和支持政策上，可以采取符合本地区特点的做法。省级政府对本区域目标任务还将进一步向市级以下层级政府进行层层分解落实，直至将目标任务落实到辖区内企业等单位。

（二）美国行业政策的制定和实施

美国是成熟的市场经济国家，行业管理体制与中国有着巨大的差异。美国行业气候政策的管辖权主要在环保署。环保署对行业温室气体排放的管辖权来自通过最高法院对《清洁空气法》的司法解释。最高法院授权环保署对温室气体进行管制后，环保署开始采取措施，对电力、汽车等重点行业温室气体排放进行管控。汽车行业是环保署首个开始进行温室气体排放管控的行业。环保署根据《清洁空气法》授权，与美国国家高速公路管理局一起，将原有的只包含燃油经济性的 CAFE 标准扩展为包括燃油经济性和碳排放的 CAFE 新标准。且美国环保总署（EPA）与美国运输部国家高速公路管理局共同规定，在美国销售的 2016 款车二氧化碳排放量平均水平必须在 155 克/千米以下。这是 EPA 首次对"经济活动中的温室气体排放"加以限制，无形中要求汽车企业研发更多新能源汽车，减少碳排放。在标准发布前，围绕标准限值问题，EPA 与 NHTSA 一直在打拉锯战。EPA 此前规定的 CAFE 新标准为 2016 款车型达到 35.5 公里/加仑，NHTSA 则规定到 2016 年，在美国销售的轿车燃油经济性要达到 37.8 公里/加仑，皮卡、SUV 和小型厢式车要达到 28.8 英里/加仑。从美国政府最终规定的 CAFE 新标准来看，时任美国总统奥巴马站在了 EPA 一边。在目前美国的 CAFE 标准法规体系下，共有 3 种不同的燃料经济性数值存在，即 NHTSA 的 CAFE 数据、EPA 的试验数据和 EPA 的公开数据。其中，NHTSA 的 CAFE 数据是指 NHTSA 用来判定制造商是否满足 CAFE 标准、制定年度报告和对汽车燃料经济性项目进行年度更新所依据的燃料经济性数据；EPA 的试验数据是指 EPA 或制造商根据试验中产生的尾气排放用碳平衡公式计算得出但未进行调整的燃料经济性值；EPA 的公开数据是指在汽车燃料经济性标识、指南和网站等媒体上公布的车型燃料经济性数据，为使其更加接近消费者日常驾驶中的燃料经济性，EPA 将试验数据进行了修正。其中，城市工况的燃料经济性下调 10%，市郊工况下调 22%。实践证明，调整后的数据（燃油经济性指南和标识上提供的数据）与实际的燃料经济性更加接近。

在政策制定过程中，政府部门与行业企业的协商非常重要，政府会最大程度争取相关企业的支持，来减轻政策实施的阻力。2011 年，针对美国政府制定的 2017—2025 年燃效标准，NHTSA、EPA、加利福尼亚空气资源委员会以及部分汽车制造商举行了一个大型的秘密会谈，达成了 2017—2025 年燃油规则的一项协议。在此协议条款下，这些机构都同意减缓轻型卡车燃油经济性的增加幅度。最终，包含皮卡、SUV 在内的车型每年燃油经济性提高幅度被确定为 3.5%，而轿车的年增幅则需保持在 5%。包括底特律三大、丰田、本田以及日产在内，13 家主要的汽车制造商都已经在这项协议上面签字，只有大众和戴姆勒拒绝签署。与大众、戴姆勒态度截然相反，美国三大汽车企业——通用、福特和克莱斯勒都公开表示支持这一新标准的通过。这一新标准对于美国汽车制造商有明显的好处，因为美国三大的皮卡产品占据明显的市场优势，燃油经济性标准的区别对待，将使他们更好地保持这种优势。

二、政策关注领域比较

由于发展阶段和管理体制的不同，中美行业气候政策在关注领域上具有明显区别。

中国属于发展中经济体，工业化、城镇化任务尚未完成。在管理体制上，中国强政府的特征十分明显。因此，气候政策关注的领域包含了诸多行业，属于全面覆盖型行业政策，这在国务院出台的《"十三五"控制温室气体排放工作方案》表现十分突出，方案不仅涵盖了能源、工业、建筑、交通、林业等重点领域，也包括非二氧化碳温室气体减排、低碳农业、废弃物处置等行业政策，是全方位推进低碳发展的工作部署。同时，中国的减排战略着重于调整和优化产业结构，推进新型工业化和城镇化，力求走出不同于发达国家传统发展道路的更加可持续的发展模式。

美国属于发达成熟经济体，已完成了工业化和城市化进程，市场机制完善，行业管理特征不明显。行业气候政策的重点是通过环境部门发布的环境标准对重点行业进行管控。从行业气候政策看，目前美国环保署着力推动的减排领域主要是电力行业和汽车行业。其他在森林管理、农业、废弃物处置、氢氟碳化物和甲烷等温室气体排放方面，也制定了相应的减排政策，但其政策主要着力点，聚焦在电力和汽车行业。可以看出，由于美国的温室气体排放源主要是消费领域和能源领域，因此，美国减排政策的核心是针对能源和消费领域的减排。中美两国的行业减排策略深刻反映了两国不同的发展阶段和特征。

三、政策内容比较

在政策内容上，中美两国均高度重视能源领域、建筑、交通领域节能减碳，鼓励可再生能源发展。由于两国所处发展阶段不同，中国积极调整产业结构以降低生产领域碳排放，美国由于产业已经从制造业为主转向服务型经济，制造业占经济比重较低，因此没有过多强调产业结构调整以降低碳排放。能源政策方面，中美两国均对可再生能源、清洁电厂发展做了大量的努力，都采用财税激励的方式鼓励可再生能源的发展，中国对可再生能源的激励主要采用资金支持（可再生能源发展基金、专项基金）和补贴的形式，美国则主要是税收减免（PTC、ITC、ETC）。工业部门政策中，中国的万家企业节能行动是一个强制性的综合节能项目，包括系统的工业节能行动计划；美国的"更好的工厂"节能项目、"能源之星"项目多是自愿性的节能行动。综合来讲，中国的工业节能政策比美国的更严格。建筑部门政策中，中美建筑节能的思路类似，主要是通过制定建筑节能标准、绿色建筑标准、家用电器标准等实现，中国的建筑节能标准首先由国家制定，地方可以制定实施更强的标准，而美国的建筑节能标准基本都是由州政府制定。交通部门政策中，中美两国针对未来特定年份的新上市机动车辆均出台了日趋严格的燃油经济性标准（中国目前尚未实施），中国2020年标准要略严于美国，但2030年标准还没有出台，而美国已经提出了到2025年标准；在新能源汽车推广方面，美国加州率先提出积分交易机制，中国2016年学习美国做法提出要实施新能源汽车的碳配额管理办法。

总之，中美行业气候政策在政策内容上既有相同点，也具有明显差异。总体看，中国的行业政策范围非常广泛，既包括产业结构的政策、能源结构的政策，也包括行业的技术政策、行业组织政策以及行业的能效、环境、碳排放标准等各方面。美国没有典型的行业政策，而只有针对行业的环境政策，但政策的精细化特征比较明显。如美国的农林业和废弃物管理政策中，通过多年累积的资金投入和社会调查，在农林业、废弃物管理等部门有着比中国更为详细和先进的温室气体排放清单数据库，因此美国在这些部门拥有比中国更加具体深入的政策措施，并且投入资金也较多。

第四章　中美地方应对气候变化政策比较

地方政府在应对气候变化中具有重要作用，其既是中央政策的实施者，也是气候变化政策创新的重要来源。而不同区域由于发展水平、环境基础、管理体制等差异，应对气候变化政策也呈现出多样性特点。因此，地方政府在国家应对气候变化政策制定和执行方面具有重要影响。中美两国地方应对气候变化政策，是各自国内气候战略的重要组成部分，也是进行政策比较的重要视角。

第一节　中国地方应对气候变化政策

应对气候变化工作在中国是一项较新的工作。从发展脉络看，这一工作在中国的开展，是从中央层面向地方层面逐步推进的。各级地方政府是中央应对气候变化政策目标的实施者和落实者。在各个层级地方政府中，省级政府是中国地方应对气候变化政策制定和实施的关键。自2007年国务院颁布《中国应对气候变化国家方案》以来，各省也先后制定出台了省级应对气候变化方案和应对气候变化规划，成为地方应对气候变化工作的重要指导文件。与此同时，为探索低碳发展经验，中国在省区、城市、园区、社区以及城镇等各个层面开展了低碳试点工作，成为地方发挥主动性开展低碳发展创新的重要平台，也大大丰富了地方应对气候变化工作的内容。

一、中国省级应对气候变化政策概览

省级地方政府主要通过编制省级应对气候变化规划来指导地方应对气

候变化工作。2007—2009 年，各省相继完成了省级应对气候变化方案或大纲编制工作。2011 年以来，在国家发展改革委应对气候变化司的指导下，各省首次组织开展了省级"十二五"应对气候变化专项规划或到 2020 年中长期规划的编制工作。截至 2014 年，有 30 个省（自治区、直辖市）编制完成首轮省级应对气候变化中长期规划。其中，编制"十二五"应对气候变化专项规划的有北京、天津、河北、内蒙古、辽宁、上海、江西、河南、广东、广西、云南、陕西、甘肃、宁夏、新疆、新疆建设兵团共 16 个省（区、市），编制到 2020 年中长期规划的省（区、市）有山西、吉林、浙江、湖北、安徽、福建、四川、山东、江苏、海南、黑龙江、西藏、贵州、重庆 14 个（缺青海），规划重点阐释了本省、区、市应对气候变化工作目标、指导思想、重点任务、保障措施等内容，形成地方应对气候变化的全面政策基础。2016 年，随着国家《"十三五"控制温室气体排放工作方案》发布实施，各省、区、市正在抓紧制定本地实施方案。

（一）省级应对气候变化规划目标概览

作为省级地方政府应对气候变化的主要指导文件，省级"十二五"应对气候变化规划一般在充分分析本地气候变化的趋势和影响、应对气候变化工作现状和面临形势的基础上，提出本地到 2015 年或 2020 年前碳强度下降等各项目标，以及减缓、适应、试点示范、能力建设等各项具体任务及保障措施。根据各省级"十二五"应对气候变化规划中提出的工作目标，下面从减缓、适应、能力建设三个方面进行概述。

1. 减缓

各省综合考虑应对气候变化的要求和本地实际，并与本地国民经济和社会发展规划相结合，围绕国家分解下达的本地区"十二五"碳强度下降目标，提出本区域低碳发展目标体系，一般包括碳强度下降目标，以及能源消费强度、可再生能源发展、产业结构调整、碳汇等支撑性工作目标。如北京提出，2015 年万元地区生产总值能耗比 2010 年下降 17%，万元地区生产总值二氧化碳排放比 2010 年下降 18%，优质能源消费比重达到

80%以上，其中天然气比重超过 20%，新能源和可再生能源占能源消费的比重力争达到 6%左右。浙江提出 2015 年单位生产总值能源消费量和二氧化碳排放量比 2010 年分别下降 18%和 19%，森林覆盖率提高到 61%以上，林木蓄积量达到 2 亿 9225 万立方米，非化石能源利用量（含外省调入水电）占能源消费总量的 11%左右。山西省设定了 2015 年、2020 年两个阶段的详细量化目标：2015 年单位 GDP 二氧化碳排放比 2010 年下降 17%，单位 GDP 能耗下降 16%，天然气占一次能源消费的比重提升至 8%左右，非化石能源占一次能源消费比重达到 4%，服务业增加值比重提高到 40%，战略性新兴产业增加值比重达到 7%—8%，森林覆盖率达到 23%，森林蓄积保有量达到 1.3 亿 m^3；2020 年单位地区生产总值二氧化碳排放比 2005 年下降 45%，单位地区生产总值能耗下降完成同期国家下达指标，非化石能源占一次能源消费比重达到 10%—12%，服务业增加值比重提高到 45%，战略性新兴产业增加值比重达到 15%，森林覆盖率达到 26%，森林蓄积保有量达到 1.5 亿 m^3。

2. 适应

除浙江、辽宁、陕西等少数省份，多数省份在适应领域没有提出明确、系统的量化目标，但因地制宜，综合考虑地区气候变化的影响以及现有适应能力的差异，制定了符合地方实际的适应工作总体目标和优先领域，分区域、分重点加强海洋和海岸带、农业、水资源、气象灾害、卫生与健康等领域的适应能力建设。浙江明确提出 2015 年、2020 年两个阶段的适应领域量化目标：到 2015 年，农田灌溉水有效利用系数提高到 0.58 以上；森林单位蓄积量提高到每公顷 65 立方米，林业有害生物成灾率控制在 5‰以下；城市和农村供水保证率分别达到 95%和 90%以上；到 2020 年，农田灌溉水有效利用系数提高到 0.6 以上；森林生态系统稳定性增强，森林单位蓄积量提高到每公顷 75 立方米，林业有害生物成灾率控制在 4‰以下；城乡供水保证率显著提高，城市和农村供水保证率分别达到 97%和 95%以上。陕西提出，五年治理水土流失面积 3.25 万平方公里，农业灌溉有效面积达到 2 000 万亩，灌溉水利用系数提高到 0.55 以上。到 2015 年，争建成一批重要水源工程，新增供水能力18亿立方米；强化节水管理，单位工业增加值用水量降低20%。河北提出到2015年，农田灌溉水利用系数提高到0.7以上。水土流失面积减少到4万平方公里。北京在适应领域没有提出明确目标，但确定了提升城市基础设施适应气候变化能力、提高极端气候事件应急能力和增强医疗与公共卫生体系适应气候变化能力三大工作重点。山西提出加强农业、森林、水资源、城乡建设和人群健康五大重点领域的适应气候变化能力。内蒙古提出重点加强水资源管理和节水任务，增强农业、林业、畜牧业适应性和加强适应气候变化灾害管理。浙江、海南、福建、广东、天津等沿海省份提出重点加强海洋和海岸带防灾能力建设，加强沿海生态保护和修复。新疆提出的适应目标包括：重点领域和生态脆弱地区适应气候变化能力显著增强。水资源利用效率和效益明显提高；高效节水农业快速发展；草原生态持续恶化趋势得到遏制；综合防洪抗旱减灾体系逐步完善，气象防灾减灾能力进一步增强。到2015年，新增高效节水灌溉面积1 500万亩；农业新技术高效节水灌溉面积占农业灌溉面积比重达到50%左右，灌溉水利用系数提高到0.52，农业用水比重降到93%以下；继续加强重点城镇和重点河段的防洪基础设施建设，完成157座病险水库除险加固任务。气象灾害对地区生产总值的影响率在现有基础上减少15%。公共气象服务信息城市覆盖率达到98%，农村覆盖率达到75%，公众服务社会满意度达85%以上。

3. 能力建设

各省根据各地应对气候变化工作实际需要，主要从加强和完善体制机制、政策法规、基础能力、科技支撑和公众意识提升等方面提出了各自的有针对性的目标。如辽宁提出，到2015年，在应对气候变化的基础理论研究、低碳技术的研究开发和推广应用等领域取得明显进展；温室气体排放统计核算和考核体系基本建立，人才队伍不断壮大。应对气候变化的管理体制和政策体系逐步完备，全社会广泛参与的工作机制逐步形成；以大幅度降低二氧化碳排放强度为重点的目标责任考核和激励、约束机制进一步强化。陕西提出，加强气候变化的宣传、教育和培训，到2015年，力争基本普及气候变化相关知识，营造应对气候变化的良好社会氛围；加大体制、机制创新力度，完善节能法规和标准，健全节能市场化机制和对企业的激励与约束，建立多部门参与的决策协调机制。到2015年，基本形成低碳发展的地方法规和标准体系框架，以节能减排为重点的目标责任考核和激励、约束机制进一步强化。四川提出，到2015年，工业、交通等重点领域减缓温室气体排放能力建设取得积极进展，农业、生态系统、水资源等领域适应气候变化的能力明显增强。到2020年，应对气候变化的政策法规体系逐步完善，应对气候变化的预警预报、科技支撑以及决策管理能力得到显著提高。浙江重点提出建立应对气候变化基础统计和温室气体排放核算工作机制，建立省应对气候变化统计指标体系，覆盖气候变化及影响、适应气候变化、控制温室气体排放、应对气候变化的资金投入以及应对气候变化相关管理等领域。广西分2015年、2020年两阶段提出目标：到2015年，应对气候变化的机构建设取得进展，法规体系不断完善，技术研发和示范推广取得明显进展，气候变化观测和影响评估水平不断提高，温室气体排放统计核算与考评体系初步建立，应对气候变化专业人才队伍不断壮大。到2020年，基本形成完善的应对气候变化进展的法规政策体系和统计核算与考评机制，人才科技支撑能力显著增强。加强气候变化领域的基础研究，加快低碳技术的研究开发和推广应用。到2015年，力争在若干气候变化研究领域达到世界先进水平，在新能源、节能和清洁能源技术创新方面取得重大进展。

　　总体来看，各省应对气候变化规划目标有三个方面的特点：一是内容全面，覆盖了减缓、适应和能力建设等主要领域；二是目标具体明确，提出了年度的碳排放强度下降目标，以及相应的主要支撑性工作定量目标；三是结合地方实际，规划目标充分体现了地区实际和发展阶段的特点。

　　根据国家《"十三五"控制温室气体排放工作方案》安排，确定了"十三五"时期各省（区、市）碳强度下降目标，见表4-1。

表4-1　各省（区、市）"十三五"碳强度下降目标

省、区、市	碳强度下降目标	省、区、市	碳强度下降目标
北京	−20.5%	吉林	−18%
天津	−20.5%	安徽	−18%
河北	−20.5%	湖南	−18%
上海	−20.5%	贵州	−18%
江苏	−20.5%	云南	18%
浙江	−20.5%	陕西	−18%
山东	−20.5%	内蒙古	−17%
广东	−20.5%	广西	−17%
福建	−19.5%	宁夏	−17%
江西	−19.5%	黑龙江	−17%
河南	−19.5%	甘肃	−17%
湖北	−19.5%	海南	−12%
重庆	−19.5%	西藏	−12%
四川	−19.5%	青海	−12%
山西	−18%	新疆	−12%
辽宁	−18%		

数据来源：《"十三五"控制温室气体排放工作方案》。

（二）应对气候变化主要政策措施概览

为支撑实现规划确定的应对气候变化工作目标，各省份对应在减缓、适应和能力建设等领域采取了多项政策措施。

1. 减缓

综合考虑应对气候变化的要求和地区经济发展需要，以资源环境承载力为约束，以低碳发展为目标，综合运用多种政策措施，降低二氧化碳排放。主要政策措施包括：

（1）推动产业低碳转型。通过限制高耗能高排放行业增长，加快传统产业改造升级，培育壮大战略性新兴产业，积极发展现代服务业，降低结构性碳排放，推动产业低碳发展。

（2）推动能源结构低碳化。结合地方能源结构的特点，通过加强煤炭清洁高效利用、提高天然气使用规模、积极发展水电、风能、太阳能、生物质能、地热能和浅层地温能等可再生能源来提高非化石能源在一次能源中的比重。

（3）节能和提高能效。积极探索实施能源总量控制制度，同时加强工业、冶金、焦化、建材、化工行业重点领域节能，加快节能技术开发和推广应用。

（4）努力增加碳汇。各省通过深入推进造林绿化、加强森林抚育经营、积极开展碳汇造林、提高碳捕获、利用与封存能力等措施，加大宣传力度，创新组织形式，吸纳多渠道资金，推进碳汇林业快速发展。

（5）开展试点示范建设。选择基础较好、示范带动作用大的城市、园区、企业、社区和公共机构，开展全方位、多层次的低碳试点示范建设，以试点示范建设为抓手，调动各方参与应对气候变化工作的积极性，探索低碳发展模式和路径，促进各省生产和生活方式低碳化转变。

案例：河北省"十二五"应对气候变化规划减缓政策

作为7 000万人口大省，河北经济总量在全国排第六位，经济发展水平并不高，是典型的资源依赖型经济，国民经济中服务业比重提高缓慢，工业中高能耗重化工业比重居高不下。钢铁产能及产量占全国1/4左右。冶金、石化、建材、煤炭等高能耗行业占规模以上工业能耗的90%左右。能源结构不合理，"多煤少气"，减少碳排放缺乏清洁能源保障。针对上述特点，河北主要采取了以下减缓政策措施：

①构建低碳产业发展格局。压减高碳行业产能，发展壮大战略性新兴产业，围绕新能源、新一代信息技术、生物医药、高端装备制造、新材料、海洋经济、节能环保、新能源汽车等比较有优势的领域，谋划和建设一批重大产业创新发展工程。加快发展现代服务业。推进全省服务业发展先行区、示范区和改革试点。开展金融企业入冀工程；实施钢铁、煤炭、

铁矿石、农产品等大宗商品交易平台建设工程，培育32个省级现代物流产业聚集区，促进物流业与制造业融合发展。

②优化能源结构。把推进煤炭清洁高效利用放在首要位置，把扩大天然气利用规模作为清洁能源重要支撑，把开发利用新能源作为优化能源结构的重要途径，大力发展分布式太阳能，安全利用核能，加快海上风电基地建设。

③提高能源利用效率。着力推进工业节能减碳。推动低碳技术研发、示范和产业化，运用低碳技术改造提升传统工业产业。着力推进城镇建设、交通节能减碳。着力推进社会综合节能减碳和农业农村节能减碳。

④增加森林碳汇。着力实施好京津风沙源治理、退耕还林、三北五期、沿海防护林、太行山绿化和平原林网等国家造林绿化工程；增加农田、草原和湿地碳汇，继续实施退牧还草、沙漠化治理等生态工程建设。

2. 适应

各省（自治区、直辖市）针对地区气候特点，在农业、林业、水利、海洋、生物多样性、防灾减灾和人群健康等领域采取了一系列适应气候变化政策措施。主要包括：

（1）增强农业生产适应能力。各农业大省（辽宁、吉林、黑龙江、山东等）针对气候变暖的地域特点，提出通过调整农业结构，培育优良品种，加强农田基础设施建设，加强病虫害的预防和治理工作等措施，提高农业适应气候变化能力。

（2）强化林业和其他自然生态系统适应能力。通过加大林木良种选育和应用力度，培育健康优质森林，科学配置林种，优化造林模式；建立和完善湿地保护管理体系，加快湿地自然保护区、湿地公园建设和省重要湿地确认与建设。辽宁、新疆、宁夏等省和地区提出强化荒漠和沙化土地治理，采取生物措施与其他措施相结合的方式进行沙化土地综合治理，有效保护和恢复林草植被。

（3）加强自然保护区建设和生物多样性保护。优化森林、湿地、荒漠生态系统自然保护区布局，开展自然保护区遗传资源调查和区域引种试验，完善野生动物基因保存、生物多样性保护、生态保护管理，推进生物多样性保护计划，通过类型补缺，空间布局的优化，建立类型多样、分布合理、面积适宜、建设和管理科学、效益良好的自然保护区网络。

（4）提高水资源适应气候变化的能力。通过积极开发利用水资源，加强水利设施建设；按照优先利用地表水，合理开采地下水，鼓励使用中水、海水、劣质水的原则，科学确定各类用水规模和时序，合理配置水资源。辽宁等沿海省份提出通过推进海水利用，海水淡化及其他小型供水工程，有效缓解水资源紧张状况和实现城市供水安全保障。

（5）增强沿海地区适应气候变化能力。通过加快沿海省、市、县三级海洋环境监测观测能力建设，开展海洋领域对气候变化的分析评估和预测；通过开展海洋灾害的成因研究、预警预报和分析评估，提高海洋灾害预警预报能力。

（6）提高气候防灾减灾能力。通过加强气候灾害预监测能力建设，加强极端气候事件的监测和预测能力，提高对重大气候灾害预报的准确性和时效性。重点做好灾害性、关键性、转折性重大天气预报、预警和大范围高温热浪、洪涝、干旱、风暴、寒潮等极端天气气候事件的预报工作，建立健全极端灾害天气应急体系。

（7）增强人群健康适应气候变化能力。通过加强气候变化相关疾病研究，建立气候变化对人体健康影响监测预警系统。重点开展与气候变化相关的敏感性疾病筛查。开展气候变化对人体健康影响的科普宣传与培训。

案例：新疆"十二五"应对气候变化规划适应政策

新疆位于欧亚大陆腹地，面积 166 万平方公里，占全国的六分之一，自然环境迥异，形成高寒山地、森林、绿洲和荒漠等特色鲜明的生态系统，但植被稀少，土地沙漠化、土壤盐碱化，生态环境十分脆弱，适应气候变化任务重。新疆采取的适应政策措施包括：

①加强水资源管理和利用。水资源的安全、保护、开发和永续利用是新疆主动适应气候变化的重要工作。优化水资源配置，实施最严格的水资源管理制度，坚决执行用水总量控制、用水效率控制和水功能区限制纳污三条红线；加强重大水利基础设施建设，着力解决水资源时间分布不均，防洪、抗旱、保障供水控制调节能力不足等问题。建设一批山区控制性水利工程、跨流域调水工程及标准化堤防工程，启动一批流域综合治理工程，加强以高效节水为重点的农田水利建设，加快灌区配套和节水改造，加快山区人工增雨（雪）工程建设，大力开发空中水资源。

②推进生态功能区建设。依据《国家重点生态功能保护区规划纲要》和《新疆维吾尔自治区主体功能区规划》，进一步优化布局，切实解决区域气候变化带来的生态环境失稳和生态功能退化问题。构筑由阿尔泰山地森林、天山草原森林和帕米尔—昆仑山—阿尔金山荒漠草原三大生态屏障，以及环塔里木、准噶尔两大盆地边缘绿洲区组成的"三屏两环"生态安全战略格局。积极推进重点生态功能区天然林资源保护、退耕还林、退牧还草、风沙源治理、防护林体系建设、野生动植物保护、湿地保护与恢复等，开展重点生态功能区气候区划、气候可行性和气象灾害风险评估。针对区域气候变化带来的物种活动区域漂移、优势物种盛衰，加强生物多样性保护。

③增强农业适应气候变化能力。加快调优农业结构，促进优势农产品向优势产区集中，大力培育和推广抗旱、抗病虫草害等抗逆品种，加大盐碱地改良、低产田改造力度；提高森林抚育经营技术，加强森林火灾、野生动物疫源疾病、有害生物防控体系建设，积极推进特色林果业和旅游业提质增效，使富民兴林与适应气候变化相辅相成、良性互动。坚持草畜平衡，合理确定载畜量，推行定量放牧、休牧及轮牧模式，实施草原生态保护工程。

④健全完善防灾减灾体系。健全政府主导、部门联动、社会参与的防灾减灾体系，编制主要气象灾害风险区划，针对极端气候事件加剧趋势加

强气候灾害风险管理；加大防灾减灾基础设施建设力度，加强重点区域和重点河段的防洪基础设施建设，完善城镇供排水、供气、供电等设施，提高公共设施的防灾减灾能力。

3. 能力建设

各省（自治区、直辖市）通过加强组织和机构建设、强化人才队伍建设和专业能力培训等政策措施，提高省级应对气候变化能力。主要政策措施包括：

（1）加强应对气候变化科研队伍建设。将应对气候变化、发展低碳经济等知识纳入科普教育和素质教育，培育应对气候变化研究及实践后备队伍。鼓励和引导省内大型企业、院校、科研机构结成产、学、研、孵技术创新联盟，扶持重点企业建设低碳技术研发中心。

（2）加快温室气体统计和核算队伍建设。适当增加省、市、县统计部门从事温室气体统计和核算的人员编制，并保障温室气体统计核算工作的经费投入；加强对统计人员温室气体统计和核算的业务知识培训，提高从业人员业务素质；发挥科研院所、非政府组织等机构的作用，培养和锻炼温室气体统计和核算队伍，建立省、市、县三级温室气体排放统计核算队伍。

（3）构建应对气候变化战略与政策研究专家队伍。依托高等院校和科研院所，以应对气候变化领域的国家重大科技专项、重点课题工程及国内外学术交流合作项目为平台，重点培养温室气体统计核算体系建立、温室气体清单编制、碳排放权交易、减缓和适应气候变化相关技术和政策研究等相关领域人才，促进全省应对气候变化工作。

（4）加强国际国内交流。通过加强与国家发改委等部门的信息交流，动态了解国家相关政策和技术、资金支持。同时通过开展国际合作，积极推进温室气体基础统计、低碳技术研发和应对气候变化能力建设等领域的国际交流合作。辽宁等省还提出充分利用外国政府、国际组织提供的资金，支持省内应对气候变化领域的基础性研究与技术研发。

浙江省应对气候变化规划（2013—2020 年）能力建设政策措施

浙江低碳发展处于全国领先水平，2012 年度节能目标责任评价考核和控制温室气体排放目标责任试评价考核结果分别为超额完成和优秀等级。"十三五"期间，作为东部沿海省份，浙江所受的碳排放约束将进一步增强，绿色低碳可持续发展面临进一步压力。浙江提出的强化基础能力建设措施包括：

①加强应对气候变化统计工作。建立应对气候变化基础统计制度。完善能源活动、工业生产过程、农业活动、土地利用变化和林业、废弃物处理等领域的温室气体基础统计与调查制度，并逐步纳入政府统计指标体系。逐步建立重点排放单位温室气体排放和能源消费的台账记录及数据直报制度。建立温室气体排放核算工作机制。逐步构建覆盖省、市、县三级和重点排放单位的年度温室气体排放核算工作机制，制定重点行业、重点企业温室气体排放核算方法与报告指南等相关制度，开展温室气体现状监测，建立和完善森林碳汇监测计量体系。

②增强基础科技支撑。加强气候变化战略政策研究。开展全省应对气候变化战略、适应气候变化方案等方面的研究，开展我省碳排放峰值路径及支撑体系等研究。加强气候变化监测预测研究。加强气候变化评估、提高对气候变化敏感性、脆弱性和预报性研究水平。加强气候变化影响及适应研究。加强气候变化影响的机理与评估方法研究。

③强化技术研发与推广。强化重点领域技术研发。能源领域重点推进风力发电、太阳能发电、核能、海洋能、智能电网、储能、中低温地热发电、浅层地温能等方面的先进技术研发。工业领域重点推进电力、钢铁、建材、有色、化工和石化等高耗能行业重大节能技术与装备研发。交通领域重点推进新能源汽车等技术研发。建筑领域重点推进绿色建筑、节能建材、炉等技术研发。农林领域重点加强农业活动领域碳排放基础研究，推动二氧化碳捕集、利用和封存（CCUS）技术研发。加强重点领域技术应用。完善推广应用机制。建立低碳技术评价认定体系，形成低碳技术遴

选、示范和推广动态管理机制，编制低碳技术推广目录。引导企业、高校、科研院所等根据自身优势建立低碳技术创新联盟，形成技术研发、示范应用和产业化联动机制。

④加强人才队伍建设。建设省气候变化研究交流平台。强化人才培养和队伍建设。加强战略与政策、统计核算、新闻宣传等领域专家队伍建设，建立省应对气候变化专家委员会。健全相关支撑和服务机构。发挥行业协会和专业服务机构在应对气候变化工作中的作用，加强和引导社会中介组织的功能建设，建立中介服务企业资质管理制度，规范市场秩序。发挥民间组织作用。

（三）省级应对气候变化政策实施机制

为推动省级应对气候变化规划规定的目标任务和各项政策措施落实，地方围绕组织领导、智力支撑、政策导向、投入保障等方面加强实施机制。

在组织领导方面，根据《应对气候变化国家方案》有关要求，自 2007 年以来各省不断建立健全应对气候变化的管理体系、协调机制和专门机构，相继成立了由政府主要领导任组长、有关部门参加的应对气候变化工作领导小组，负责领导各省应对气候变化工作。目前全国各省（区、市）均已建立应对气候变化领导机构。同时，12 个省份在省级发展改革部门成立了应对气候变化处，其他各省均设立了应对气候变化工作机构，具体承担拟订和实施各省应对气候变化方案及相关规划编制，组织开展清洁发展机制项目工作，进行应对气候变化能力建设，指导气候变化领域对外合作。此外，各省还不断推动建立应对气候变化领域的相关服务、咨询机构。

在智力支撑方面，依托省级发展规划研究机构、环境保护科研单位、农业林业科研部门和高等院校，开展气候变化科学研究和监测、影响评估及对策研究工作。天津市组织市科研单位和南开大学等高校开展了低碳经济指标体系、低碳发展模式等研究。各地高等院校相继成立了气候变化和低碳经济研究机构，为地方应对气候变化提供了智力支撑。

在政策导向方面，完善有利于减缓和适应气候变化的相关法规，依法推进应对气候变化工作。根据各地区在地理环境、气候条件、经济发展水平等方面的具体情况，因地制宜地制定应对气候变化的相关政策措施，建立与气候变化相关的统计和监测体系，组织和协调本地区应对气候变化的行动。为推动《应对气候变化国家方案》的实施，各级政府机构进一步完善产业政策、财税政策、信贷政策和投资政策，充分发挥价格杠杆的作用，形成有利于减缓温室气体排放的体制机制，增加应对气候变化工作的财政投入。

在投入保障方面，各省综合运用专项资金、中国清洁发展机制基金、产业引导基金、投资补助、贷款贴息等多种手段，引导社会资本广泛投入应对气候变化领域，鼓励拥有先进低碳技术的企业进入基础设施和公用事业领域，支持外资投入低碳产业发展、适应气候变化重点项目及低碳技术研发应用。引导银行业金融机构建立和完善绿色信贷机制，鼓励金融机构创新金融产品和服务方式。积极发挥各类股权投资基金在低碳发展中的作用。

（四）省级应对气候变化工作进展

在各省（市、区）的努力下，各省应对气候变化规划得到了较好的贯彻落实，高耗能高排放产业发展得到控制，产业结构升级不断深化，非化石能源发展迅猛，能源结构不断优化，在减缓和适应领域均取得了较好的效果，基本完成了"十二五"期间碳强度下降约束性目标，绿色发展低碳的理念和发展模式正在逐步深入人心，为"十三五"应对气候变化工作奠定坚实基础。

从各省碳强度指标完成情况来看，根据国家发展改革委 2015 年底考核结果，北京、天津、河北、山西、内蒙古、辽宁、吉林、上海、江苏、浙江、安徽、湖北、广东、广西、重庆、四川、贵州、云南和陕西 19 个省、区、市考核评估结果为优秀等级；黑龙江、福建、江西、山东、河南、湖南、海南、甘肃、青海和宁夏 10 个省（区）为良好等级；西藏和新疆为合格等级。

从规划目标完成情况来看，根据国家发展改革委对各省评估考核结果，"十二五"期间，全国共有 29 个地区第三产业增加值比重有所上升，升幅在 1.3—15.9 个百分点；根据各地区自评估报告，30 个地区完成了国家下达的能耗强度降低目标，降幅在 10%—30.4%；29 个地区非化石能源消费（发电）占一次能源消费比重均有所上升，升幅在 0.8—15.2 个百分点；23 个地区煤炭占能源消费总量比重有所下降，降幅在 2.3—15.8 个百分点；各地区均完成了"十二五"规划提出的新增造林面积和森林抚育面积；各地深入推进各类低碳试点示范，积极探索各具特色的低碳发展模式和制度创新。

各省积极探索符合实际的低碳发展模式，并取得初步成效。广东省大力推进产业结构调整和经济发展方式转变，提出"腾笼换鸟"，加快战略性新兴产业和服务业发展，抑制高耗能、高排放产业盲目扩张，通过积极发展核电等低碳能源优化能源结构，推动产业体系和消费模式向低碳绿色转型；辽宁省以结构调整为主线，以规模化、集群化、高端化、低碳化为发展方向，以沿海经济带和沈阳经济区为重点，加快以低碳技术改造传统产业，发展现代工业，大力淘汰落后产能，推动形成以低碳排放为特征的经济发展模式；湖北省加快钢铁、石化、汽车等传统制造业技术改造步伐，不断降低重点企业能耗水平，加快发展节能型汽车和新能源汽车、光纤、信息、太阳能等产业，打造先进制造业基地，积极探索低碳发展的新途径；陕西省加快发展飞机制造、机床等装备制造业、现代农业和旅游等新兴服务业，全力推进"气化陕西"工程，大力开展退耕还林还草等重点生态工程建设，努力建设生态环境良好的西部新家园；云南省利用资源优势，大力发展水电、太阳能、生物质能等非化石能源，把旅游、商贸作为支柱产业，加大扶持力度，持续开展造林和森林经营活动，森林覆盖率达到 50% 以上，对维护区域生态平衡发挥了重要作用，目前云南省水电与火电的装机比例达到 61∶39，水电比重位居全国前列。

二、中国应对气候变化试点示范

围绕积极应对气候变化，相关部门和地方政府根据实际，积极开展低碳发展和适应气候变化试点示范，探索建立了各具特色的试点示范政策体系。

（一）低碳省区和低碳城市试点

1. 试点开展情况

2010 年 7 月，国家发展改革委发布《国家发展改革委关于开展低碳省区和低碳城市试点工作的通知》，统筹考虑各地方的工作基础和试点布局的代表性，选择广东、辽宁、湖北、陕西、云南五省和天津、重庆、深圳、厦门、杭州、南昌、贵阳、保定八市作为首批试点。2012 年，国家发展改革委又确定在海南省和北京、上海、石家庄等 29 个省市开展第二批低碳省区和低碳城市试点工作。2016 年，国家发展改革委办公厅印发《关于组织推荐第三批低碳城市试点的通知》，开展了第三批低碳城市试点评选工作，确定在内蒙古自治区乌海市等 45 个城市（区、县）开展试点工作。

2. 试点目标

各试点地区在实施方案中，根据自身经济社会发展战略需求和低碳发展实际，提出了试点目标任务。在第一批"五省八市"中，深圳市率先提出在 2017—2020 年期间达到碳排放峰值；第二批 29 个试点省市均明确提出碳排放峰值目标或总量控制目标，北京、广州和镇江承诺到 2020 年实现排放峰值，比国家达峰年份提前约 10 年；武汉将于 2022 年达到二氧化碳排放峰值；贵阳、吉林和金昌将最晚达峰年份确定为 2025 年，延安为 2029 年；海南省提出将于 2030 年实现峰值。第三批低碳城市试点也确定了达峰年份和创新重点。具体情况见表 4-2 和表 4-3。

表 4-2　第二批低碳试点省市峰值目标年份

省/市	峰值目标年	省/市	峰值目标年
宁波	2018 年	武汉	2022 年

续表

省/市	峰值目标年	省/市	峰值目标年
温州	2019 年	深圳	2022 年
北京	2020 年左右	营城	2023 年
苏州	2020 年	赣州	2023 年
镇江	2020 年左右	吉林市	2025 年
南平	2020 年左右	贵阳	2025 年前
青岛	2020 年	金昌	2025 年前
广州	2020 年底前	延安	2029 年前
海南省	2030 年前	四川省	2030 年前
池州	2030 年	桂林	2030 年左右
广元	2030 年	遵义	2030 年左右
乌鲁木齐	2030 年		

数据来源：网络公开信息。

表 4-3　第三批低碳城市试点目标及创新点

省份	序号	城市	峰值年	创新重点
内蒙古	1	乌海市	2025	1. 建立碳管理制度 2. 探索重点单位温室气体排放直报制度 3. 建立低碳科技创新机制 4. 推进现代低碳农业发展机制 5. 建立低碳与生态文明建设考评机制
辽宁	2	沈阳市	2027	1. 建立重点耗能企业碳排放在线监测体系 2. 完善碳排放中央管理平台
	3	大连市*	2025	1. 制定推广低碳产品认证评价技术标准 2. 建立"碳标识"制度 3. 建立绿色低碳供应链制度
	4	朝阳市*	2025	1. 建立碳排放总量控制制度 2. 建立低碳交通运行体系
黑龙江	5	逊克县*	2024	1. 探索低碳农业发展模式和支撑体系

省份	序号	城市	峰值年	创新重点
江苏	6	南京市	2022	1. 建立碳排放总量和强度"双控"制度 2. 建立碳排放权有偿使用制度 3. 建立低碳综合管理体系
	7	常州市	2023	1. 建立碳排放总量控制制度 2. 建立低碳示范企业创建制度 3. 建立促进绿色建筑发展及技术推广的机制
浙江	8	嘉兴市*	2023	1. 探索低碳发展多领域协同制度创新
	9	金华市*	2020 左右	1. 探索重点耗能企业减排目标责任评估制度
	10	衢州市	2022	1. 建立碳生产力评价考核机制 2. 探索区域碳评和项目碳排放准入机制 3. 建立光伏扶贫创新模式与机制
安徽	11	合肥市	2024	1. 建立碳数据管理制度 2. 探索低碳产品和技术推广制度
	12	淮北市	2025	1. 建立新增项目碳核准准入机制 2. 建立评估机制和目标考核机制 3. 建立节能减碳监督管理机制 4. 探索碳金融制度创新 5. 推进低碳关键技术创新
	13	黄山市	2020	1. 实施总量控制和分解落实机制 2. 发展"低碳+智慧旅游"特色产业
	14	六安市	2030	1. 开展低碳发展绩效评价考核 2. 健全绿色低碳和生态保护市场体系
	15	宜城市	2025	1. 探索低碳技术和产品推广制度创新
福建	16	三明市	2027	1. 建立碳数据管理机制 2. 探索森林碳汇补偿机制
江西	17	共青城市	2027	1. 建立低碳城市规划制度
	18	吉安市	2023	1. 探索在农村创建低碳社区及碳中和示范工程
	19	抚州市	2026	1. 在资溪县创建碳中和示范区工程
山东	20	济南市	2025	1. 探索碳排放数据管理制度 2. 探索碳排放总量控制制度 3. 探索重大项目碳评价制度

省份	序号	城市	峰值年	创新重点
山东	21	烟台市	2017	1. 探索碳排放总量控制制度 2. 探索固定资产投资项目碳排放评价制度 3. 制定低碳技术推广目录
	22	潍坊市	2025	1. 建立"四碳合一"制度 2. 建设碳数据信息平台
湖北	23	长阳土家族自治县	2023	1. 在清江画廊旅游区、长阳创新产业园、龙舟坪郑家榜村创建碳中和示范工程
湖南	24	长沙市	2025	1. 推进试点"三协同"发展机制 2. 建立碳积分制度
	25	株洲市	2025	1. 推进城区老工业基地低碳转型 2. 创建城市低碳智慧交通体系
	26	湘潭市	2028	1. 探索老工业基地城市低碳转型示范
	27	郴州市	2027	1. 建设绿色金融体系
广东	28	中山市	2023—2025	1. 深化碳普惠制度体系
广西	29	柳州市	2026	1. 建立跨部门协同的碳数据管理制度 2. 建立碳排放总量控制制度 3. 建立温室气体清单编制常态化工作机制
海南	30	三亚市	2025	1. 选择独立小岛区域创建碳中和示范工程
	31	琼中黎族苗族自治县	2025	1. 建立低碳乡村旅游开发模式 2. 探索低碳扶贫模式和制度
四川	32	成都市	2025 之前	1. 实施"碳惠天府"计划 2. 探索碳排放达峰追踪制度
云南	33	玉溪市	2028	1. 建立重点企业排放数据报送监督与分析预警机制 2. 制定园区/社区排放数据的统计分析工作规范
	34	普洱市思茅区	2025 之前	1. 建设温室气体排放基础数据统计管理体系
西藏	35	拉萨市	2024	1. 创建碳中和示范工程
陕西	36	安康市	2028	1. 试点实施"多规合一" 2. 建立碳汇生态补偿机制 3. 建立低碳产业扶贫机制

省份	序号	城市	峰值年	创新重点
甘肃	37	兰州市	2025	1. 探索多领域协同共建低碳城市 2. 建设跨部门发展和工作管理平台
	38	敦煌市	2019	1. 全面建设碳中和示范工程
青海	39	西宁市	2025	1. 建立居民生活碳积分制度
宁夏	40	银川市	2025	1. 健全低碳技术与产品推广的优惠政策和激励机制 2. 推进低碳技术与产品平台建设 3. 建立发掘、评价、推广低碳产品和低碳技术的机制
	41	吴忠市	2020	1. 在金积工业园区创建碳中和示范工程
新疆	42	昌吉市	2025	1. 创建碳排放总量控制联动机制 2. 建设碳排放数据管理平台和数据库 3. 建立固定资产投资碳排放评价制度
	43	伊宁市	2021	1. 开展政府部门低碳绿色示范 2. 探索创建低碳技术推广服务平台 3. 建立碳汇补偿机制
	44	和田市	2025	1. 建立碳排放总量控制制度 2. 建立企业碳排放总量考评管理制度 3. 建立重大建设项目碳评制度 4. 创建碳排放管理综合服务平台
新疆生产建设兵团	45	第一师阿拉尔市	2025	1. 探索总量控制和碳数据管理制度 2. 推广低碳产品和技术 3. 探索新建项目碳评估制度

资料来源：国家发改委关于开展第三批国家低碳城市试点工作的通知。

3. 政策概览

各试点省和城市积极明确工作方向，编制低碳发展规划，探索适合本地区的低碳绿色发展模式，构建以低碳、绿色、环保、循环为特征的低碳产业体系，建立温室气体排放数据统计和管理体系，确立控制温室气体排放目标责任制，积极倡导低碳绿色生活方式和消费模式，进行了一系列的政策和制度创新。

一是编制低碳发展规划。试点省和试点城市将应对气候变化工作全面纳入本地区经济社会发展中长期规划，研究制定试点省和试点城市低碳发展规划。发挥规划综合引导作用，将调整产业结构、优化能源结构、节能增效、增加碳汇等工作结合起来，明确提出本地区控制温室气体排放的行动目标、重点任务和具体措施，降低碳排放强度，积极探索低碳绿色发展模式。

二是制定支持低碳绿色发展的配套政策。发挥应对气候变化与节能环保、新能源发展、生态建设等方面的协同效应，积极探索有利于节能减排和低碳产业发展的体制机制，实行控制温室气体排放目标责任制，探索有效的政府引导和经济激励政策，研究运用市场机制推动控制温室气体排放目标的落实。比如浙江省杭州市采取综合政策措施，积极创建低碳经济、低碳交通、低碳建筑、低碳生活、低碳环境、低碳社会"六位一体"的低碳示范城市。北京、镇江等城市创新性地探索开展新建项目碳评估制度。镇江市率先制定了《镇江市固定资产投资项目碳排放影响评估暂行办法》。北京市通过修订完善并出台节能评估管理办法，明确将二氧化碳排放评价作为固定资产投资项目节能评估和审查的重要组成部分，引导项目建设单位优化能源使用和控制碳排放方案，组织有关部门和企业开展了碳评工作培训。此外，广东、湖北、重庆探索开展了低碳产品认证试点示范。上海市探索碳排放精细化管理，由上海市发展改革委统筹协调、统一部署相关工作。

三是加快建立以低碳排放为特征的产业体系。结合当地产业特色和发展战略，加快低碳技术创新，推进低碳技术研发、示范和产业化，积极运用低碳技术改造提升传统产业，加快发展低碳建筑、低碳交通，培育壮大节能环保、新能源等战略性新兴产业，密切跟踪低碳领域技术进步最新进展，积极推动技术引进消化吸收再创新或与国外的联合研发。

四是建立温室气体排放数据统计和管理体系。加强温室气体排放统计工作，建立完整的数据收集和核算系统，加强能力建设，提供机构和人员保障。比如内蒙古自治区呼伦贝尔市结合当地自然条件、资源禀赋和经济基础等方面情况，建立温室气体排放数据统计和管理体系，建立控制温室气体排放目标责任制。

五是积极倡导低碳绿色生活方式和消费模式。举办面向各级、各部门领导干部的培训活动，提高决策、执行等环节对气候变化问题的重视程度和认识水平。大力开展宣传教育普及活动，鼓励低碳生活方式和行为，推广使用低碳产品，弘扬低碳生活理念，推动全民广泛参与和自觉行动。

4. 进展与效果评估

根据试点工作要求，各试点省市成加快落实各项目标任务，特别是围绕实现峰值目标，从多个方面系统梳理了各自的排放特点、排放规律，加强实现峰值目标的路径和制度研究设计，加快推动产业结构调整和能源结构低碳转型。例如，宁波等试点城市明确了电力、石化和钢铁等重点排放行业产能总量控制目标。北京、上海、宁波、广州等试点城市划定了禁止销售使用煤炭等高排放燃料区域，基本实现了城市核心区无煤化。前两批42个试点省（市）中，13个试点建立了低碳发展专项资金，36个试点建立起碳减排控制目标分解考核机制。根据国家发展改革委近几年组织开展的年度控制温室气体排放目标责任试评价考核结果，列入试点的省（直辖市）碳强度下降平均幅度高于全国总体下降幅度，广东、湖北、北京、天津、上海和云南等试点省市超额完成了"十二五"目标，其他试点地区碳强度完成情况也显著好于同类地区。2015年9月，在第一届中美气候领导峰会上，北京、深圳、广州等11个省、市共同发起成立"率先达峰城市联盟（APPC）"。这将为推动中国2030年左右二氧化碳排放达到峰值提供强有力的支持，并为城市低碳发展提供实践样本。2016年，国家发展改革委气候司组织有关专家分三批对试点进行经验总结和评估交流，推动试点工作深入开展。

（二）低碳工业园区试点

1. 试点开展情况

2013年10月，工业和信息化部与国家发展改革委联合开展国家工业园区试点工作，发布了《关于组织开展国家低碳工业园区试点工作的通知》。《通知》指出，以产业集群为特征的产业园区是中国经济发展的重要形式和主要力量。工业园区作为中国重要的产业园区类型之一，对推动工业低碳发展意义重大。选择基础较好、减排潜力较大的工业园区开展低碳工业园区试点，探索形成产业高度集聚、地区行业特色鲜明、碳生产力高的园区低碳发展新模式，转变当前过多依赖能源资源物质投入、盲目追求规模的粗放发展模式，对于提升工业园区低碳发展水平、促进工业低碳转型、推进中国特色新型工业化进程有重要作用。开展低碳工业园区试点，对增强产业竞争力具有重要意义。低碳技术创新和产业化是新一轮全球经济转型和产业升级的核心内容，是各国争夺国际产业竞争的制高点。开展低碳工业园区建设试点，建立低碳技术研发和产业化公共平台，加快传统产业的低碳化改造，培育低碳战略新兴产业，打造一批具有国际竞争力的低碳企业和低碳产品，对于提升中国工业整体技术水平和竞争力至关重要。2014 年 6 月，工业和信息化部与国家发展改革委审核公布了第一批 55 家国家低碳工业园区试点名单，并陆续批复了 51 家低碳工业园区试点实施方案。试点重点围绕不同类型产业园区，通过优化产业结构、节约提高能效、加强可再生能源应用、加强低碳基础设施建设和低碳管理，推动形成各具特色的低碳产业集群和园区发展模式。

　　2. 目标和政策概览

　　低碳园区试点旨在探索新型工业化的现实途径，推动工业低碳发展与转型升级。试点工作的总体目标是：大力使用可再生能源，加快钢铁、建材、有色、石化和化工等重点用能行业低碳化改造；通过三年左右的时间，创建一批特色鲜明、示范意义强的国家低碳工业园区试点，打造一批掌握低碳核心技术、具有先进低碳管理水平的低碳企业，形成一批园区低碳发展模式。试点园区单位工业增加值碳排放大幅下降，试点园区碳排放强度达到国内行业先进水平，传统产业低碳化改造和新型低碳产业发展取得显著成效，引领和带动工业低碳发展。从试点园区的实施方案看，各试点园区的核心目标是提升园区的低碳竞争力，围绕实现这一核心目标制定了包含产业低碳化、能源低碳化、基础设施低碳化、管理低碳化等一系列子目标，形成了低碳发展的指标体系。低碳工业园区试点的主要政策措施包括：

一是大力推进低碳生产。这是低碳园区试点的重点任务。主要是加强低碳生产设计，围绕工业生产源头、过程和产品三个重点，把低碳发展的理念和方法落实到企业生产全过程。提高园区能源、资源利用效率，加快传统制造业转型升级，通过原料替代、改善生产工艺、改进设备使用等措施，加快钢铁、建材、有色、石化和化工等重点用能行业低碳化改造，降低工业生产中化石能源消耗的碳排放，减少工业过程温室气体排放。积极推动低碳新型产业的发展，培育一批引领未来产业发展方向、具有国际竞争力的低碳产业和企业，发展生产性服务业等，推动园区产业低碳化发展。改善工业用能结构，推行分布式能源，建设园区智能微电网，提高生产过程中太阳能、风能、生物质能等可再生能源使用比例。优化产业链和生产组织模式，建立企业间、产业间相互衔接、相互耦合、相互共生的低碳产业链，促进资源集约利用、废物交换利用、废水循环利用、能量梯级利用。制定严格的园区低碳生产和入园标准，对高碳落后产能和企业进行强制性淘汰，对入园企业和新建项目实行低碳门槛管理。比如北京市在试点园区建设中，加强企业用能、用水管理，推动企业向专业园区集聚，促进企业能源设施共享，降低园区整体运行能耗。鼓励有条件的园区和企业发展热电联产和冷热电联供分布式能源，提高能源利用效率。

二是积极开展低碳技术创新与应用。建立低碳技术创新研发、孵化和推广应用的公共综合服务平台，推动企业低碳技术的研发、应用和产业化发展。瞄准全球新一代低碳技术发展方向，积极支持重大原创性核心低碳技术的研发，形成一批拥有自主知识产权的技术成果，引领中国产业低碳发展。开发应用源头减量、零排放技术，利用低碳技术推动传统产业的改造升级。组织开发先进适用的低碳技术、低碳工艺和低碳装备，推动新型低碳产业发展。以先进适用技术和关键共性技术为重点，制定低碳技术推广实施方案，促进低碳新技术、新工艺、新设备和新材料的推广应用，带动重点行业碳排放强度大幅度下降。建立低碳技术创新和推广应用的激励机制和融资平台，增强园区低碳技术创新能力和推广应用水平。比如福建在试点园区建设中，对园区实施循环化、低碳化改造，采用合理用能技术，能源资源梯级利用技术、可再生能源技术和资源综合利用技术，优化产业链和生产组织模式，加快改造传统产业，推动低碳型战略性新兴产业集聚发展，培育低碳产业集群。

三是创新低碳管理。建立健全园区碳管理制度，编制碳排放清单，建设园区碳排放信息管理平台，强化从生产源头、生产过程到产品的生命周期碳排放管理。加强企业碳排放的统计、监测、报告和核查体系建设，建立完善企业碳排放数据管理和分析系统，挖掘碳减排潜力。加强企业碳管理能力建设，增强企业低碳生产意识，提高碳管理水平。鼓励支持园区企业参加碳排放交易试点，建立碳排放总量控制和排放权有偿获取与交易的市场机制。推行低碳产品认证制度等，多途径探索企业碳管理新模式。比如浙江省依托国家低碳园区试点，研究制定省级低碳园区评价指标体系和标准规范，开展园区温室气体清单编制，建立园区碳排放管理体系，探索建立企业碳盘查、项目碳评估、产品碳认证制度，以低碳理念优化园区布局、产业体系和管理模式，着力在低碳能源、低碳物流、低碳建筑等方面采取措施，确保在单位 GDP 碳排放强度、碳排放管理水平上走在前列。

四是加强低碳基础设施建设。制定园区低碳发展规划，完善空间布局，优化交通物流系统，对园区水、电、气等基础设施建设或改造实行低碳化、智能化。加快淘汰小锅炉等低效供能设施，推广集中供热和热电冷三联供设施，提高能源利用效率。推广新能源和可再生能源的使用，鼓励在建筑、交通设施中安装太阳能、风能等可再生能源利用设施，提高园区可再生能源利用比例。完善园区垃圾分类收集、运输和处置体系以及污水管网和处理设施建设，提高废弃物资源化利用率。制定和实施低碳厂房标准，加强新建厂房低碳规划设计，加强对既有厂房的节能改造，提高厂房运行过程的能源利用效率，降低厂房生命周期碳排放。

五是加强国际合作。多途径、多层次地积极开展国际合作，把园区建设作为中国低碳产业国际合作的实验平台、交流平台和示范平台。加强低碳技术国际合作，跟踪国际低碳技术研发的前沿领域，积极引进尖端低碳技术，建立完善低碳技术合作研发、消化吸收、再创新、推广应用和产业化发展机制。加强低碳管理合作，利用现有国际合作机制、渠道和资金，积极开展温室气体核算、监测和核查等合作，开展企业温室气体管理能力建设，引进低碳产品认证等先进碳管理理念和方法，提高碳管理水平。创新低碳产业国际合作机制，在园区层面探索形成政府牵线与企业联姻、政府推动与市场运作的国际合作机制，扩大国际合作领域。加强园区低碳发展的国际宣传，通过举办国际论坛、参加国际会展等方式，展示园区低碳发展成就。

3. 进展与效果评估

根据国家有关工作部署，各省市已制定完成低碳工业试点园区的实施方案，逐步开展低碳工业园区的各项工作任务。通过试点工作的开展，试点园区在以下几个方面取得了积极进展。

推动了产业结构的低碳化。增加产品的科技含量、提高产品附加值，因地适宜引入节能环保、新一代信息技术、生物、高端装备制造、新能源、新材料和新能源汽车等战略性新兴产业，是各园区碳生产力升级的最重要途径。特别是部分建立时间较长的园区，受到土地等资源约束，发展空间受限，转型升级任务突出，试点的开展，为园区淘汰传统高污染、高耗能、高排放企业，通过"腾笼换鸟"实现园区产业的战略升级提高了契机。例如苏州工业园区将园区液氨冷库、印染、建材及小机械、小电子、小化工等行业确定为淘汰落后产能、促进转型升级专项治理行动的重点，2014—2016 年，淘汰、关停企业 53 家，同时加快发展生产性服务业、消费性服务业和高附加值新兴产业，着力推动传统产业向价值链高端升级。

提升了能源效率。各园区努力挖掘节能潜力，引进先进的节能技术，对各个生产环节进行节能改造。特别是部分高耗能产业园区，在提升能源利用效率方面仍有较大潜力。如内蒙古乌海经济开发区加强焦炉煤气回收和余热余压利用，完善能量梯级利用，提高重点企业和产业链的能源集约化利用水平；通过优化产业空间布局，促进园区提高产业关联度，提高能源集约化利用水平；通过建设园区燃气网络和热力网络，减少因分散供热所造成的能源浪费；通过实施工业锅（窑）炉改造、余热余压利用、电机系统节能、能量系统优化等先进适用的节能技术，降低产品碳强度。

推进了能源消费结构低碳化。加强太阳能、水能、风能等可再生能源的利用，限制高碳能源，尤其是煤炭的利用，是园区试点推进低碳发展的重要举措。如北京中关村永丰高新技术产业基地着重推进地源热泵技术、太阳能光伏和光热技术和加快余热利用系统建设，实现能源低碳化。天津滨海高新技术产业开发区华苑科技园着力建设"无燃煤区"、推广太阳能、风能、地热能、非化石水源热能等分布式能源、推广工业余热利用。江苏宜兴环保科技工业园致力于发展分布式供能系统、建设智能微网、推进"煤改气"、推广太阳能光伏和光热应用、推广地源热泵以及发展垃圾焚烧为主的生物质能源等推进能源低碳化。

促进了园区基础设施低碳化。通过园区内建筑、交通以及相关基础设施的改造，同时对园区内居民生活方式和办公方式进行低碳引导，推进生产生活方式低碳化。如浙江温州经济技术开发区制定出台《关于加快推动绿色建筑发展的实施意见》，加大绿色建筑评价标识制度的推进力度，在新建居住区、机构办公建筑及公共建筑，开展可再生能源与建筑一体化应用示范项目。江西南昌高新区通过政策引导、教育宣传、采取经济手段等鼓励社区居民低碳出行，对园区进行绿色物流规划，建立起包括生产商、批发商、零售商和消费者在内的物流系统。重庆双桥工业园区在科学划分总体布局的基础上，通过引导企业项目、公共服务和基础设施项目在各片区合理布局，充分发挥各基地产业集聚效应、低碳发展示范效益，以及循环链接效应，减少园区内车辆运输距离，降低交通物流能耗和碳排放量等。

(三) 低碳社区试点

1. 试点开展情况

"低碳社区"是指通过构建气候友好的自然环境、房屋建筑、基础设施、生活方式和管理模式，降低能源资源消耗，实现低碳排放的城乡社区。低碳社区试点是我国应对气候变化工作以及低碳发展试点示范的重要内容之一。

2014年，国家发展改革委印发《关于开展低碳社区试点工作的通知》，在全国启动低碳社区试点工作。2015年2月，国家发展改革委印发《低碳社区试点建设指南》，明确了试点建设的各项要求和部署，对低碳社区建设做出了总体安排，对城市新建社区、城市既有社区、农村社区的试点选取要求、建设目标、建设内容及建设标准进行分类指导，推动各地开展低碳社区建设。试点着重探索新型城镇化下新建社区、既有社区、农村社区不同的低碳发展模式，将低碳理念融入社区规划、建设、管理和居民生活之中，提高社区的宜居性和可持续性，有效控制城乡社区碳排放的途径，推动城乡社区低碳化发展，降低城市化过程中碳排放。

各地根据《低碳社区试点建设指南》以及相关要求，结合本地区实际情况，制定了具体的低碳社区建设和规划发展目标及相关政策，低碳社区试点工作在中国地方全面展开。

2. 目标和工作原则

低碳社区试点是中国城镇化低碳创新的重要探索。中国提出到"十二五"末，全国开展的低碳社区试点达到1 000个左右，并择优建设一批国家级低碳示范社区。结合城乡社区开发建设成熟度、生活方式特点和低碳建设内容等因素，中国将低碳社区试点分为城市新建社区试点、城市既有社区试点、农村社区试点三类。

中国开展低碳社区试点遵循以下基本原则：

一是统筹推进。低碳社区建设要积极贯彻落实国家生态文明建设、新型城镇化战略以及应对气候变化等重大战略部署，与低碳省区和城市试点、智慧城市、社会主义新农村建设、棚户区改造、保障性住房建设、绿色建筑、战略性新兴产业、循环经济等各项工作协同推进。

二是因地制宜。各地低碳社区试点建设要充分考虑不同地域的气候特征、地理特点、发展水平、发展模式等因素，坚持因地制宜、突出特色、量力而行、注重效果，科学确定本地区试点工作目标、建设重点，探索各具特色的低碳社区发展模式。

三是注重创新。低碳社区试点建设要加强制度创新、管理创新、技术创新、模式创新，发挥好政府引导和市场机制作用，推动各类社会主体广泛参与，积累社区低碳发展的新经验、新方法、新技术和新模式。

3. 城市新建社区试点

城市新建社区是指 50% 以上规划建设用地未开发或正在开发的社区。该类试点的关键是运用低碳规划理念来指导社区的建设、运营、管理全过程，做好源头控制。

（1）试点选取。优先选择城镇化建设重点区域及国家低碳城（镇）试点、低碳工业园区试点、国家新能源示范城市等范围内的社区，优先考虑开展保障性住房开发、城市棚户区改造、城中村改造等项目的社区，同时考虑试点社区开发建设责任主体，具有示范引领作用。

（2）建设指标。试点建设指标体系设置强调从规划建设环节提出高标准的准入要求，覆盖社区低碳规划、建设、运营管理的全过程。基于前瞻性和可操作性，设定了 10 类一级和 46 个二级指标，分约束性指标和引导性指标两类。

表 4-4　城市新建社区试点建设指标体系表

一级指标	二级指标	指标性质		目标参考值
碳排放量	社区二氧化碳排放下降率	约束性		≥20%（比照基准情景）
空间布局	建设用地综合容积率	约束性		1.2—3
	公共服务用地比例		引导性	≥20%
	产业用地与居住用地比率		引导性	1/3—1/4

一级指标	二级指标	指标性质		目标参考值
绿色建筑	社区绿色建筑达标率		引导性	≥70%
	新建保障性住房绿色建筑一星级达标率	约束性		100%
	新建商品房绿色建筑二星级达标率	约束性		100%
	新建建筑产业化建筑面积占比		引导性	≥2%
	新建精装修住宅建筑面积占比		引导性	≥30%
交通系统	路网密度	约束性		≥3公里/平方公里
	公交分担率	约束性		≥60%
	自行车租赁站点	约束性		≥1个
	电动车公共充电站	约束性		≥1个
	道路循环材料利用率		引导性	≥10%
	社区公共服务新能源汽车占比		引导性	≥30%
能源系统	社区可再生能源替代率	约束性		≥2%
	能源分户计量率	约束性		≥80%
	家庭燃气普及率	约束性		100%
	北方采暖地区集中供热率	约束性		100%
	可再生能源路灯占比		引导性	≥80%
	建筑屋顶太阳能光电、光热利用覆盖率		引导性	≥50%
水资源利用	节水器具普及率	约束性		≥90%
	非传统水源利用率		引导性	≥30%
	实现雨污分流区域占比		引导性	≥90%
	污水社区化分类处理率		引导性	≥10%
	社区雨水收集利用设施容量		引导性	≥3000m³/平方公里
固体废弃物处理	生活垃圾分类收集率	约束性		100%
	生活垃圾资源化率	约束性		≥50%
	生活垃圾社区化处理率		引导性	≥10%
	餐厨垃圾资源化率		引导性	≥10%
	建筑垃圾资源化率		引导性	≥30%

一级指标	二级指标	指标性质	目标参考值
环境绿化美化	社区绿地率	引导性	≥8%
	本地植物比例	约束性	≥40%
运营管理	物业管理低碳准入标准	约束性	有
	碳排放统计调查制度	约束性	有
	碳排放管理体系	约束性	有
	碳排放信息管理系统	引导性	有
	引入的第三方专业机构和企业数量	引导性	≥3个
低碳生活	基本公共服务社区实现率	约束性	100%
	社区公共食堂和配餐服务中心	约束性	有
	社区旧物交换及回收利用设施	约束性	有
	社区生活信息智能化服务平台	约束性	有
	低碳文化宣传设施	约束性	有
	低碳设施使用制度与宣传展示标识	引导性	有
	节电器具普及率	引导性	80%
	低碳生活指南	约束性	有

（3）规划引导。在此类试点中，最关键是将建设指标体系中的各项指标纳入社区规划，贯彻到土地利用规划、城市建设规划、控制性详细规划，落实到空间布局，分解到地块、建筑和配套设施。强化土地出让环节的低碳准入要求，推行紧凑型空间布局，倡导功能混合社区，鼓励以公共交通为导向（TOD）的开发模式，建立社区"15分钟生活圈"，强化社区不同功能空间的联通性和共享性。

（4）低碳基础设施。加强设计管控，落实有关指标，完善绿色建筑、低碳交通设施、低碳能源设施、水资源利用设施、固体废弃物处理设施以及低碳生活设施等。在社区基础设施建设过程中，要改变传统的建设理念，鼓励建造新型基础设施系统。如鼓励雨污分流，倡导污水社区化分类处理和回用，构建社区循环水务系统；创新社区垃圾处理理念，更加注重分类回收利用，支持资源回收利用企业进入社区设立分支机构和专业岗位，最大化实现垃圾资源回收利用，对厨余、园林等废弃物优先采用社区化处理方式。规划建设配套服务中心、公共食堂等便民生活配套设施。

（5）低碳运营与管理。推进低碳物业管理，建立社区碳排放管理系统和智慧管理平台。完善涵盖社区内各类碳排放主体的管理体系，加强社区碳排放统计核算。加强对社区重点排放单位碳排放智能管控。

（6）低碳生活。广泛开展低碳宣传教育，培育低碳文化，发展社区低碳商业，推行低碳服务，推广低碳装修。

4. 城市既有社区试点

城市既有社区是指已基本完成开发建设、基本形成社区功能分区、具有较为完备的基础设施和管理服务体系的成熟城市社区。此类社区低碳试点的重点是进行低碳化改造，削减碳排放总量。

（1）试点选取。该类试点应体现地域特色文化、城市建设特点，考虑社区类型、工作基础、减碳潜力、具有典型性。

（2）建设指标体系。突出降低社区碳排放量，共设定了9类一级指标和32个二级指标，分约束性指标和引导性指标。

表4-5　城市既有社区试点建设指标体系表

一级指标	二级指标	指标性质	目标参考值
碳排放量	社区二氧化碳排放下降率	约束性	≥10%（比照试点前基准年）
节能和绿色建筑	新建建筑绿色建筑达标率	约束性	≥60%
	既有居住建筑节能改造面积比例	约束性	北方采暖地区≥30%
	既有公共建筑节能改造面积比例	引导性	≥20%
交通系统	公交分担率	约束性	≥60%
	自行车租赁站点	约束性	≥1个
	电动车公共充电站	引导性	≥1个
	社区公共服务新能源汽车占比	引导性	≥20%

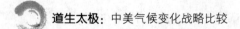

续表

一级指标	二级指标	指标性质		目标参考值
能源系统	社区可再生能源替代率		引导性	≥0.5%
	能源分户计量率	约束性		≥30%
	可再生能源路灯占比		引导性	≥30%
	建筑屋顶太阳能光电、光热利用覆盖率		引导性	≥10%
水资源利用	节水器具普及率	约束性		≥30%
	非传统水源利用率		引导性	≥10%
	社区雨水收集利用设施容量		引导性	≥1000m³/平方公里
固体废弃物处理	生活垃圾分类收集率	约束性		≥80%
	生活垃圾资源化率		引导性	≥30%
	餐厨垃圾资源化率		引导性	≥10%
环境美化	社区绿化覆盖率		引导性	≥5%
运营管理	开展社区碳盘查	约束性		有
	碳排放统计调查制度	约束性		有
	碳排放管理体系	约束性		有
	碳排放信息管理系统		引导性	有
	引入的第三方专业机构和企业数量		引导性	≥3个
低碳生活	低碳宣传设施	约束性		有
	低碳宣传教育活动	约束性		≥2次/年
	低碳家庭创建活动	约束性		有
	节电器具普及率		引导性	≥50%
	社区公共食堂和配餐服务中心	约束性		有
	社区旧物交换及回收利用设施	约束性		有
	社区生活信息智能化服务平台	约束性		有
	低碳生活指南	约束性		有

（3）改造方案。对试点社区碳排放现状进行评估，通过分析和评价，确定减碳的重点领域，然后编制低碳改造方案，建立试点推进机制。

（4）设施改造和运营管理。发挥低碳社区试点与节能、循环经济、资源综合利用等相关工作协同效应，加快既有建筑、交通设施、能源设施、水资源利用设施、垃圾处理设施、生活服务设施、社区环境等方面改造更新。健全物业低碳管理体系，强化社区碳排放管理，加强低碳宣传，推广低碳生活方式。

5. 农村社区试点

农村社区是指未纳入城区规划范围的行政建制村域。农村社区试点不同于城市社区，社区基础设施和管理薄弱，试点重点是显著改善农村人居环境，降低碳排放。

（1）试点选取。体现所在地区农村建设发展的特点，具有开展低碳建设工作的基础条件，优先支持国家扶贫开发地区、生态移民区、生态文明建设试点县的农村社区。

（2）建设指标。突出以低碳发展支撑农村人居环境改善，围绕村庄规划、建设和管理，设定了 10 类一级指标和 28 个二级指标，分约束性指标和指导性指标。

表 4-6　农村社区试点建设指标体系表

一级指标	二级指标	指标性质	目标参考值
碳排放量	社区二氧化碳排放下降率	约束性	8%（比照试点前基准年）
规划布局	村庄规划	约束性	有
	畜禽养殖区和居民生活区分离	引导性	是
绿色农房	新建农房节能达标率	引导性	≥50%
	既有农房节能改造率	引导性	≥50%
	人均建筑面积	引导性	45~55m²/人
交通系统	公交通达	引导性	有
	清洁能源和新能源汽车	引导性	有
能源系统	太阳能热水普及率	引导性	≥80%
	可再生能源替代率	约束性	≥5%
	家庭沼气/燃气普及率	引导性	≥50%

续表

一级指标	二级指标	指标性质		目标参考值
固体废弃物	生活垃圾集中收集率	约束性		100%
	生活垃圾资源化率		引导性	≥30%
	秸秆回收利用率	约束性		≥90%
水系统设施	饮用水达标率	约束性		100%
	节水器具普及率	约束性		≥50%
环境综合治理	生态保护和修复措施	约束性		有
	小流域综合治理措施		引导性	有
低碳管理	碳排放统计调查制度	约束性		有
	村庄保洁制度	约束性		有
	历史文化和风貌管控措施		引导性	有
	碳排放管理体系	约束性		100%
低碳生活	碳排放管理体系	约束性		有
	低碳生活示范户	约束性		有
	低碳宣传教育活动	约束性		≥2次/年
	节能器具普及率		引导性	≥50%
	清洁节能炉灶普及率		引导性	≥50%
	低碳生活指南	约束性		有

（3）规划建设要点。试点要结合当地资源、气候特点进行规划，鼓励使用本地能源资源和建筑材料。通过试点建设，在农村生活系统和农业生产系统之间建立有机链接。加强绿色农房、交通设施、低碳能源系统、垃圾处理设施、水资源利用设施、生态环境基础设施建设，提高农村社区低碳发展水平。低碳社区试点可以和新农村建设以及消除贫困工作协同推动，在降低碳排放的同时，改善农村公共服务和公共管理水平。

6. 进展与效果评估

各地按照工作部署，推进本地区低碳社区试点创建工作，拟定本地区低碳社区试点工作方案并组织实施。在试点工作中，贯彻国家相关战略的要求，将有关理念和要求融入到低碳社区规划、建设、运营管理和居民生活的过程中，充分考虑不同地域的特征，坚持因地制宜逐步探索并制定了各具特色的低碳社区发展模式。以北京为例，在公开征集基础上，经过专家评审和公示，将东城民安社区、西城丰汇园社区、朝阳泛海国际南社区、昌平新龙城社区、房山加州水郡社区5家社区作为首批低碳社区进行创建。这5个社区共有2.2万户，6.4万人，据专家初步测算，通过创建低碳社区，每人每年可减少二氧化碳排放0.7吨，预计每年可减少4.5万吨二氧化碳排放。天津市明确了低碳社区建设措施和近期目标，编写低碳市民行为导则和能源资源节约公约，在天津经济技术开发区选择2个住宅小区开展低碳社区示范工程，将先进的低碳理念和技术引入社区建设管理，开展家庭碳减排活动，引导绿色低碳的生活方式和消费模式。上海市提出结合大型居住区建设、新建社区和现有社区改造，鼓励开展低碳社区示范建设；浙江省提出研究制订低碳社区评价指标体系和标准规范，并在此基础之上选择一批基础较好、特色鲜明的社区开展低碳社区试点；福建省将低碳社区试点工作融入保障性住房建设、新型城镇化建设和社会主义新农村建设中，并推动建立"政府推动，社区主体，部门联动，全民参与"的低碳社区创建工作机制。广东省则重点选取城市中人口较密集、环境承载量大、有利于开展更新改造工程的社区，开展建筑节能改造、可再生能源利用等示范活动。结合岭南亚热带地区气候特征，推动新建社区在规划设计、建材选择、通风采光等方面实现绿色低碳化。四川省积极培育国家低碳小城镇和低碳社区。对试点工作成绩突出城市取得的成功经验和做法，及时向全省推广示范，在绵阳、广元、凉山等地开展低碳小城镇和社区试点。计划到2020年，建设低碳小城镇3—5个、低碳社区5—10个。云南省结合国家保障性住房建设和城市房地产开发，按照绿色、便捷、节能、低碳的要求，开展低碳社区建设，并积极创建"云南省低碳社区"，选择5个不同类型的社区，开展低碳社区建设试点。总投资1亿元。河北省低碳社区试点建设目标为到2020年，全省开展的低碳社区试点100个左右；吉林省明确到2015年建成10个低碳社区，2020年建成50个低碳社区；新疆维吾尔自治区计划到2020年建设100个低碳示范社区。

（四）低碳城（镇）试点

1. 试点开展情况

2015 年 8 月，国家发展改革委印发了《国家发展改革委关于加快推进国家低碳城（镇）试点工作的通知》，提出争取用 3 年左右时间，建成一批产业发展和城区建设融合、空间布局合理、资源集约综合利用、基础设施低碳环保、生产低碳高效、生活低碳宜居的国家低碳示范城（镇），并选定广东深圳国际低碳城、广东珠海横琴新区、山东青岛中德生态园、江苏镇江官塘低碳新城、江苏无锡中瑞低碳生态城、云南昆明呈贡低碳新区、湖北武汉花山生态新城、福建三明生态新城作为首批国家低碳城（镇）试点。

2. 目标与政策概览

开展低碳城（镇）试点，主要是针对中国城镇化进程中存在的问题和挑战，按照新的生态文明的发展理念，从规划、建设、运营、管理全过程探索各具特色的绿色低碳发展模式，实现产业低碳发展与城市低碳建设相融合。这是大力推进生态文明建设、走新型工业化和城镇化道路的重要探索，也是控制温室气体排放过快增长的有效途径，有利于探索以人为本、产城融合的低破发展模式，并为全国新型城镇化和低碳发展提供实践经验，发挥引领和示范作用。

试点目标是：吸收借鉴国际先进经验，结合各地实际情况，以低碳理念统领试点城（镇）规划、建设、运营和管理全过程，以低碳生产、低碳生活、低碳服务为重点内容，加强理念创新、管理创新和技术创新，统筹产业发展与城市建设，分类指导、分步实施，争取用三年左右时间，建成一批产业发展和城区建设融合、空间布局合理、资源集约综合利用、基础设施低碳环保、生产低碳高效、生活低碳宜居的国家低碳示范城（镇），并将其打造成为我国低碳发展先行示范区。试点主要任务和政策措施包括：

一是探索城（镇）规划和建设新模式。严格按照低碳发展理念规划产业布局、生活社区、基础设施和生态空间，形成高效集约、功能齐全、舒适便捷的低碳发展空间格局。应充分利用现有基础设施，防止大拆大建。鼓励运用政府和社会资本合作（PPP）、特许经营等方式，引导社会资本参与试点城（镇）重大工程项目建设。

二是打造低碳生产和生活综合体。试点城（镇）要探索低碳产业、低碳生活相融合的低碳发展新模式，合理布局建设生产和生活设施。通过聚集一批战略性新兴产业和生产型服务业，形成产业链完整、配套齐全、创新能力强、特色鲜明的低碳产业集群，吸引就业、居住、消费相对集中。培育低碳文化，推广低碳产品，倡导低碳生产和低碳生活。

三是创建低碳发展政策试验田。鼓励地方政府试点实施有利于试点城（镇）产城融合、低碳产业发展、低碳能源使用、低碳技术研发、绿色建筑和低碳交通的土地、金融、税收、投资、价格、人才政策及体制机制创新。鼓励地方政府设立低碳发展基金、提供财政补助和贷款贴息等激励政策，加大对试点城（镇）建设和低碳发展的财政资金支持力度。

四是形成低碳技术研发应用高地。通过政府引导，搭建公共服务平台，加大对自主创新的投入，鼓励企业在试点城（镇）设立或迁入低碳技术研发总部，支持企业研发合理用能技术、能源资源梯级利用技术、可再生能源和资源综合利用技术等高端低碳技术，支持企业加快低碳技术孵化、成果转化和产业化应用推广。

五是探索城（镇）低碳运营管理机制。建立机构精简、职能综合、运作高效的试点城（镇）管理机构和运行机制。搭建试点城（镇）信息化智能管理综合平台，实现企业及社区居民的信息资源共享，降低人力、资源、物流等要素成本。建立信息化的温室气体管理体系，在试点城（镇）主要企业安装能源计量器具，建设能源和温室气体计量数据在线监测系统，试点城（镇）重点企业实施温室气体排放直报制度。

六是建设低碳发展国际合作平台。积极创新有利于国际合作的体制机制，大力引进国际先进理念、技术、人才和资金，低碳领域的国际合作项目优先安排在试点城（镇）内，对内把试点城（镇）打造成低碳规划、建设和管理的国际合作示范窗口，对外打造成展示我国积极践行低碳发展理念和应对气候变化的国际合作示范窗口。

3. 进展与效果评估

各试点单位积极落实相关工作部署，取得了积极进展。

深圳国际低碳城在试点工作中明确了政府引导、市场主导、整体规划、分步实施等原则，以体制机制创新为动力，以降低能耗和碳排放强度为重点，以新兴低碳产业集群发展为支撑，以国际交流合作为助力，扎实推动本地区跨越式绿色崛起。充分发挥低碳城地处深莞惠三市地理中心的区位优势和后发优势，逐步把低碳城建设成为转型发展、带动周边、服务莞惠的先锋城区，体现了中国智慧、且汲取国际先进经验的低碳营城模式。到 2018 年，万元 GDP 二氧化碳排放量将低于 0.63 吨/万元，比 2014年降低 35%；率先实现新建绿色建筑比率、公交车电动化率 100%，努力打造 1 平方公里近零碳示范区。

江苏无锡中瑞低碳生态城是中国和瑞典合作开展的低碳发展示范区，是无锡市产城融合的重要板块。试点明确分类推进、示范带动、重点突破、循序渐进等原则，提出依据产城融合的发展理论，在中瑞低碳生态城62 平方公里范围内，以优化能源结构、提高能源利用效率、降低单位地区生产总值能耗和二氧化碳排放量为核心，以控制温室气体排放、增强地区可持续发展能力为重点，大力发展低碳产业体系，完善低碳基础设施，构建低碳能源供应体系，形成低碳的生产、消费和生活模式，努力建设智慧低碳城，为我国低碳城（镇）建设提供样本和实践经验。到 2018 年，单位 GDP 碳排放强度低于 0.25 吨/万元，人均碳排放强度低于 2.00 吨/人，新建建筑绿建比例 100%。

山东青岛中德生态园在坚持低碳发展、因地制宜以及以人为本的基础上，加强技术创新并将政府推动和企业参与相结合，确立了"生态智慧改善生活，开放融合提升品质"的发展目标。该生态园坚持在园区碳排放总量约束下，实现低碳产业集群逐步完善，园区低碳化建设快速推进，低碳排放控制效果取得显著成效。通过设置详细的低碳指标体系，实现对园区低碳发展的全方位多层次控制引导。到 2018 年，基本建立低碳城市指标体系和温室气体排放统计核算体系，实现园区每吨二氧化碳地区生产总值贡献量不低于 1.7 万元人民币，人均二氧化碳排放不高于 8.7 吨/（人.年）。

福建三明生态新城明确了低碳发展、生态优先以及产城融合的原则，在保持区域生态系统功能良好、保证区域碳平衡的基础上，利用三明生态新城位于南方林区的良好生态优势，以现代农业科技示范园为依托，形成低碳农业与生态观光业中心，以中央商务区为依托建设碳汇公园、低碳社区；利用该低碳城位于海西经济区地埋中心区位优势，发展交通运输及物流业，加强产业建设，吸引海峡两岸的产业、技术、资本、人才向三明地区转移。在三年的时间里形成符合国家低碳城试点要求的生态文明示范城区。改试点还制定了分阶段目标及低碳城建设指标体系，目标共分两个阶段（2015—2017 年、2017—2018 年），分别从地区生产总值、产业结构以及碳排放等方面制定了详细的目标。

广东珠海横琴新区试点坚持因地制宜，突出横琴特色、创新领先，促进产业发展，辐射带动，调动全社会各界广泛参与，按"碳零排放"的标准和目标，合理构建循环经济产业链，打造资源节约和环境友好的"生态岛"以及国家低碳循环示范区，岛内原则上不再规划、布点新建燃煤燃油电厂，新建建筑物原则上不得单独安装供暖供冷设施。打造低碳交通体系，将公共交通工具逐步置换成新能源汽车。做好红树林保护，利用丰富的湿地生态系统资源，增加碳汇能力。拓展光伏幕墙、风能发电等光风电建筑一体化工程，同时在清洁能源利用上避免光伏幕墙反射造成光污染，推动横琴成为全国领先的低碳经济区、低碳创新先导和低碳生活示范区，到 2018 年单位 GDP 的二氧化碳排放量处于全国城市最低水平，二氧化碳排放量在 2022 年左右达到峰值，并从十个领域制定了发展的具体目标，论证了其目标的可达性。

湖北武汉花山生态新城坚持因地制宜，进行科学谋划，发挥比较优势；坚持企业主导，吸引社会资本，以市场化手段推进城镇化建设；提高公众参与的积极性，并强调规划先行，分步实施碳排放总量控制，并分别制定了近期建设目标（2018 年）以及远期建设目标（2020 年），力争用五年的时间，打造具有"国际一流水准、长江中游城市特色"的低碳示范城。

云南昆明呈贡低碳新区坚持合理规划、有序推进，结合呈贡地区的特点因地制宜，推行不同领域不同行业的特色示范，同时充分发挥科技进步的先导性作用，并营造有利于低碳发展的政策环境，调动社会各界公众广泛参与。其建设目标分为主要目标和具体指标两部分，主要目标中又划分为近期目标（到2018年）以及远期目标（到2020年），以2005年为基年制定了全区单位地区生产总值二氧化碳排放量、单位地区生产总值耗能、非化石能源占一次能源比重、森林覆盖率等方面的目标。

江苏镇江官塘新城坚持生态优先，兼顾经济建设与碳减排双赢发展；考虑到镇江的对外交通优势明显，新城将以公共交通导向的开发（TOD）模式整合交通和土地利用规划框架，并通过调整用地功能布局布置混合互补的多重用地功能。该低碳城（镇）的建设目标主要分为两个方面，一是经济发展目标，将官塘新城定位为现代服务集聚区、创意研发动力区、生态人居示范区，并制定了到2018年各类低碳产业的发展目标；二是低碳建设目标，结合自身实际情况并突出地域特色，打造节能环保、绿色清洁、理念先进、技术先行、文化繁荣的和谐低碳新城。同时，在以上建设目标的基础上，从空间布局、绿色建筑、水资源利用等10大方面提出了41项具体指标，用于指导规范官塘新城的低碳规划建设与实施。

（五）气候适应型城市试点

1. 试点开展情况

2016年2月，国家发改委、住建部联合印发了《城市适应气候变化行动方案》，提出要按照地理位置和气候特征，选择30个典型城市，开展气候适应型城市建设试点。

2017年2月，国家发展改革委和住房城乡建设部联合发布了《关于印发气候适应型城市建设试点工作的通知》，在综合考虑气候类型、地域特征、发展阶段和工作基础，经专家论证，同意将内蒙古自治区呼和浩特市、辽宁省大连市、辽宁省朝阳市、浙江省丽水市、安徽省合肥市、安徽省淮北市、江西省九江市、山东省济南市、河南省安阳市、湖北省武汉市、湖北省十堰市、湖南省常德市、湖南省岳阳市、广西壮族自治区百色市、海南省海口市、重庆市璧山区、重庆市潼南区、四川省广元市、贵州省六盘水市、贵州省毕节市（赫章县）、陕西省商洛市、陕西省西咸新区、甘肃省白银市、甘肃省庆阳市（西峰区）、青海省西宁市（湟中县）、新疆自治区库尔勒市、新疆自治区阿克苏市（拜城县）、新疆建设兵团石河子市等28个地区作为气候适应型城市建设试点。针对城市适应气候变化面临的突出问题，分类指导，统筹推进，积极探索符合各地实际的城市适应气候变化建设管理模式。

2. 目标和政策概览

开展气候适应型城市试点，主要是考虑城市人口密度大、经济集中度高，易受气候变化不利影响。中国人口众多、气候条件复杂、生态环境整体脆弱，又处在工业化和城镇化快速发展的历史阶段，气候变化对城市的建设和发展已经并将持续产生重大影响，特别是对城市能源、交通、通信等基础设施安全和人民生产生活构成严重威胁。积极适应气候变化，事关城市可持续发展。同时，当前适应气候变化问题尚未纳入城市建设发展重要议事日程，存在认识不足、基础薄弱、体制机制不健全等问题，适应气候变化意识和能力亟待加强。近年来，各地结合实际开展了海绵城市、生态城市等相关工作，为适应气候变化工作积累了一些有益经验，但城市适应气候变化工作总体上还处在起步探索阶段，亟需从国家层面加强顶层设计，开展政策引导，鼓励探索创新。综合考虑气候类型、地域特征、发展阶段和工作基础，选择一批典型城市，开展气候适应型城市建设试点，针对城市适应气候变化面临的突出问题，分类指导，统筹推进，积极探索符合各地实际的城市适应气候变化建设管理模式，是我国新型城镇化战略的重要组成部分，也将为我国全面推进城市适应气候变化工作提供经验，发挥引领和示范作用。

试点的主要目标是：以全面提升城市适应气候变化能力为核心，坚持因地制宜、科学适应，吸收借鉴国内外先进经验，完善政策体系，创新管理体制，将适应气候变化理念纳入城市规划建设管理全过程，完善相关规划建设标准，到 2020 年，试点地区适应气候变化基础设施得到加强，适应能力显著提高，公众意识显著增强，打造一批具有国际先进水平的典型范例城市，形成一系列可复制、可推广的试点经验。

试点的重点任务主要包括：

一是强化城市适应理念。统筹城市建设、产业发展和适应气候变化工作，创新城市规划建设管理理念，科学分析气候变化主要问题及影响，加强城乡建设气候变化风险评估，将适应气候变化纳入城市发展目标体系，在城市规划中充分考虑气候变化因素，修改完善城市基础设施建设运营标准，健全城市适应气候变化管理体系。

二是提高监测预警能力。加强气候变化和气象灾害监测预警平台建设和基础信息收集，开展关键部门和领域气候变化风险分析。加强信息化建设和大数据应用，健全应急联动和社会响应体系，实现各类极端气候事件预测预警信息的共享共用和有效传递。加强城市公众预警防护系统建设。

三是开展重点适应行动。出台城市适应气候变化行动方案，优化城市基础设施规划布局，针对强降水、高温、干旱、台风、冰冻、雾霾等极端天气气候事件，修改完善城市基础设施设计和建设标准。积极应对热岛效应和城市内涝，发展被动式超低能耗绿色建筑，实施城市更新和老旧小区综合改造，加快装配式建筑的产业化推广。增强城市绿地、森林、湖泊、湿地等生态系统在涵养水源、调节气温、保持水土等方面的功能。保留并逐步修复城市河网水系，加强海绵城市建设，构建科学合理的城市防洪排涝体系。加强气候灾害管理，提升城市应急保障服务能力。健全政府、企业、社区和居民等多元主体参与的适应气候变化管理体系。

四是创建政策试验基地。加大对城市适应气候变化工作政策支持力度，积极协助试点地区申报适应气候变化相关项目，鼓励试点地区出台有针对性的适应气候变化财税、金融、投资等扶持政策，实施适应气候变化示范工程。开展体制机制和管理方式创新。鼓励应用 PPP 等模式，引导各类社会资本参与城市适应气候变化项目。使试点地区成为安全发展、节水节材、防灾减灾、生态建设等有关政策集成应用和综合示范平台。

五是打造国际合作平台。加强城市适应气候变化国际交流合作，鼓励试点地区与有关国际机构和国外先进城市加强经验交流和务实合作，优先支持试点地区参加国际合作项目和国际交流活动，把试点地区打造成气候变化国际合作示范窗口。

3. 有关进展

目前，各试点地区正根据国家批复的试点实施方案，抓紧推动试点工作任务落实。2017 年 3 月 30 日至 31 日，世界银行、国家发展改革委和住房城乡建设部在浙江省丽水市共同主办了气候适应型城市试点建设研讨会。此次会议是首个国家层面适应气候变化工作专题会议。会议对气候适应型城市建设试点工作进行了布置，要求省级发展改革、住房城乡建设主管部门督促试点城市认真修改试点方案，识别适应问题，在基础设施、产业系统、生态系统、大气净化系统、应急响应系统、人群健康、城市管理等方面开展适应行动，做到科学适应、系统规划、精细管理、各方参与，通过创新支持政策和公共政策，建设监测预警预报平台等适应工程，开展宣传教育和国际交流，努力打造气候适应型城市建设和管理模式。

三、中国地方应对气候变化政策特征

中国地方政府在应对气候变化方面，一方面要执行中央政府确定的目标任务，另一方面也要发挥主观能动性，推进政策与体制机制创新。总体而言，地方应对气候变化政策特征可概括为：

（一）中央政府强势主导下的递进落实机制

中国应对气候变化政策体系具有典型的"自上而下"特征。中央政府是应对气候变化最主要的推动力量，通过规划编制、政策制定、资金投入、试点示范、能力建设和目标考核等多种手段，推动政策在地方的贯彻落实。各级地方政府是落实应对气候变化工作任务的关键环节和中坚力量，其中最重要的是省级政府。中央政府确定的应对气候变化目标任务，通过目标分解和责任考核的方式，使省级政府的主要官员产生节能减碳、积极应对气候变化的行为动力，在中央政策出台有关气候变化目标和政策之前，中国的省级政府鲜有气候变化方面的具体政策，随着国家政策导向的逐步明确和目标责任制的建立，地方政府纷纷制定了与中央政府类似的政策，对本区域的目标任务进行逐级分解落实，并实行与国家类似的统计监测考核制度。在这一过程中，地方政府既要贯彻落实中央工作部署，也要针对地方实际，进行政策和体制机制创新。这种政策制定模式，既呈现出"逐级行政发包的责任状管理"①特色，也体现出"鸟笼之内可以自主行动"的管理风格。

（二）类"共区"原则的责任分担机制

中国地域辽阔，地区发展差距较大，中国地方应对气候变化政策在制定过程中，充分考虑了各地不同情况，注重因地制宜确定工作重点和目标，形成了不同的政策手段。从落实国家控制温室气体排放工作目标看，各地由于发展水平、资源禀赋的差异，承担了"共同但有区别的责任"。国家在分解全国碳排放强度下降目标时，综合考虑了各地发展阶段（人均GDP）、降碳潜力、资源禀赋（主要是非化石可再生能源发展潜力）等多项影响因素。如东部省份经济发展水平较高，经济发展方式应逐步向绿色低碳方向发展，节能降碳目标任务相对较重，中西部地区发展相对滞后，特别是在一些贫困地区，发展压力还很大，国家赋予的减排任务相对较轻。新疆、内蒙古、甘肃、青海等省，生态脆弱，易受气候变化影响，因此适应气候变化任务较重；河北、山东、山西等省高耗能产业较为集中，产业结构不合理，因此减缓方面任务较重。地方气候政策差异化既表明了应对气候变化目标任务的不同，也是低碳发展的路径差异和不同战略选择。

（三）注重多层面创新和示范

自2010年以来，结合地方实际，开展多层面的应对气候变化创新和示范，逐步形成了低碳省区和城市试点、低碳工业园区试点、低碳社区试

---

① 参见周黎安所著《转型中的地方政府——官员激励与治理》，上海人民出版社2008年版。

点、低碳城（镇）试点、气候适应型城市试点等一系列试点工作体系，这些试点是根据我国经济社会发展的实际需要，按照新型工业化和新型城镇化的要求，选择不同层面、不同类型行政单元开展的，着眼点在于将低碳发展和应对气候变化顶层设计和基层实践探索结合起来，促进各地根据自身经济发展的情况和资源禀赋，将低碳理念融入城乡发展规划、建设、管理和居民生活之中，推动城乡、产业低碳化发展，形成了各具特色、符合实际的绿色低碳发展模式。试点的定位可以概括为"四大平台"：即低碳技术创新和集成应用平台、低碳发展政策综合应用平台、低碳发展各方参与机制平台、气候变化国际合作平台。各地、各层面的创新和探索，丰富了中国应对气候变化地方政策体系，不仅有利于国家总体减排目标的实现，也有力推动了各地的绿色低碳发展转型。同时，试点作为气候变化国家交流与合作的窗口平台，积极引入国际资源、技术和管理经验，并将试点建设成功经验通过"南南合作"导入其他发展中国家。

低碳试点将为中国自身的城镇化创造出更多符合国情、各具特色的低碳发展模式，是实现中国未来低碳发展目标的重要途径。而相比发达国家，同样作为发展中国家的中国，在低碳发展中形成的低碳发展模式，将为世界其他国家，特别是对广大发展中国家提供重要参考和借鉴。同时，也要看到，气候变化试点作为一项创新性工作，也面临着诸多的挑战，尽管目前中国在节能、发展可再生能源、资源综合利用方面出台了许多支持政策，但这些政策分散在不同的领域，试点建设，需要更强有力的资金、技术和政策支持，如何调动更多的利益相关方参与进来，是一个挑战。

（四）发展政策由"增长主导"向"低碳引领"转变的长期性和渐进性

改革开放前三十年，中国是在一个发展水平非常低的状况下推动经济起飞，因此，追求经济的高速增长是赶超战略的核心。特别是地方政府之间，面临着以经济增长为基础的"政治锦标赛"。增长速度和财政收入，往往是地方政府关注的核心问题。而气候变化是一个全球性问题，与环境污染等问题相比，减排温室气体，对地方政府来说，往往不是一个优先级任务，而且控制温室气体排放，需要限制高耗能、高排放行业发展，易对经济增长速度产生负面影响，地方政府对低碳发展和应对气候变化一般缺乏足够的动力和紧迫感。但随着我国经济发展阶段的转变，资源环境问题日益突出，绿色低碳发展已成大势所趋，不仅是经济社会可持续发展的内在要求，更是经济发展的新的战略机遇，绿色低碳发展理念逐步深入人心，地方政策逐步由"增长主导"向"低碳引领"转变。同时也要看到，这种转变将是一个长期和渐进的过程，只有建立起低碳发展和积极应对气候变化导向的政治伦理、经济机制、文化导向和舆论氛围，这种转变才能最终完成。

第二节　美国地方应对气候变化政策

一直以来，美国联邦政府在推动应对气候变化方面立场和力度受政党政治影响较大，态度游移，进展缓慢，而地方政府由于在美国政治体制中地位相对独立，在应对气候变化中扮演了更为积极的角色。在区域、州、市、县、社区层面，不少地方采取了积极的应对气候变化政策行动。与此同时，由于政党政治和利益集团影响，有些州和地区对气候变化持保守态度，成为美国气候变化保守主义政治的大本营。

一、州层面气候政策和减排行动

（一）州层面应对气候变化目标

截至 2016 年 9 月，美国有 34 个州制定了应对气候变化综合性法案、规划或行动方案；其中有些州，如加州，以立法形式确保行动计划的执行。20 个州在行动方案中明确了温室气体减排目标，这些目标的基准年份从 1990 年至 2006 年不等，减排量与目标年也因各州的具体情况而异。有18 个州强制要求重点排放企业报告温室气体排放量，另有 24 个州采用由非政府组织管理的排放数据库或自愿报告排放量的形式。38 个州制定了可再生能源发展目标，14 个州出台了低碳燃料标准。

图 4-1　制定州层面温室气体减排目标的州分布

注：夏威夷也制定了减排目标，由于地图原因未显示。

表 4-7　主要州层面的温室气体减排目标制定情况

州别	温室气体减排目标
华盛顿州	2007 年 5 月 3 日，华盛顿州州长克里斯蒂娜·格雷戈里签署了 SB 6001 法案，其中规定了全州温室气体减排目标和战略，最初在 2007 年 2 月的行政命令公布。新法律规定华盛顿将到 2020 年将全州排放量减少到 1990 年水平，到 2035 年比 1990 年水平低 25%，到 2050 年比 1990 年水平低 50%。这些目标被确立为全州的温室气体排放目标，其中 HB 2815 于 2008 年 3 月 13 日签署成为法律。该法律还指示州生态署制订温室气体减排计划。该计划于 2008 年 12 月发布，包括若干政策选择，以实现 2020 年的排放目标
俄勒冈州	2007 年 8 月 6 日，俄勒冈州州长 Ted Kulongoski 签署了第 3543 号议案，其中规定了全州温室气体排放目标。HB 3543 指示在 2010 年之前停止温室气体排放的增长，到 2020 年将温室气体排放量减少到比 1990 年水平低 10%，到 2050 年减少到 1990 年水平以下的 75%
加利福尼亚州	2005 年 6 月 1 日，加利福尼亚州长 Arnold Schwarzenegger 发布了行政命令 S-3-05，到 2020 年建立到 2000 年水平的温室气体减排目标，到 2050 年比 1990 年水平减少 80%。9 月 27 日，2006 年，施瓦辛格州长签署了 "全球变暖解决方案法案（AB 32）"，该法案计划在 2020 年之前将该州的温室气体排放量限制在 1990 年的水平上。这是美国第一个全州计划，要求实施包括可执行、有法律效力的全经济范围排放上限 2016 年 9 月 8 日，加州州长杰里·布朗签署了 SB 32，该协议扩展了加州 2006 年的法律，并立法规定，到 2030 年，该州的全经济范围温室气体排放目标为比 1990 年水平低 40%。2015 年 4 月制定了同样的目标，但新的法律给予目标更强的法律基础

州别	温室气体减排目标
亚利桑那州	2006 年 9 月 8 日，亚利桑那州州长 Janet Napolitano 发布了 2006—2013 年行政命令，为该州建立了一个全州目标，到 2020 年将亚利桑那州的温室气体排放量降低到 2000 年水平，到 2040 年降低到 2000 年水平的 50%
科罗拉多州	州长发布了一项气候行动计划，其目标如下： ·到 2020 年：比 2005 年基准水平下降 20% ·到 2050 年：比 2005 年基准水平下降 80%
新墨西哥州	2005 年 6 月 9 日，新墨西哥州州长 Bill Richardson 颁布了行政命令 2005-033，该法令规定到 2012 年全州温室气体减排目标为与 2000 年排放水平持平，到 2020 年比 2000 年水平低 10%，到 2050 年比 2000 年排放水平低 75%
明尼苏达州	2007 年 5 月 25 日，明尼苏达州州长 Tim Pawlenty 签署了 "下一代能源法案"，该法案规定以 2005 年为基准，到 2015 年全州范围内的温室气体减排目标为 15%，到 2025 年为 30%，到 2050 年为 80%
伊利诺伊州	2007 年 2 月 13 日，伊利诺伊州州长 Rod Blagojevich 宣布到 2020 年新的全州温室气体（GHG）减排目标为与 1990 年排放水平持平，到 2050 年比 1990 年减少 60%
密歇根州	2009 年 7 月 29 日，密歇根州州长詹尼弗·格兰霍姆发布了行政指令 2009-4，其目标是到 2050 年将国家温室气体排放量减少到 2005 年水平的 20%，即比 2005 年减少 80%
佛罗里达州	2007 年 7 月 13 日，佛罗里达州州长查理·克里斯发布行政命令 07-127，计划到 2017 年使全州碳排放达到 2000 年的水平，到 2025 年达到 1990 年的水平，到 2050 年达到比 1990 年排放低 80% 的水平
缅因州	2003 年 5 月 21 日，缅因州州长约翰·巴尔达奇签署法律，提出建立应对气候变化威胁的领导力，该法规定到 2010 年在全州范围内实现温室气体减排目标为与 1990 年水平持平，到 2020 年比 1990 年减少 10%，长远目标为比 2003 年水平低 80%。缅因州在 2001 年签署了由新英格兰各州长和加拿大东部各省长联合制订的气候变化行动计划时设定了相似的目标
佛蒙特州	2006 年，佛蒙特州州长吉姆道格拉斯签署了 S. 259，为该州制定了温室气体排放目标。该法律包括佛蒙特州将温室气体排放量从 1990 年基准逐年降低的目标：到 2012 年降低 25%，到 2028 年降低 50%，到 2050 降低 75%

州别	温室气体减排目标
新罕布什尔州	2001 年 8 月 26 日，新罕布什尔州州长 Jeanne Shaheen 签署了由新英格兰各州长和加拿大东部各省长联合发起的气候变化行动。通过签署协议，新罕布什尔州同意到 2010 年将全州温室气体排放量降至 1990 年水平，到 2020 年比 1990 年水平低 10%，长期目标为比 2001 年水平低 75%—85%
马萨诸塞州	2008 年全球变暖解决方案法案要求到 2020 年将全州温室气体减少到比 1990 年水平低 25%，到 2050 年温室气体排放量要比 1990 年减少 80%。该法案还要求能源和环境事务部长及环境保护署采取某些步骤以减少温室气体排放，并为气候变化的影响做准备，包括设定 2030 年，2040 年和 2050 年的全州温室气体排放限制
纽约州	2002 年 6 月，州能源计划委员会发布了 2002 年"州能源计划"和"最终环境影响声明"，确定了到 2010 年将全州温室气体排放量减少到比 1990 年水平低 5%的目标，到 2020 年将比 1990 年水平减少 10% 2009 年 8 月 6 日，纽约州长帕特森发布了第 24 号行政命令（2009 年），目标是到 2050 年将州温室气体排放量从 1990 年的水平减少 80%
康涅狄格州	2008 年 6 月 2 日，康涅狄格州州长 Jodi Rell 签署了法案 House 5600，该州将温室气体（GHG）减排目标设定为到 2020 年比 1990 年低 10%。此外，该法案要求到 2050 年将温室气体减排量降至 2001 年的 80%
新泽西州	2007 年 7 月 6 日，新泽西州州长 Jon S. Corzine 将"全球变暖应对法案"A3301 签署为法律，该法案将全州范围内的温室气体排放水平以及州外产生但在该州消费的电力的温室气体排放限制在 1990 年水平，并计划到 2050 年比 2006 年水平降低 80%
马里兰州	2009 年 5 月 7 日，马里兰州州长 Martin O'Malley 签署了"2009 年温室气体减排法案"，其中包含了该州的温室气体（GHG）减排目标。该立法将目标设定到 2020 年比 2006 年水平低 25%，并要求一个工作组制定并提交实现这一目标的计划。作为一个整体，该计划中的减排措施必须为马里兰州提供净经济利益和工作净增加。该立法规定的温室气体减排目标比区域温室气体倡议（RGGI）设定的目标更为严格，立法范围比 RGGI 范围更广，涵盖了除制造业以外的排放源
夏威夷州	2007 年 6 月 30 日，夏威夷州州长 Linda Lingle 签署了第 234 号法律，即 2007 年全球变暖解决方案法案，该法案要求到 2020 年将全州温室气体排放量降至 1990 年的水平
罗德岛州	2014 年"罗德岛恢复法"设立了以下目标：到 2020 年，碳排放比 1990 年基准水平低 10%，到 2035 年比 1990 年基准水平低 45%，到 2050 年比 1990 年基准水平低 85%

制定适应气候变化方案的州有 15 个，另有 5 个州正在制定，7 个州正在考虑制定。已经制定的适应方案主要根据当地面临气候变化的主要威胁，针对基础设施、生物多样性、灾备体系、人体健康、水资源、森林、海岸带等不同领域，制定了工作目标和措施，但总体看，适应气候变化的工作目标完成的比重较低，大部分指标尚未启动或仍处在起始阶段。

图 4-2　制定州层面适应气候变化方案的州分布

表 4-8　州层面适应气候变化方案相关目标及其进展情况

州	目标分类							目标进展
阿拉斯加	农业 7/13	林业 6/13	水 11/14	生物多样性 14/30	基础设施 3/12	海岸带/海洋 4/7	大众健康 4/24	共 158 项目标，完成 1 项，52 项推进中
加利福尼亚	农业 56/64	林业 41/58	水 49/49	生物多样性 38/50	基础设施 34/34	海岸带/海洋 31/31	大众健康 33/40	共 345 项目标，完成 48 项，251 项推进中
科罗拉多	农业 5/10		水 14/17	生物多样性 9/13	基础设施 7/17	海岸带/海洋 4/7	大众健康 4/24	共 72 项目标，完成 7 项，34 项推进中

州	目标分类								目标进展
康涅狄格	农业 9/13	林业 2/2	水 12/16	生物多样性 6/10	基础设施 10/11	海岸带/海洋 3/4	大众健康 4/24	防灾减灾 3/3	共76项目标，完成2项，47项推进中
佛罗里达			水 2/2	生物多样性 4/14	基础设施 2/6	海岸带/海洋 3/4	大众健康 2/3	防灾减灾 1/1	共28项目标，完成2项，14项推进中
缅因	农业 1/4	林业 6/6	水 7/11	生物多样性 9/9	基础设施 10/16	海岸带/海洋 17/20	大众健康 4/8	防灾减灾 6/7	共118项目标，完成4项，84项推进中
马里兰	农业 17/30	林业 29/36	水 24/31	生物多样性 34/51	基础设施 25/35	海岸带/海洋 16/19	大众健康 26/36	防灾减灾 8/14	共154项目标，完成3项，91项推进中
马萨诸塞	农业 20/40	林业 10/14	水 10/20	生物多样性 26/37	基础设施 58/103	海岸带/海洋 33/53	大众健康 45/68	防灾减灾 6/17	共373项目标，完成24项，191项推进中
新罕布什尔		林业 1/1	水 1/1	生物多样性 1/1	基础设施 5/5	海岸带/海洋 16/19	大众健康 4/6	防灾减灾 3/6	共33项目标，完成2项，17项推进中
纽约	农业 14/31	林业 29/36	水 10/13	生物多样性 10/11	基础设施 19/35	海岸带/海洋 4/5	大众健康 21/24	防灾减灾 2/2	共121项目标，完成17项，63项推进中
俄勒冈	农业 2/2	林业 29/36	水 13/22	生物多样性 9/19	基础设施 4/6	海岸带/海洋 8/19	大众健康 5/13	防灾减灾 15/29	共122项目标，完成7项，53项推进中
宾夕法尼亚	农业 2/7	林业 5/11	水 16/31	生物多样性 6/17	基础设施 4/10	海岸带/海洋 8/19	大众健康 1/7	防灾减灾 15/29	共87项目标，完成2项，33项推进中
弗吉尼亚				生物多样性 4/9	基础设施 3/8		大众健康 1/9		共43项目标，完成1项，8项推进中

州	目标分类								目标进展
华盛顿	农业 21/33	林业 21/37	水 28/49	生物多样性 29/39	基础设施 34/45	海岸带/海洋 28/44	大众健康 22/35	防灾减灾 6/11	共287项目标，完成 12 项，165项推进中

注：表中数字为该领域目标数及完成或推进中目标。
资料来源：C2ES网站。①

（二）州层面重点政策和措施

美国州层面的应对气候变化策略，除了可决定对联邦政府政策在州范围内实施加大力度外，也可制定创新性政策，推动本州层面应对气候变化的进程。

1. 综合减排行动

美国大部分州采取了综合行动，以推动本地区的温室气体减排和适应工作。各州综合行动的领域主要包括：开展区域温室气体减排行动、实行温室气体排放注册制度、实施电厂碳配额/补偿政策等，有些州还成立了气候变化委员会及顾问团体等应对气候变化专门机构（见表4-9）。

表4-9 州层面应对气候变化综合行动

州	区域温室气体减排行动	气候变化行动计划	气候变化委员会及顾问团体	温室气体减排目标	温室气体排放注册登记	各州适应计划	电厂碳配额/补偿政策
阿拉斯加		√	√			√	
阿拉巴马		√			√		
阿肯色		√	√				
亚利桑那		√	√	√	√	√	
加利福尼亚	√	√	√	√	√		√
科罗拉多		√	√	√			
康涅狄格	√	√	√	√	√	√	√

---

① 佛蒙特州也制定了适应目标，资料缺。

州	区域温室气体减排行动	气候变化行动计划	气候变化委员会及顾问团体	温室气体减排目标	温室气体排放注册登记	各州适应计划	电厂碳配额/补偿政策
哥伦比亚特区	√	√	√	√	√		
特拉华	√	√			√		√
佛罗里达		√	√	√	√	√	√
佐治亚					√		
夏威夷		√		√	√		
艾奥瓦		√	√		√	√	
爱达荷		√			√		
伊利诺伊		√	√	√	√		√
印第安纳							
堪萨斯		√	√		√		
肯塔基		√			√		
路易斯安那							
马萨诸塞	√	√	√	√	√		√
马里兰	√	√	√	√	√	√	√
缅因	√	√	√	√	√	√	√
明尼苏达		√	√	√	√	√	
密歇根		√	√	√	√		
密苏里		√			√		
密西西比							
蒙大拿		√	√		√		√
北卡罗来纳		√	√	√	√		
北达科他							
内布拉斯加							
新罕布什尔	√	√	√	√	√	√	√
新泽西	√	√		√	√		
新墨西哥			√		√		
内华达		√	√		√		

道生太极：中美气候变化战略比较

续表

州	区域温室气体减排行动	气候变化行动计划	气候变化委员会及顾问团体	温室气体减排目标	温室气体排放注册登记	各州适应计划	电厂碳配额/补偿政策
纽约	√	√	√	√	√	√	√
俄亥俄					√		
俄克拉荷马							
俄勒冈		√	√	√	√	√	√
宾夕法尼亚	√				√	√	
罗德岛	√			√			√
南卡罗来纳		√	√		√	√	
南达科他							
田纳西		√			√		
德克萨斯					√		
犹他		√	√		√	√	
弗吉尼亚		√	√	√	√	√	
佛蒙特	√	√	√	√	√	√	√
华盛顿		√	√	√	√	√	
威斯康星		√	√		√	√	
西弗吉尼亚					√		
怀俄明					√		
总计	13	39	25	24	43	23	15

数据来源：C2ES，2016。

2. 能源领域减排

州层面电力减排政策重点包括：提高火电厂发电效率，增加可再生能源利用，提高终端用户能源利用效率。这主要是通过实施强制性的电厂排放绩效标准以及可再生能源配额制度（RPS）等实现，且州也可以根据需要，采纳更加严格的清洁电力标准；同时，脱钩政策、绿色电价、公共效益基金等政策也是重要的政策支撑。根据资源禀赋、用电需求特征和电力市场环境不同，各州采取的减排政策类别和实施力度各有不同。

可再生能源配额制度要求供电企业提供一定比例的可再生能源电力或可再生能源装机容量。到目前为止，已有 29 个州采纳了此制度。根据资源禀赋各有不同，各州提出的可再生能源比例目标不同，有些州还提出了具体的可再生能源的发电比例要求。科罗拉多州是较早实施可再生能源配额制度的州之一，该州从 2007 年之后不断提高对供电企业的配额要求，根据目前的政策，供电企业的可再生能源比例需要在 2020 年提高到 30%，并要求 3% 的零售电力来自包括太阳能在内的"就地取材能源（On - site Sources）"①。此外还有 9 个州采纳了可再生或替代能源发展目标，但属于自愿性政策，力度对较弱。

脱钩制度（Decoupling）指通过将供电企业的利润水平和售电量脱钩，解决供电企业倾向于通过增加电力销售以获得利润这一有碍于节能的负激励行为，同时鼓励供电企业通过帮助用户节能减少供电成本而增加收入，并因此形成供电方积极节能的正向激励。加州是最早实施该政策的地区，至今有约 16 个州在电力行业采纳了此项政策，其中有 11 个州还对天然气供应商实施同类政策。脱钩政策激发了供电企业节能的积极性，某些企业还会制定更具体的激励措施补贴用户节能，以达到更普遍的节能效果。同时，联邦政府也通过提供经济支持，激励各州推广此类节能政策。2009年，联邦政府设立了约 31 亿美元的基金支持包括脱钩制度在内的节能政策。各州能源领域减排政策情况见表 4-10。

表 4-10　州层面能源领域减排政策一览表

州	可再生能源配额标准	净计量电价	强制性绿色定价程序	去耦技术	可再生能源证书跟踪系统	资源能效标准	碳捕集与封存激励政策
阿拉斯加	√				√		
阿拉巴马					√		
阿肯色		√		√	√	√	

---

① http://www.seia.org/research-resources/rps-solar-carve-out-colorado.

续表

州	可再生能源配额标准	净计量电价	强制性绿色定价程序	去耦技术	可再生能源证书跟踪系统	资源能效标准	碳捕集与封存激励政策
亚利桑那	√	√			√	√	
加利福尼亚	√	√		√	√	√	
科罗拉多	√	√	√	√	√		√
康涅狄格	√	√	√	√	√		
哥伦比亚特区	√	√	√				
特拉华	√	√	√		√	√	
佛罗里达		√			√	√	
佐治亚		√			√		
夏威夷	√	√		√	√	√	
艾奥瓦	√	√	√		√		
爱达荷		√		√	√		
伊利诺伊	√	√		√	√	√	√
印第安纳	√	√		√	√		
堪萨斯	√	√			√		√
肯塔基					√		√
路易斯安那		√			√		√
马萨诸塞	√	√		√	√	√	
马里兰	√	√		√	√		
缅因	√	√			√	√	
明尼苏达	√	√	√		√	√	
密歇根	√	√			√	√	
密苏里	√	√			√		
密西西比					√		√
蒙大拿	√	√			√		√
北卡罗来纳	√	√		√	√	√	
北达科他	√	√			√	√	
内布拉斯加		√			√		

续表

州	可再生能源配额标准	净计量电价	强制性绿色定价程序	去耦技术	可再生能源证书跟踪系统	资源能效标准	碳捕集与封存激励政策
新罕布什尔	✓	✓			✓		
新泽西	✓	✓	✓	✓	✓		
新墨西哥	✓	✓	✓		✓	✓	✓
内华达	✓	✓			✓	✓	
纽约	✓	✓		✓	✓		
俄亥俄	✓	✓			✓		
俄克拉荷马	✓	✓			✓		
俄勒冈	✓	✓			✓	✓	
宾夕法尼亚	✓	✓			✓	✓	
罗德岛	✓	✓			✓	✓	
南卡罗来纳		✓			✓		
南达科他	✓				✓	✓	
田纳西					✓		
德克萨斯	✓	✓			✓	✓	✓
犹他	✓	✓		✓	✓		
弗吉尼亚	✓	✓	✓		✓		✓
佛蒙特	✓	✓	✓		✓		
华盛顿	✓	✓		✓	✓	✓	
威斯康星	✓	✓		✓	✓	✓	
西弗吉尼亚	✓				✓	✓	
怀俄明		✓			✓		✓
总计	39	46	13	20	51	34	12

数据来源：C2ES，2016。

3. 建筑领域减排

州层面建筑节能减排政策主要有：民用建筑节能标准、公用建筑节能标准、家用电器节能标准、建筑和可再生能源结合政策以及对以上政策的经济激励措施。美国国家级的建筑节能标准范本由在标准制定领域起主要

作用的非政府组织制定，并由各州和地方政府采用。联邦法律要求各州采
用国家级的商业建筑节能标准范本，并考虑采用国家级的居住建筑节能标
准范本。当国家级的商业建筑节能标准更新时，美国能源部会对更新内容
进行审查，如果认为修订后的节能标准会提高商业建筑能源效率，便要求
各个州在两年内完成其建筑节能标准的更新工作。能源部也会为各个州提
供技术援助和资金，以帮助实施建筑节能标准。居住建筑标准适用与此类
似的规定，只是各个州可以考虑采用新的法规范本，而不是强制实施。州
层面建筑节能标准的建立过程如图4-3所示。

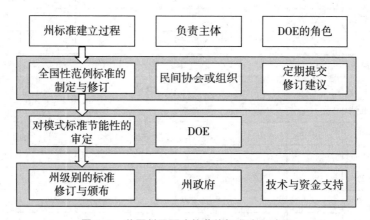

图 4-3　美国州层面建筑节能标准建立过程

　　国际节能规范（IECC）是国际规范委员会在 1998 年制定的一项建筑
节能标准。各个州、县和市政府均可参照该标准设计适合当地的居住建筑
节能标准。该标准通常每三年修订一次，最新的版本是 2012 版。美国的两
个州已经采用 2012 规范，28 个州采用 2009 IECC 或者同等版本，8 个州已
经采用 2006 IECC 或同等版本，12 个州满足 1998—2003 IECC 或者同等版
本，12 个州并未制定全州通用的居住建筑节能标准，或者采用 1998 年以
前的规范，此规范并不能满足联邦要求。在没有州级规范的州里面，大城
市一般都制定其居住建筑节能标准。未能采用居住建筑规范的州的数量，
在过去 10 年略有下降。

　　美国供热、制冷与空调工程师协会（ASHRAE）的标准 90.1 是联邦的

商业建筑节能标准的范本，覆盖新建商业建筑及改造的商业建筑。该标准为各个州或城市普遍采用，通常每三年更新一次。该标准的最新版本于2010年12月公布。截至2013年1月1日，2个州已经采用2010年标准或等同标准，33个州已经采用了ASHRAE 90.1 2007商业建筑节能标准或者同等标准，4个州已经采用2004年版本，11个州没有任何标准适用或者采用2004标准以前版本。未能采用商业建筑节能标准的州的数量在最近几年略微减少。

支持建筑利用可再生能源的措施，主要通过提供经济激励实现。资产评估性清洁能源（PACE），是为光伏安装以及居民和商业房产能源能效提升等方面提供融资的一种措施。PACE通过对户主的房产进行专门评估，并将评估的金额通过贷款形式发放给户主（由户主所居地市政当局提供，或更常见的是由私人贷方提供）。户主用贷款为能源升级项目提供资金支持，然后通过支付房产税账单来偿还贷款。美国目前约有30个州实施此政策。州层面建筑部门减排政策实施情况如表4-11所示。

表4-11　州层面建筑部门减排政策一览表

州	建筑物能效标识（居民建筑）	建筑物能效标识（公共建筑）	房屋清洁能源计划	家用电器能效标准
阿拉斯加	√			
阿拉巴马				
阿肯色	√	√		
亚利桑那				√
加利福尼亚	√		√	√
科罗拉多	√		√	
康涅狄格	√	√	√	√
哥伦比亚特区	√		√	
特拉华	√	√		
佛罗里达	√		√	√
佐治亚	√			

州	建筑物能效标识（居民建筑）	建筑物能效标识（公共建筑）	房屋清洁能源计划	家用电器能效标准
夏威夷			√	
艾奥瓦	√	√		
爱达荷	√	√		
伊利诺伊		√	√	
印第安纳	√	√		
堪萨斯		√		
肯塔基	√	√		
路易斯安那	√	√	√	
马萨诸塞	√	√	√	√
马里兰	√	√	√	√
缅因		√		
明尼苏达	√	√	√	
密歇根	√	√		
密苏里			√	
密西西比				
蒙大拿	√	√		
北卡罗来纳	√	√	√	
北达科他				
内布拉斯加	√	√		
新罕布什尔	√	√	√	√
新泽西	√	√	√	√
新墨西哥	√	√	√	
内华达	√	√	√	√
纽约	√	√	√	
俄亥俄	√	√		
俄克拉荷马	√	√	√	
俄勒冈	√	√		√
宾夕法尼亚	√	√		

州	建筑物能效标识（居民建筑）	建筑物能效标识（公共建筑）	房屋清洁能源计划	家用电器能效标准
罗德岛	√	√		√
南卡罗来纳	√	√		
南达科他				
田纳西	√			
德克萨斯	√	√	√	
犹他	√	√		
弗吉尼亚	√	√	√	
佛蒙特	√	√	√	√
华盛顿	√	√		√
威斯康星	√	√	√	
西弗吉尼亚	√	√		
怀俄明			√	
总计	40	40	29	15

数据来源：C2ES，2016。

4. 交通领域减排

地方政府在交通领域的节能减排措施主要体现在以下几个方面：实施更清洁的汽车油耗或排放标准，低碳燃料标准，电动汽车发展政策以及推动零排放汽车的发展等。加州的汽车排放标准一直处于领先地位，早在2002年，加州的清洁汽车法案（AB1493）已经制定了机动车的温室气体排放标准。另外加州还实施了低碳燃料标准，而东部十州通过跨州共同行动计划采纳加州的标准，但还未完成立法程序。电动车促进政策也是各个地方政府的重点政策之一，地方政府促进电动车发展的措施主要包括鼓励用户购买使用电动车以及建设充电系统。约有30多个州制定了各种形式的经济激励措施支持居民购买、租用电动车，加州和华盛顿州还出台政策，支持充电基础设施的建设。州层面交通部门减排政策如表4-12所示。

道生太极：中美气候变化战略比较

表 4-12　州层面交通部门减排政策一览表

州	车辆温室气体排放标准	生物质燃料授权和激励政策	低碳燃料标准	中型和重型汽车	插入式电动车
阿拉斯加		√			
阿拉巴马		√		√	
阿肯色		√		√	
亚利桑那	√	√		√	√
加利福尼亚	√	√	√	√	√
科罗拉多		√		√	
康涅狄格	√	√	√	√	
哥伦比亚特区	√			√	
特拉华	√		√	√	
佛罗里达		√		√	
佐治亚		√		√	
夏威夷		√		√	
艾奥瓦		√			√
爱达荷		√			
伊利诺伊		√		√	√
印第安纳		√		√	√
堪萨斯		√		√	
肯塔基		√			
路易斯安那		√			√
马萨诸塞	√	√	√	√	√
马里兰	√	√	√	√	√
缅因	√	√	√	√	√
明尼苏达		√		√	√
密歇根		√		√	
密苏里		√			
密西西比		√			√
蒙大拿		√			√
北卡罗来纳		√		√	√

234

续表

州	车辆温室气体排放标准	生物质燃料授权和激励政策	低碳燃料标准	中型和重型汽车	插入式电动车
北达科他		√			
内布拉斯加		√		√	
新罕布什尔		√	√	√	
新泽西	√		√	√	√
新墨西哥	√	√		√	
内华达				√	
纽约	√	√	√	√	
俄亥俄		√		√	
俄克拉荷马		√		√	
俄勒冈	√	√	√	√	√
宾夕法尼亚	√	√		√	
罗德岛	√	√		√	
南卡罗来纳		√		√	√
南达科他		√			
田纳西		√			√
德克萨斯		√		√	√
犹他				√	√
弗吉尼亚		√		√	
佛蒙特	√	√	√	√	
华盛顿	√	√	√	√	
威斯康星		√		√	√
西弗吉尼亚				√	
怀俄明					
总计	16	44	14	40	35

数据来源：C2ES，2016。

5. 气候融资

经济激励和融资创新政策是美国地方应对气候变化政策的重要领域，

很多地方政策通过各种手段筹措资金，并制定和实施融资措施，保障节能减排政策的落实，各州之间也因此在政策实施力度方面存在不同的差距。几个有代表性的措施包括建立支持节能减排的资金渠道，公共效益基金，以及加州和 RGGI 通过碳市场筹措的资金；另外还有融资模式创新，包括上文提到的 PACE，以及光伏融资租赁等。

目前，有 19 个州及华盛顿和波多黎各陆续建立了不同形式的公共基金，希望发挥资金的杠杆作用，带动和刺激更多的可再生能源投资。通常的做法为从用电客户端支付一些小额费用给公共资金，通过每个月的账单支付。电力企业使用这些资金用于提高能效和可再生能源项目，例如，支持低收入家庭的能源供应，住房保温项目和投资可再生能源技术等。各州相关资金总规模预计到 2017 年底有望达到 77 亿美元。

光伏融资租赁已是一种被广泛使用的融资手段，这一手段在家庭式太阳能光伏发电市场中应用广泛。业主无须购买太阳能光伏发电系统，而是与第三方（光伏系统所有者）签订一份租赁合同，在规定租期内支付月租。光伏系统所产生的电能可由业主自由使用，如果当地电网系统有净电量计量（netmetering）的相关政策，业主可以将多余的电量并入电网，并以当时的零售电价或批发电价出售给电网系统。在理想情况下，安装太阳能光伏系统后业主的月租费会低于其每月节省的电费。在租赁期满后，业主可以折价购买太阳能光伏系统，也可以延长租期或将光伏系统移除。美国著名的太阳城公司（Solar City）就是这一模式的最大获益者。

6. 其他政策

截至 2014 年，美国 50 个州都出台了需求侧能效提高补贴政策。需求侧能耗管理项目在 2013 年花费约达 80 美元。除此之外，有 23 个州实行了强制性能效标准，两个州实行自愿达标政策。有 9 个州和华盛顿特区现行的能效标准高于联邦规定的能效标准。32 个州采用了 IECC 2009 或 2012 民用建筑国际节能标准，38 个州强制实行 ASHRAE90.1—2007 或 2010 商用建筑能效标准。2015 年 9 月，部分美国城市和州政府签署了《中美气候领导宣言》，支持落实国家自主贡献减排目标。

（三）跨州减排行动

美国各州存在诸多跨州应对气候变化合作的实践。跨州合作机制可以覆盖更多更广的排放源，避免重复性监管工作，确保政策环境稳定，更是地方政府推动联邦立法，尤其是统一碳市场的游说联合体。跨州合作机制可以分为"自愿合作交流"和"协同监管"两种，后者又叫区域污染联防联控。跨州合作通常会联合加拿大有关省和地区。

1. 区域温室气体减排行动（RGGI）

RGGI 启动于 2009 年，该计划是一个强制性的基于市场的总量控制和交易项目，用于减少温室气体排放。该计划现在覆盖 9 个东北部的州，包括 168 个发电设备，这些设备贡献了该区域电厂的 95% 二氧化碳排放。2013 年 2 月，参与 RGGI 的州同意大幅度地调整该计划。2014 年该项目的二氧化碳总量将缩减为 9 100 万吨，比之前的 1 亿 6 500 万吨减少了近45%。并且这个总量从 2015 年到 2020 年之间将以每年 2.5% 的速度递减。大约 90% 的配额通过拍卖发放。2013 年，累计拍卖金额超过 12 亿美元。各州投入拍卖所得的 80% 用于其他应对气候变化项目，包括州和地方政府终端能效和可再生能源项目。具体情况将在第五章详述。

2. 交通和气候行动（TCI）

为配合 RGGI，2010 年 12 个东北部和中大西洋地区成立交通和气候行动（TCI），旨在通过针对交通部门的技术创新和智能规划，以及能效提高刺激经济可持续发展和促进环境改善。该行动的核心内容是通过加速发展电动汽车和替代燃料，创造可持续社区等方式促进公共交通发展，提高承运的能效水平。至今，该行动已经促成了东北部电动汽车网络的形成，且各州已同意将可持续发展作为区域交通发展的重要目标。

3. 西部气候行动倡议（WCI）

该倡议最初由美国的亚利桑那州、加利福尼亚、新墨西哥、俄勒冈州和华盛顿州于 2007 年 2 月发起，致力于在省州层面设计、评估和实施碳排放贸易计划。2007—2008 年，加拿大的不列颠哥伦比亚省、马尼托巴湖省、安大略省、魁北克省和美国的蒙大拿州和犹他州陆续加入。这 11 个省州共同制定了于 2010 年 7 月发布的西部气候倡议设计方案。根据方案，计划建立包括多个行业的综合性碳市场，到 2015 年进入全面运行并覆盖成员州（省）90%温室气体排放，以实现该区域 2020 年温室气体排放比 2005 年水平降低 15%，并承诺对碳排放进行报告。目标涵盖所有部门的六种京都议定书规定的温室气体。每个 WCI 参与省州的排放配额预算根据纳入排放交易项目的排放源的排放量来估计。各参与方可以用一定比例的配额补偿，通过系统外的减排项目来代替完成履行目标，但是该比例不能超过 49%。2011 年 11 月，西部气候行动倡议过渡成为非营利性的西部气候倡议公司，致力于提供管理和技术援助，以支持国家和省级温室气体排放交易体系的实施。加拿大的不列颠哥伦比亚省、马尼托巴湖省、安大略省、魁北克省和美国的加利福尼亚州是其当前参与成员。在西部气候倡议公司的支持下，加利福尼亚州和魁北克省于 2014 年 1 月连接了其区域碳市场。截止 2016 年，此 5 个省州继续在 WCI 下制定和协调其区域碳排放交易政策。

4. 中西部地区温室气体减量协议

中西部州长联合会在 2007 年 9 月签署了中西部地区温室气体减量协议（Midwest Greenhouse Gas Reduction Accord），有美国六个州（爱荷华州、伊利诺伊州、堪萨斯州、密歇根州、明尼苏达州和威斯康星州）和加拿大一个省（曼尼托巴省）参与。还有四个州作为观察方（印第安纳州、俄亥俄州、南达科塔州和加拿大的安大略省）。该协议旨在创建增强能源安全、推动可再生能源和减少温室气体排放的区域合作。期望通过一个基于市场的排放贸易机制来降低温室气体排放。同时，还有其他一些补充措施，如区域基金、激励项目和低碳燃料标准等。因为该区域项目的温室气体排放占美国总排放的 14%，因此曾受到很大的重视。根据协议，各州 2020 年的目标相比 2005 年下降 15%—25%，长期将相对于 2007 年下降 60%—80%。但目前协议成员已不再通过协议提出其温室气体减排目标。

5. 零排放汽车行动

2014 年，美国加利福尼亚、康涅狄格、马里兰、马萨诸塞、纽约、俄勒冈、罗德岛和佛蒙特八个州组成联盟，共同推出一项名为"零排放汽车行动"的项目，计划到2025年向社会投放330万辆零排放汽车，并同时建立燃料基础设施，以减少温室气体和烟雾的排放。该行动主要包括了3个方面、11项具体措施。在构建市场方面，计划提高零排放汽车的适用性和市场规模，鼓励鼓励私人加入，加大零排放汽车基础设施的发展和投资，提高零排放汽车政府使用比例。在提供统一的规范、标准和设立跟踪机制方面，计划进一步减少充电站建设障碍，提供明确和统一的标志，对330万辆汽车的目标建立跟踪和报告机制。在提升用户体验方面，行动计划改善办公处充电服务，对购买零排放汽车提供消费奖励，减少将电力作为汽车燃料零售的障碍，同时提升充电网络的接入性和兼容性。八个州一致同意，将评估零排放汽车发展所需资金刺激政策的必要性和有效性，采取统一的充电基础设施建设标准，并为配有电动车充电器的家庭研发计量设施。各州还将评估车辆运行成本降低的可能性。

美国各种跨区合作机制的驱动力在于，相比较单个州的减排效果，这种跨区域的行动更加有效，因为可以覆盖更多、更广的排放源。区域内州之间的互动，可以避免各州的重复性工作，同时这种区域范围的扩大，也有利于带给各州统一和相对稳定可预见性高的政策环境，从而催生相关的商业模式，实现可持续发展。

二、城市应对气候变化政策和措施

美国城市在推动国家温室气体减排方面扮演着重要的角色。数据显示，目前81%的美国人口居住在城市地区，预计这个数字到2050年会达到87%[1]。城市中的用能大户来自和人口活动密切相关的交通和建筑部门。数据显示，2014年交通部门的能耗占美国终端用能的27%[2]。居民和商业建筑占美国能源消费的41%[3]。所以城市层面的减排在很大程度上决定着

---

① US facts sheet, CSS 2015.
② EIA-Energy Consumption Overview.
③ http://www.eia.gov/tools/faqs/faq.cfm?id=86&t=1.

美国的整体减排力度。

城市是美国气候变化政策的开拓者和有力实施者。由于美国实行"地方自治"，这种地方自治使城市享有较大的立法权。因此，城市能够在州政府甚至是联邦政府权限之外，根据地方的实际情况制定自己的应对气候变化政策法案。同时，由于辖区面积小且决策层次不复杂，城市在政策制定和执行上有较高的灵活性。城市的领导者直接对选民负责，必须兑现承诺，城市层面的气候变化政策更容易因为社会民众的需求而被执行。

美国城市层面的应对气候变化行动具有多样化特征。大部分的城市都出台了相应的气候变化行动方案，设立了可量化的温室气体减排目标，出台了管理减排的措施和地方特色的行动。如纽约、芝加哥、洛杉矶等大城市制定的气候行动规划，充分显示了这些城市的环境领导力和应对气候变化承诺。根据市长气候保护中心 2014 年对美国 282 个城市的调研结果显示，已经有 149 个城市由市长牵头承诺了温室气体减排目标。超过三分之二的城市表示，在城市领导者的政治意愿支持下，种类众多的碳减排行动已经产生了可量化的温室气体减排效果。大约 48% 的城市建立了温室气体排放清单，并且用于支持城市运营和社区建设。城市减排通常首先通过本地居民开展减排行动，之后转向支持商业部门的减排。城市也纷纷建立了气候变化办公室和领导小组，负责制定减缓和适应气候变化的战略行动，协调地区、州和联邦政府层面的政策，如丹佛市的市长绿图委员会，集合了政府办公室和非营利组织，负责指导气候行动方案的执行。

纽约市是城市应对气候变化的先行者。作为纽约州内的国际大都市，纽约市是城市应对气候变化的先行者。作为纽约州内的国际大都市，纽约市把气候变化整合进城市增长战略，2007 年发布了展望到 2030 年的计划（名为 Plan NY），明确将气候变化问题纳入城市规划。规划涵盖住房、公共空间、工业用地、水质、电网、交通、能源和空气质量以及城市应对气候变化等领域，提出了到 2030 年把纽约市温室气体排放减少 30% 的减排目标，具体实现途径是 50% 来自提高建筑能耗效率，32% 来自改善电力供应方法，18% 来自交通规划。前市长布隆伯格 2013 年颁布《更强更韧性的纽约》，提出纽约应对气候变化的综合规划。现任市长白思豪颁布《一个纽约》规划，承诺将纽约 2050 年温室气体排放降低到 2005 年水平；纽约颁布的《更绿色更好的建筑计划》及其他四个相关地方法规成为全球城市提高建筑能效的最佳政策范例。旧金山市也提出了《1-50-100-Roots》规划，提出 2025 年的目标实现零垃圾、50%非机动车出行和 100%可再生能源供电的系列目标。而科罗拉多州有 16 万人口的 Fort Collins 市，2015 年宣布要将温室气体减排目标继续提高，承诺将在 2020 实现基于 2005 年排放水平降低 20%，到 2050 年降低 80%。

区域气候行动网络是地方执行气候政策的有效方式，几个地方形成共同的行动网络，可协同推动减排目标和气候战略的实施。如萨克拉门托市牵头 6 个县内的 22 个城市，共同推动区域内大气质量治理以及公交、自行车、人行道土地利用规划等行动。倡导地区可持续发展理事会（ICLEI）等非政府组织建立的城市网络也为城市行动搭建了很好的平台。ICLEI 发起的城市气候保护行动，集合了超过 1 000 个地方政府，制定了气候变化目标、时间表和减排战略。

诞生于 2005 年的"美国市长气候保护协议"，是出于对当时美国联邦政府拒绝加入《京都议定书》表示失望而产生的，该协议呼吁签署方采取措施，使各自社区的温室气体排放达到或超过《京都议定书》中为美国制定的目标。目前已有 1 060 个市长签署了协议，在美国有很大影响力。2007 年由美国市长会议机构发起了气候保护中心，致力于促进美国城市的能效政策和环境保护。①

非政府部门在城市气候变化议题上也发挥着重要的作用。越来越多的城市领导人意识到，由政府和社会组织合作，通过撬动技术创新，提高能效，可以带动更多的绿色就业，为当地创造更多的商业价值。非营利机构夏洛特展望（Envision Charlotte）和夏洛特市政府合作，推动商业楼宇安装

---

① 2017 年 6 月 1 日特朗普宣布要退出《巴黎协定》后，当日加利福尼亚州、华盛顿州和纽约州就发起成立了"美国气候联盟"，表示将继续实现美国在减排温室气体上的承诺，截至 6 月 5 日，已有 13 个州宣布加入联盟，211 个城市市长宣布恪守对《巴黎协定》所定目标的承诺。

设备，收集建筑能源使用实时数据，培训建筑管理者，使被监测楼宇能源使用量较 2010 年下降了 16 个百分点。该机构还计划将此做法推广到更多市内建筑，并正在开发一种针对办公租户的能效管理软件。他们还将和政府合作，发起美国展望（Envision America）项目，希望在其他城市推广类似的节能项目。

三、美国地方气候政策案例

（一）加利福尼亚州

1. 加州气候政策概况

加利福尼亚州位于美国西岸，2015 年人口约 3 900 万。2013 年人均能源消费在全美排名第 48 位，碳强度在全美排名也处于较低水平（172 吨 CO_2/百万美元 GDP），这得益于其有效的气候政策和能效计划。加利福尼亚州聚集了许多美国快速发展的企业和财富 500 强公司，其农业、生物技术、清洁能源、娱乐业、高科技、制造业、旅游业等行业也在美国处于领先地位。

2006 年，加利福尼亚州率先通过了全球变暖法案（Assembly Bill 32），成为美国气候政策历史上的一个标志性事件。该法案要求加州到 2020 年的温室气体排放减少到 1990 年的水平，相当于比不执行任何减排政策的基准情景减少大约 15%的排放。AB 32 法案是美国国内第一个全面、长期的气候行动计划。

自从 AB 32 法案通过，加州已持续推进了一系列行动，降低温室气体排放、净化空气、发展多样化的能源和燃料并激发高科技领域的创新，来彰显其在应对气候变化方面的领导力。加州要求各地建立地区性的与行人、车辆相关的温室气体减排目标，并采取政策和激励措施鼓励达标。同时以现有的州级法律和政策为基础，落实相关措施。加州通过发展碳交易项目保证目标实现，同时给企业提供以低成本降低排放的便利性。更重要的是，加州所采取的措施并不仅仅以降低排放为目的，而是建立在经济发展和环境可持续性协调发展的准则之上。

为了达成 AB 32 法案所设定的减排目标，法案要求加州空气资源委员会发布一份范围界定计划（Scoping Plan），内容是关于加州的具体达标战略，并且每五年更新一次。2008 年 12 月，第一份范围界定计划通过，包含了一系列大幅削减温室气体排放的措施。具体措施包括扩展和强化建筑及电器的能效标准；增加可再生能源电力生产，使其在 2020 年至少达到全州能源结构的 33%。

2014 年 5 月，加州空气资源委员会通过了气候变化范围界定计划的第一次更新，在原计划的基础上提出新的战略和政策建议。更新后的计划着重展示了加州为达成 2020 年的近期减排目标所取得的成绩，也重点讨论了最新的气候变化科学及其如何为长期减排提供方向。

加州为 2020 年的目标所采取的各项措施反映在多个方面。例如，为了实现更加清洁和高效的能源，在近 40 年的时间里，加州已经从降低电力成本上节约了 740 亿美元；目前加州 23% 的电力来自可再生能源发电，并希望在 2020 年至少提高至 33%。可再生能源发电已经成为加州能源结构中不可或缺的重要组成部分。清洁交通在加州发展也十分迅速。加州低碳燃料标准加速了清洁燃料的生产；零排放车辆项目有可能在 2025 年实现 150 万辆零排放车辆的保有量。

正如 2014 年更新后的范围界定计划所述，在加州实现 2020 年目标的过程中，还必须清楚其长期的、深入的温室气体减排发展规划。因此，更新的范围界定计划为 2020 年以后更广泛的减排提供了坚实的基础，其目标是在 2050 年的排放比 1990 年的水平减少 80%。这样的目标意味着温室气体减排速度必须大幅提高：2020 年至 2050 年的减排速度将是达成 2020 年目标速度的至少 2 倍以上。

更新的范围界定计划还列举了加州减排取得的一系列进展，包括能源、交通、农业、水、废弃物管理、自然和工作用地、短期气候污染物、绿色建筑和碳交易项目等方面。

2. 能源系统减排

加州的能源部门是一个复杂的系统，包括电力和天然气生产、运输和分配，公共部门服务运营，以及多种终端用户（包括住宅、商业和工业活动）的消费。目前，与能源部门相关的碳排放约占全州排放的50%，因此能源部门的减排努力显得尤为重要。

以提高电力和天然气的能源效率为例，加州能源委员会和加州公共设施委员会发挥了重要的作用。加州能源委员会一直致力于发展和采用新的电器和建筑能效标准。2013年更新的建筑能效标准使住宅建筑效率提高了25%，非住宅建筑效率提高了30%。除新建筑以外，加州能源委员会还为已有建筑提出了全面的能效提升计划。在地区层面上，也有多个社区创造了财产评估清洁能源融资区域计划（简称PACE计划），允许住宅和商业资产所有者通过自愿性的财产税评估，对所在地的可再生能源生产和能效提升进行融资。

加州公共设施委员会还计划将需求侧响应作为促进可再生能源融入的重要方式。需求侧响应在传统意义上被用来降低电力的峰值需求，缓解突发状况，或应对较高的能源零售价格等。需求侧响应是加州在能源领域的又一举措，在可再生能源领域的应用将对温室气体减排具有重要意义。

除此之外，在储能、热电联产、工业，以及石油和天然气生产等方面，加州都在更新的范围界定计划中有比较具体的未来减排计划。

3. 交通系统减排

加州的交通系统温室气体排放约占全州排放的36%，并且是主要的致霾和有毒性空气污染的来源。2016年，强制性的污染物减排目标地区标准将正式实行，届时加州有望在2032年比2010年的排放水平降低90%。

交通系统是加州亟需减排的部门，也是在实现经济增长与公众健康、环境保护之间的平衡方面机会最多的部门。从已有政策环境的角度来看，加州有着相当好的基础。例如，加州在技术及其相关的规划方面比美国其他州发展程度更高。加州是美国第一个要求机动车减少温室气体排放的州，早在2004年ARB已经采取了相关措施。加州还采用了低碳燃料标准，始于2009年，要求交通燃料的碳强度到2020年降低至少10%。2014年开始，车辆技术、燃料、可持续货运战略和投资等方面均会有具体的计划得到实施。

　　加州制订了零排放汽车政策。该政策针对 2018 年至 2025 年上市车型，要求汽车厂商销售的汽车中必须包括一定比例的"完全零排放"车辆（ZEV）及"部分零排放"车辆（PZEV）。政策规定到 2025 年加州有约 15% 的新车是可充电式混合动力、电池电动，或燃料电池汽车。汽车厂商每销售一辆"完全零排放"车辆或"部分零排放"车辆，根据车辆续航能力，汽车厂商获得相应积分。根据汽车厂商全年销售的"完全零排放"车辆或"部分零排放"车辆的数量，对汽车厂商进行两项积分评价，这两个积分分别除以汽车厂商全年汽车产量可以得到两个百分比。ZEV 政策要求汽车厂商各年销售"完全零排放"车辆及"部分零排放"车辆的百分比达到相应的标准。若汽车厂商不能达到相应积分，则需承担 5 000 美元/积分的罚款。ZEV 政策的另一个创新之处在于积分交易。加州的汽车厂商可以根据年度生产销售情况，将当年的 ZEV 积分出售给其他汽车厂商获得利润，同时抵消其他汽车厂商积分不足的情况。有多余 ZEV 积分的汽车厂商也可以选择储蓄积分供下一年度使用。ZEV 积分交易的方式主要有两种，一种是通过汽车厂商间的双方协议进行线下购买（成交价根据双方协定）；另一种是通过积分拍卖门户网站进行线上购买（成交价根据网站实时价格）。ZEV 积分储蓄和交易，增强了 ZEV 政策的弹性，也提高了汽车企业参与的积极性。ZEV 积分储蓄和交易提供了合规的灵活性，同时也加速了新能源汽车行业的发展，降低了汽车行业碳排放。这项规定已经先后被美国其他的 10 个州所采用，覆盖了大约四分之一的美国市场。并且加州目前拥有 60 000 辆零排放车辆（基本上是轻型汽车，包括电池电动、可充电式混合动力和燃料电池汽车），比其他任何州都要多。

　　4. 废弃物管理

　　废弃物管理涵盖了固体废弃物管理的各个方面，包括对可回收材料的回收，重新使用和重新制造；堆肥和厌氧/好氧消化；废弃物转化为能源；生物质能管理以及填埋。加州有比较成熟的废弃物管理体系，在最初的范围界定计划里，几项重要的活动被界定为增强加州综合处理废弃物的能力，并减少温室气体排放的关键，包括：填埋甲烷减排、减少废弃物生产，以及把废弃物转向更加有利的用途。这些活动也在更新的计划里得到肯定，将继续推动能力建设。与此同时，总体性的规划行动也很必要，包括实施禁止有机物填埋的监管和法定行动，在碳交易项目中增加填埋，以及"最佳管理实践"的应用等。

加州政府2003年出台了《电子废弃物再生法》，主要用于规范CRT显示屏处理，规定消费者在购买限定范围内电子设备时，应为每台设备支付6—10美元的回收处理费用（按不同显示器尺寸收取不同费用）。该费用由零售商负责收取，然后转交加州税收署集中存入"电子废弃物回收再利用专用账户"，由加州政府进行管理，用于支付政府授权的回收商和处理商费用、宣传及管理成本。

5. 绿色建筑

建筑是美国温室气体排放的第二大排放源，这只核算了与电力、天然气和水的消费相关的排放。如果将全生命周期排放分析纳入考虑范围，或者考虑建筑对交通出行方式和基础设施需求等的影响，建筑领域减排问题则更为关键。在过去的5年里，加州主要通过改善建筑节能标准，提升地区层面自愿性项目的参与度，改善现有建筑等方式推动节能减排。绿色建筑代表了向综合和跨部门的气候政策框架的转变。

在未来的计划中，净零碳排放建筑将是加州继续采取综合方式降低排放的重要手段之一。州政府也会据此为政府建筑、学校、住宅和商业建筑制定新的减排计划，以减少新旧建筑对气候和空气质量的总影响。

（二）波特兰市和蒙诺玛县

1. 低碳发展概况

波特兰市位于美国俄勒冈州蒙诺玛县，是俄勒冈州最大的城市，在低碳领域是著名的城市案例。

（1）碳排放来源。从碳排放源来看，建筑排放占了该地区碳排放的40%，主要来自于建筑物的能源消耗；货物运输和交通几乎占蒙诺玛郡碳排放量的40%；大约15%的碳排放来源于对居民和企业的食品及饮料供应

（如果考虑食品系统的影响，如与农业生产相关的森林砍伐和土壤退化，则大约为30%）。

（2）低碳发展历程。波特兰市和蒙诺玛县自1993年就已经开始实施二氧化碳削减战略，这是美国第一个由地方政府制定的碳排放削减计划。主要措施包括：建筑物、家用电器和车辆的能耗效率提升，更多低碳能源的利用，如风能、太阳能和生物柴油的使用，居民交通方式的转变，又如，更多人采用步行、骑车和公共交通等交通方式出行，以及减少垃圾填埋场和其他回收中心产生的甲烷排放。自2000年起，在碳排放量到达峰值之后，蒙诺玛县的碳排放量开始下降。数据显示，1990年至2013年，蒙诺玛县人口数量增长了31%，工作机会增加了20%，但是碳排放总量同期下降了14%，相当于人均排放量下降35%。这很好地证明了城市可以在保持经济发展和人口增长的同时减少碳排放量。

（3）低碳发展目标。2015年，波特兰市和蒙诺玛县制订了一个更加切实的行动计划，将在已有成绩的基础上继续削减碳排放。气候变化行动计划设定的路线图是在1990年的基础上，到2050年削减80%的碳排放量；中期目标是于2030年削减40%的碳排放量。该计划还详细列出了2030年需要完成的目标。对于近期目标，气候变化行动计划确认了超过100个需要在未来数年完成或取得重大进展。

2. 建筑物和能源

建筑领域排放是波特兰市和蒙诺玛县的第一大排放源，要减少这一部分的排放，需要通过提高能源效率和降低能源供应的碳强度来实现。途径包括逐步淘汰煤炭，增加可再生电力来源，如太阳能和风能。在此基础上，2030年的目标包括：将2010年前建造的所有建筑物的总体能源消耗量减少25%，使得所有新建建筑物和住房的碳净排放量为零，并规定在建筑物消耗的所有能源中，50%应来自于可再生能源，10%应由位于蒙诺玛县的可再生能源场所，如太阳能电站生产。未来五年，建筑和能源减排的重点行动将集中在建筑节能、太阳能、碳定价和净零建筑物方面。

3. 城市形态与交通

交通领域的碳减排将对波特兰市实现其 2050 年的目标起到重要的作用，因为货物运输和人员交通占蒙诺玛县碳排放量的近 40%。总体城市形态或社区形状（包括工作场所和住房的选址、如何通往公园和开放空间，以及商店和社区服务的位置）；出行和商品运输方式（如步行还是自行车，使用轿车还是卡车）；为公共交通、轿车和卡车提供动力的燃料（如电力、生物燃料、柴油、汽油）这三大因素影响着交通碳排放。在此基础上，2030 年的目标包括创造充满活力的社区，并设有通向公共交通的安全的人行道和自行车道，使 80% 的居民可以通过步行和骑自行车轻松满足基本的日常、非工作性需要，以及日常人均车辆行驶里程在 2008 年基础上削减 30%。在交通方面，要改进波特兰市内和波特兰都会区货物运输的效率，提高在用客车的燃料效率至 40 英里/加仑，提升管理道路系统，最大限度地减少碳排放，以及削减 20% 的交通燃料的生命周期碳排放量。

未来五年，城市与交通的减排重点行动将在稳定融资、土地利用规划、动态交通和低碳燃料方面。

4. 消费和固体垃圾

在消费产生的碳排放中，超过一半来源于商品的生产或制造环节。其中，商品的运输和销售环节（批发、零售）产生了 12% 的碳排放。在商品全生命周期的碳排放中，平均 68% 产生于消费者开始使用商品之前。为了完成碳排放目标，个人、企业、政府和其他组织不仅需要循环利用物品和进行堆肥，还需要做出更加具有可持续性的生产和购买决策。在此基础上，波特兰市计划 2030 年之前鼓励可持续消费，支持波特兰市的企业最小化其供应链的碳强度，削减与消费相关的碳排放；在减少垃圾制造方面，2030 年要减少 90% 送往垃圾填埋场的厨余垃圾，人均固体垃圾削减 33%，并且循环利用 90% 的垃圾。该领域未来五年的重点行动将在基于消费的碳排放、食品垃圾和垃圾回收利用方面展开。

5. 食品和农业

蒙诺玛县针对食品和农业的计划，不但希望影响公众对食品的消费决策—更多地选择低碳食品，而且注重低收入人群和有色人种社区获得低碳食品的公平性。这一领域2030年的目标是：减少碳强度高的食品的消费，支持基于社区的食品系统。这两方面也是未来五年的工作重点。

6. 城市森林、自然生态系统和碳封存

树木和其他植物是波特兰市和蒙诺玛县气候变化准备和防范战略的核心内容，土壤也是一个重要潜在的碳封存工具，深层土壤和未铺路的土壤往往可以存储更多的碳，尤其是湿地。在这一方面，2030年的目标是：增加绿色基础设施（树木、植物、土壤）和自然区域，封存更多的碳；有效减少600英亩（1英亩＝4 046.86平方米）的不透水土地面积；扩展城市森林遮荫面积，至少覆盖城市1/3的土地面积；在每个居民社区，树冠遮荫面积最少应覆盖25%的土地面积；在城市中心区、商业和工业区等区域，树冠遮荫面积最少应覆盖15%的土地面积。未来五年的重点行动将在树冠覆盖面、反铺路化这两方面。

7. 适应气候变化工作

根据波特兰市的气候特点，预计未来的夏季将更加炎热、干旱，高温天气越来越多；而冬季将更加温暖，可能发生更强烈的降雨。该地的气候变化很可能导致热浪、干旱、森林野火、洪水、滑坡等，而低收入人群和有色人种社区更容易受到热浪及与之相关的糟糕空气质量的影响。其2030年目标包括：一是要准备好迎接更加炎热、干旱的夏季，酷热天气的天数将可能增加，减少发生热浪、干旱和森林野火等灾害的风险和影响。二是准备好迎接更加温暖的冬季，可能发生更多的强降雨，减少发生洪水和滑坡等灾害的风险。此外，还必须培训波特兰市和蒙诺玛县政府工作人员，强化社区的能力建设，准备好应对气候变化的影响。未来五年的重点行动将在提高应对炎热、干旱的夏季，更强烈的降雨等事件的能力，以及决策和能力培养方面。

8. 社区参与、宣传和教育活动

公共政策可以帮助个人和企业运用一系列的工具——如标识、教育、监管、激励和公共投资——选择低碳生活。在实施气候变化行动计划时，波特兰市和蒙诺玛县认识到，与民众和广泛的社区群体积极互动对于行动计划成功与否至关重要。因此，2030年的目标有：实现与社区开展互动，尤其与受影响的、代表性不足和服务缺乏的人群互动，以制定和实施与气候变化相关的政策和规划。此外，要动员所有蒙诺玛郡居民和企业，帮助其改变自己的行为，以减少碳排放。未来五年重点行动将在社区互动，宣传和教育方面开展。

9. 当地政府运营

波特兰市和蒙诺玛县政府运营产生的碳排放占当地总排放量的1%，这主要来源于政府开展的各类活动及建造的各类设施。当地政府制定了有雄心的2030年目标：与2006—2007财年相比，削减波特兰市和蒙诺玛县政府运营中53%的碳排放量。

10. 能力建设

在完成气候变化行动计划目标的过程中，加强工作人员和社区的能力建设至关重要，尤其是实施和评估碳排放削减行动，进而提升为气候变化做准备的能力。因此，2030年的目标是提升波特兰市和蒙诺玛县政府工作人员和社区的能力，以确保有效实施气候变化行动计划，并实现公平。未来五年的重点行动将在决策和问责制、伙伴关系和社区能力建设方面展开。

四、美国地方气候政策特征

地方政府是美国应对气候变化的主要推动力量。美国的政治体制决定了其地方气候的政策呈现多层次、多元化特征。地方政策的行动目标和力度受本地经济、自然环境影响，也与选民结构、利益集团诉求和民意对气候变化的认知程度密切相关。美国各地方应对气候变化政策的差异，是政治、经济、自然各种因素共同作用的结果。美国地方气候政策特征可概括为以下几点：

（一）政党政治是美国地方政府应对气候变化的重要影响因素

美国地方气候变化政策的总体格局与两党政治下的政治现状高度吻

合。共和党对气候变化政策的反对态度，除了基于对民主党所有政策都一贯反对的立场，还有出于对"联邦管辖权持续扩大""减排行动是否成本太高"等问题的质疑。而民主党则认为环境监管是政府责无旁贷的义务，需要替子孙后代提前打算。总体来看，对于应对气候变化的态度，共和党执政州比较保守，民主党执政州比较积极。图4-3是美国2012年大选后各州对两党的支持分布，和图4-1已经制定了温室气体减排目标的州相比较，可以看出这些州和支持民主党的州基本重合。

图4-4　美国2012年大选后各州对两党的支持分布

注：深色代表罗姆尼/莱恩赢得的州（24个），白色代表奥巴马/拜登赢得的州（26个和华盛顿特区）。

因此，不容忽视的是，美国仍然有近半的州没有制定温室气体减排目标，有三分之一的州没有制定应对气候变化的行动方案，仅14个州采纳了电力行业减排目标。州和州之间的政策差异性很大。奥巴马政府新发布《清洁电力计划》后，被诸多共和党执政州联合向最高法院起诉该计划，最终导致了该计划陷入漫长的法律程序而搁置。肯塔基州和西弗吉尼亚州为两个共和党控制的煤炭生产大州，参议院多数党领导人米奇·迈康诺（Mitch McConnell）在肯塔基州参议员的竞选口号就是"煤炭、枪支和自由"，他呼吁所有的州抵制《清洁电力计划》。

（二）地方气候变化政策的优先性取决于本地政治议程

美国自然条件多样，大部分人口生活在东西海岸，同时作为农业大国，气候变化会对生产生活带来直接的感受。例如，阿拉斯加和佛罗里达就是对气候变暖有直接感受的地区，纽约的飓风和加州的干旱，都给当地居民上了生动的气候变化科普课，这是近几年不同州推进气候变化政策的民意基础。美国 PEW 研究中心的民意调查表明，有 45% 的美国受访者认为气候变化问题很严重，66% 的受访者表示愿意为此改变自己的生活方式。

地方应对气候变化行动的实施结合了本地最紧要的政治议程。如纽约市的气候变化行动和城市居住环境不断改善的需要密切结合，自建筑节能改造始，拓展到空间改善，道路回归，增加更多非机动车出行的可能性，使得纽约在低碳的同时，成为更加宜居的国际大都市。

由于本地政治议程的差异，城市和所在州的政策导向可以不同，若州层面比较保守，城市也可能选择另辟蹊径。例如，德克萨斯州并没有州层面的应对气候变化立法，然而作为州首府的奥斯汀市则由议会在 2015 年 6 月 4 日通过了《奥斯汀气候计划》，得州休斯敦市市长也积极参与中美气候峰会，加入市长气候议程，成为德克萨斯州整体保守政治环境的特例。

（三）经济因素在地方气候政策制定中具有重要作用

美国环保局曾对 22 个地方清洁能源项目做了经济收益分析。例如，2005 年发布的《佐治亚州能源效率潜力的最终评估报告》，认为清洁能源和减排计划的事实，对地方经济发展具有正效应，每百万净收益可产生 1.6—2.8 个工作岗位，到 2015 年将产生 1 500 — 4 200 个工作岗位，人力资本收入到 2015 年将增加 4 800 万—1.57 亿美元。许多地方出台的气候政策和减排计划，也正是看到了这种对未来经济发展的正面促进作用。加州之所以采取了积极行动，也是考虑到州内经济增长主要靠高科技产业，是清洁技术研发的全球中心，更加严格的应对气候变化政策和行动，长期来讲会有利于本地区经济竞争力。应对气候变化，发展清洁能源被视为经济发展的机遇，可以在气候行动形成的新兴市场中寻找商机、树立领导力。

而一些化石能源生产州因为当地产业的缘故，担心碳减排会影响经济发展，因此，对应对气候变化态度不积极。例如，拥有大量自动制造企业的密歇根以及主要的煤炭生产企业所在的西弗吉尼亚州，让当地企业家接受温室气体减排成本相当棘手。有些地区可以说非常矛盾，自称为唯一能"感到"气候变化的阿拉斯加州，虽然很早就开始组建气候变化委员会，但至今没有制定温室气体减排目标，尽管迫于民意制定了气候变化适应规划，在采纳提高能效和可再生能源政策方面仍然行动迟缓；这和阿拉斯加州的地理环境有关，更重要的是化石能源本身是阿拉斯加的支柱产业之一。

（四）注重决策信息收集和多方参与

城市为提高能效和可持续发展提供一手的知识信息库。美国有非常完备的官方数据统计体系，由政府各相关职能部门和其他机构负责收集数据和开展分析。城市层面的相关数据除了通过上述官方渠道获得，还能够通过一些社会公开的数据平台获得，如碳气候注册（Carbon Climate Registry-CCR），及碳披露项目（Carbon Disclosure Program）等由 NGO 发起的碳数据平台帮助美国的城市开展温室气体清单的收集和整理工作。完备的行业、社会经济和温室气体数据收集系统，以及法律保障的信息公开制度，为科学决策提供了基础。

有些城市具备较强的数据收集和分析能力，例如，费城在建筑领域开展了能源对标项目，要求商业建筑披露用能情况。大约有 2 000 栋建筑建立了统一的基准线，通过与建筑的业主和能源管理者分享数据，并且实现与租户在线共享数据，建立能效建筑的市场。纽约市也开展了类似的项目，信息披露所带动的节能效益约 2 亿 6 000 万美元。

地方政府制定本地的气候行动目标时，还会参考 IPCC 的报告，同时也和其他具有相似规模，环境和领导力水平的城市作比较，结合城市自身的情况，设立目标值。此后，在决策过程中广泛征求利益相关方意见，共同寻找实现目标的机会和具体措施。在决策过程中，智库和民间组织可以发挥引导作用，地方政府致力于创新，希望吸引更多商机，创造就业，投资绿色经济。人们相信创新是对传统的补贴和税收优惠的有力补充，能够吸引更多的工业和居民。商业部门和非政府组织积极参与气候变化行动。例如，明尼阿波利斯市（Minneapolis）和电力公司成立了清洁能源合作伙伴。在亚特兰大市，商业建筑业主积极加入"更好的建筑挑战项目"。在这两个案例里，商业都为城市实现减排目标发挥了至关重要的作用。

第三节　中美地方应对气候变化政策比较

作为地方应对气候变化的主体，地方政府通过制定和实施一系列的政策措施和行动计划，在控制温室气体排放、促进地方绿色低碳发展方面发挥了重要推动作用。由于中美两国政治体制、发展阶段和基础条件等方面的差异，两国地方应对气候变化政策呈现出不同的特点。

一、政策制定和实施机制比较

中美地方应对气候变化政策存在的差异，首先体现在政策来源、制定过程及实施机制等方面，反映了中美各自的政治逻辑、经济逻辑和文化逻辑。

（一）政策来源

政策来源是指制定或者推动政策制定的主要力量，反映出不同的权力结构和利益取向，并对政策目标、政策内容以及实施机制产生直接影响。中美地方政府在地方应对气候变化政策制定中，都发挥着重要作用。如中国各省级政府部门主导制定本地区应对气候变化规划，对辖区内应对气候变化工作进行全面部署；美国部分州（如加州）实施的应对气候变化相关政策，也是由州层面主导制定完成的。

中美地方气候政策来源的不同主要表现在：一是中国地方政府是地方应对气候变化政策唯一直接来源，而美国地方气候变化政策来源较为多样化，除地方政府外，行业协会、社区组织、非政府组织等在形成区域性、自愿性地方气候变化政策及相关创新实践中，发挥着重要作用，甚至是政策发源的主要推手。二是尽管中国地方政府是其气候变化政策的直接来源，但其更深层次的政策驱动往往来源于中央政府。无论是地方应对气候变化规划，或者各地出台的试点示范政策，往往是在中央政府相关指导文件要求下，地方配合开展落实工作。

总体上看，中国的地方应对气候变化政策形成呈现自上而下的特征。气候变化作为一个全球性、长期性问题，在顶层设计、战略规划和政策制定等方面，中央政府一直发挥着主导作用，具有绝对的行政权威，其制定的低碳发展目标及相关政策通过行政指令传导到各级地方政府，并在各个层面得到落实。而美国地方应对气候变化政策基本上是地方政府自主自发的政策行为，一般是州层面或者城市层面依据不同利益团体的需求自下而上推动的结果。不同的地方政府应对气候变化的政治意愿和自身情况不同，政策框架也因地制宜，不尽相同。

（二）制定过程

政策制定过程主要表现为各利益相关方的参与方式、最终决策机制以及政策形成的程序，对政策的科学性及实施效果有着重要影响。

从政策制定过程看，中国地方应对气候变化政策主要是地方政府依据中央政府确定的相关政策导向和要求，结合本地区实际制定的。中央层面出台的政策，一般包括全国应对气候变化总体目标、相应的政策措施和对地方的工作部署。地方政策一般是根据中央文件有关要求，制定落实文件。地方政策制定过程中，起主导作用的是地方政府主管部门，除非颁布地方性法规，一般不需要地方人民代表大会参与。地方政府为完成政策文件起草任务，会邀请有关专家参与，与有关部门公务员一起组成文件起草组，具体负责文件起草工作，在这一过程中，起草组会组织赴企业或基层的调研活动，以便进一步了解实际情况，但企业和公众一般不参与文件的制定过程，有些特别重要的文件，有时会向社会公开征求意见。美国地方应对气候变化政策多是由社会组织或议会议员发起，进而推动在地方层面的立法进程，地方议会在政策制定中具有核心职能，企业、社会组织等在政策的制定过程中会积极参与，甚至在其中发挥重要作用。一些气候变化政策制定过程中会成立顾问工作组，不仅为社会各界参与政策讨论提供了平台，也便于政府机构及时与社会公众进行沟通交流。其政策制定过程更多体现为各利益相关方的博弈过程。

从决策机制看，美国地方应对气候变化政策的决策更多表现出分散决策的特点，一般为政府部门牵头，各主要利益相关方参与。美国地方政府在应对气候变化政策制定中具有自主权，相关决策往往由相关行业组织、非政府组织、社区等推动形成，部分政策属于自愿性。中国地方应对气候变化政策制定更多体现出集中决策的特点。一般在政府部门内部或者相关部门之间征求意见之后颁布实施，利益相关方参与方式相对有限。

（三）实施机制

实施机制主要指参与政策实施的主体、实施过程以及实施效果评估。

美国地方气候变化政策的实施主体具有多元性特点，地方政府和议会扮演着政策制定和组织者的角色，协会、社区、企业等其他组织在具体实施中发挥着核心作用。一是公共、私人部门以及社会各界广泛参与。这种参与，不仅局限于政策执行阶段，还贯穿于政策制定和实施的全过程。二是越来越多的美国地方政府意识到区域内政府间合作的重要性，并将区域合作融入到地方应对气候变化行动计划中。区域合作内容包括不同司法管辖区的地方政府一起工作，共享知识和资源，鼓励有条件的区域在经济发展、土地使用、交通规划策略等方面建立合作关系。区域规划委员会和城市规划委员会负责区域层面的政策协调。三是在应对气候变化工作，美国地方政府注重与商会、企业等社会团体之间的合作，鼓励企业参与气候应对计划，主动引导企业将清洁能源和气候保护作为生产和服务重点；企业回应来自政府的激励，选择适合企业自身的社区气候保护目标。例如，新泽西州的米德尔萨克斯县（Middlesex County）建立了绿色经济开发区管委会，通过税收优惠和企业发展资金吸引绿色高科技企业入驻本区，为社区创造更多的"绿领"就业岗位。堪萨斯商会提出《气候保护伙伴关系倡议书》，鼓励都市区企业评估和降低其温室气体排放量。

中国地方气候变化政策实施主体也包括多个方面，但地方政府部门在其中发挥着主导作用。地方政府负责分解落实温室气体排放强度下降目标，省级政府除了向地市级政府分解指标外，部分省级政府还通过向有关行业分配指标来推动降碳目标任务完成。在目标责任制的运行中，指标的分解和完成情况考核紧密相连。在指标层层分解和考核的压力下，地方政府采用了各种政策手段方法来保障节能减碳指标的实现，如建立专项基金、淘汰落后产能、调整能源结构、增加森林碳汇，等等。随着节能减碳目标责任制的实施，地方政府的节能降耗工作取得了很好的量化成效。由于中国地方政府的应对气候变化工作主要是在中央政府部门的指导下开展，相对而言其主动性、创造性能力较低，政策的实施则基本由地方政府部门推进，公众、社会组织等力量相对薄弱。

二、政策类型和内容比较

政策类型主要是指政策的主要载体和形式，政策内容反映了地方应对气候变化的政策取向、行动思路及相应的约束力。

（一）政策类型

中美地方应对气候变化政策类型体现出较大差异。中国地方应对气候变化政策的主要形式是政府出台的政策文件，包括地方规划、工作方案、实施方案、行动计划等，个别城市出台了具有法规性质的工作条例，如河北省石家庄市出台的低碳发展促进条例。美国地方应对气候变化政策的主要类型是地方议会通过的相关法案，以及政府通过的行动方案，相关工作以立法为基础。相比较而言，中国地方政府的规划、工作方案更为灵活，易于启动和实施相关工作，但从长期来看，美国地方以立法为基础的气候政策更有保障。中国的地方气候政策需要夯实法律基础，以法律法规来约束和引导市场主体行为，才能保证政策更加有效、持久。美国基于法律的地方气候政策具有根基相对牢固的优点，但也意味着通过一项法案需要利益相关方达成共识，政策通过立法程序的难度相对较大，时间相对较长。

（二）政策内容

中国地方应对气候变化规划同时包含了减缓、适应、能力建设等全方位的内容，政策涉及面比较广，包括了产业结构调整、节能、可再生能源发展、森林碳汇、农业减排，以及水资源管理、防灾减灾等各个方面，但往往政策深度、精细度尚存在不少问题。如：部分省级应对气候变化规划与国家规划内容高度相似，区域特色体现不足，缺乏地方特点；差别化政策设计不足；保障措施针对性不强等。特别适应气候变化内容相对弱化，政策目标的可度量性差。对于确定了量化目标的适应领域，通常也存在政策方向不明确、力度不足等问题，政策约束效力不够，不利于对政策实施进行监督和考核。随着政策中心下移，基层地方政府对气候变化工作重要性认知水平和政策制定能力不足，很难制定出高水平的气候政策，往往以落实上级工作安排为主。

美国地方气候变化政策内容主要包括减缓和适应两方面，包括可持续的规划设计、土地利用、能源、水资源、产业、交通出行、社区生活、公共基础设施、建筑、绿化等。减缓方面，主要考虑碳排放控制，重视对区域的发展导向、可持续的规划设计、紧凑的土地利用等，侧重新能源开发使用、低能耗交通出行、节能建筑等；适应方面，主要强调基础设施、道路交通、绿地系统、防灾减灾等。美国部分地方政府由于受气候灾害影响大，适应气候变化成为地方政府推动应对气候变化工作的重要驱动因素，因此对适应气候变化工作的重视程度相对更高，众多州都编制了适应气候变化的相关规划。

三、比较分析和借鉴

探索适合地方实际的应对气候变化政策和实施机制，是一个长期渐进过程。在全球低碳发展未形成成熟模式的背景下，中美两国地方的低碳发展和应对气候变化实践经验，显得尤为珍贵和重要。总体来看，中美地方气候政策可以从以下三个方面进行有价值的比较分析。

一是政策着眼点不同。中国地方应对气候变化政策具有明显的自上而下特征，主要是通过各个层面的政策传导，将中央政府的决策贯彻到基层政府，进而形成了全国统一的气候变化政策。中国推动低碳创新的主要平台是通过在地方层面开展的低碳发展试点示范，如低碳省市、低碳园区、低碳社区、低碳城镇，寻求综合性低碳发展模式和可复制的经验，以期逐步推广到全国。美国应对气候变化政策呈现出自下而上的特征。在国家政策受阻的情况下，许多地方政府以各种形式制定了本地的气候变化政策和减排目标。美国地方政府更重视经济方面的因素，在市场中偏好以行业转型为切入点寻找相应的政策解决方案，如抓住电力、交通等重点碳排放行业，引入碳排放标准、碳交易等机制进行推动。中美两国地方开展的相关的政策尝试都有利于为国际社会提供相应的低碳转型经验。同时，由于发展阶段不同，在中国地方政府层面，仍然存在在以经济增长为核心的政绩竞争机制，应对气候变化往往并不是地方政府关心的重要问题，低碳发展的内生动力相对不足，在一定程度上制约了地方开展低碳创新的积极性。美国经济已经高度发达，普通民众对气候变化的关心程度更高，同时美国地方政府在环境立法上拥有更多的自主权，因此美国地方政府出台应对气候变化政策的积极性和主动性更大一些。

二是政策效率差异。在这两种不同发展模式下，两国地方应对气候变化政策效率产生较大差异。美国的政治体制导致各层级政府在应对气候变化这一议题上难以形成连贯的、互补的、长效的良性互动。"碎片化"的减排行动也极大地影响减排的最终效果。中国所采用的"单一制"的管理模式能够有效地保证政令统一，各级政府、各部门的步调一致。节能减碳目标责任制在推动中国实现节能和碳强度下降目标中发挥了重要作用。同时，也要看到，美国地方应对气候变化政策制定过程缓慢，但自下而上形成的政策体系有助于实现较低成本减排；中国应对气候变化的政策形成过程具有高效性，但自上而下的政策体系容易忽视地区差别，在一些地方不得不付出更高的减排成本。

三是推动建立适合本地实际的气候治理模式和政策体系，对地方应对气候变化意义重大。美国地方政府鼓励企业和其他社会行为者共同参与政策制定，但政府难以通过行政手段约束企业和公众行为，许多自愿减排项目成为权宜之计。美国地方政府在形成地方法律条文、财税征收方面享有较高的自主权，不同地方在面临气候应对诉求时，享有更多制度安排上的灵活性和积极性。但以地方为主应对气候变化也存在明显缺点，美国不同地方政府对应对气候变化的态度差别甚大，共和党主政的地方在应对气候变化方面表现消极。同时地方有关气候变化行动具有的权威性不足，很多规则和立法的权限还是要依赖州和联邦政府，对很多城市和县来说，地方财政压力大，用来应对气候变化的资源稀缺。相对而言，中国的行政架构更容易形成全国"一盘棋"，地方政府在落实中央指令方面一贯体现出较强的执行力，将减碳任务量以行政指令方式分配下去的思路具有操作性。但随着我国改革进程深化及经济社会发展，原有的管理模式也需要进一步优化完善。中央政府需要注意支持地方政府创新，不宜采用"一刀切"的政策。各级政府部门应创造条件，鼓励公众和社会力量献计献策，共同参与应对气候变化相关政策的制定和实施。在政策工具使用上，应根据不同情况，将行政手段、法律手段、经济手段和宣传教育手段等有机结合，促进政府向公共治理型的模式转变。此外，中国地方应对气候变化的行动是在较为封闭的条件下进行的，今后应增进国内外地方政府及相关组织间的合作交流，取长补短，推动形成各具特色的地方气候治理格局。

第五章　中美碳市场政策比较

第一节　碳市场的基本概念以及发展历史

一、基本概念

碳市场是一种利用市场机制实现减少或控制二氧化碳排放的政策手段，通过对二氧化碳排放权的总量控制与交易，达到以较低经济成本实现碳减排的目的。在碳市场中，政府为政策覆盖的所有企业设定一个总的二氧化碳排放目标，并创立与总目标相一致的排放配额，然后将这些配额按照一定规则发放给各个企业。企业排放的每吨二氧化碳都需要相应的配额，自己的配额不够时需要向其他企业购买。而二氧化碳排放较少的企业则可以将未用完的配额出售给别的企业。

配额的发放主要有历史法、标准法和拍卖法三种。在历史法中，政府依据每个企业过去若干年的平均排放量确定其获得的配额。历史法的优点是配额发放与企业当前排放量基本匹配，在项目初始启动时不会对企业造成太大影响。但其缺点是对能源利用效率高的企业不公平，因为越是能源效率高的企业，历史排放水平会较低，获得配额也会较少，而能源效率低的企业反而获得的配额较多。在标准法中，政府为不同行业设立排放强度的标准，并根据该标准发放配额，而不考虑具体企业的排放情况。该方法较为公平，但是实施中困难较大。因为能源效率低的企业在项目初始启动时，就需要购买大量配额，经济负担较大。而且，每个行业可以细分出多

261

种不同的产品，这就要求政府制定大量的标准，在实践中工作量非常大。拍卖法则是政府通过竞价拍卖，将配额发给出价最高的企业。该方法会为政府创造财政收入，也会刺激碳市场的配额交易，但是在项目启动时会对企业造成较大经济负担。在当前各国已有的碳市场中，经常会采取免费发放（历史法或标准法）为主、拍卖法为辅的配额分配机制，以期达到趋利避害的目的。

与其他减排政策相比，碳市场具有独特优势。首先，碳市场可以显著降低整体减排成本。传统上，世界各国主要通过行政命令手段实现对污染物排放的控制，即由政府为企业制定统一的强制排放标准。但是由于不同行业、不同企业的减排成本千差万别，执行统一的标准会对部分企业造成极大负担。"一刀切"的政策也增加了政策的社会成本，如导致部分企业的倒闭与失业人口的增加等。基于市场机制的环境政策则允许企业以更灵活多样的方式达到标准。例如，减排成本低的企业，可以选择减少自身排放，通过出售多余配额获利；而减排成本高的企业，则可以通过购买配额维持生产运行。交易机制优化了排放配额在企业间的分配，从而可以大幅降低政策的总体成本。由于排放配额具有经济价值，减排可以增加企业利润或降低成本，因此碳市场会促进企业自发采用更加节能环保的措施，在长期内也能激励绿色节能技术的创新与应用。其次，碳市场可以从总量上或总排放强度上对碳排放进行控制。配额的总量确定后，不论企业间如何交易，它们的总排放量都是确定的。相比而言，其他一些减排政策，如碳税收，则具有排放总量的不确定性。如果一个国家或地区想保证碳排放总量不超过某一数值，则碳市场将是较为理想的选择。再次，碳市场还具有一定的调节经济周期的作用。经济高速增长时，排放配额需求大，配额价格会高涨，能在一定程度上为经济降温；经济低迷时，企业排放减少，配额价格也会降低，从而减轻企业负担。

在另一方面，碳市场也有一些相对劣势。碳市场的设计与管理较为复杂，总量的设置，排放权的分配，企业排放数据的监测、报告与验证，相关法律法规的制定都极其关键。任何一个环节设计不当，都可能导致减排目标落空或碳价格大幅波动，对正常经济运行造成影响。碳市场的运行需要成熟的市场机制与有效的监管体系，也需要大量的专业从业人员进行监管、交易与第三方核查。因此，并不是所有国家和地区都具备实施碳市场的条件。但是，随着碳市场项目数量和范围在全球各地的增长，对于碳市场设计和管理的经验也在快速积累，未来碳市场的建设将会更加趋于完善。

二、简要历史回顾

污染物排放权交易的概念最早由美国学者罗纳德·科斯于 1960 年在其论文"社会成本问题"中提出，在 20 世纪 70 年代由大卫·蒙哥马利等学者逐步完善。该政策最早的应用包括 20 世纪 80 年代美国汽油铅含量交易项目和 90 年代的二氧化硫排放权交易、氮氧化物排放权交易等项目。在 1994 年联合国气候变化框架公约生效后，人们意识到排污权交易制度可以非常理想地应用于控制二氧化碳排放：二氧化碳在大气中可以均匀混合且长期稳定，其环境影响不受排放地点的限制；因此，任何一个地方排放所造成的影响，都可以由任何其他地方等量的减排所抵消。1997 年签署的京都议定书中包含了三种与排放权交易相关的机制：排放交易机制（ET）、联合履约机制（JI）和清洁发展机制（CDM），为各国建立碳排放市场提供了制度上的依据。

欧盟成员国从 2000 年开始正式讨论在欧盟建立碳市场的可能性。为了探索这种新的减排政策，丹麦与英国分别在 2001 年和 2002 年建立了碳排放交易试点项目。这些早期项目为以后更大规模的项目积累了制度经验，也培养了企业对于这一新政策的认识。2005 年，欧盟的碳交易项目（EU-ETS）正式启动，成为迄今为止全球规模最大的碳市场项目。该项目共有 31 个国家参与，覆盖超过 11 000 个排放企业，覆盖碳排放约占欧盟总排放的 45%。

2009 年，美国东北部的九个州发起了"区域温室气体减排行动（RG-GI）"。该项目是美国第一个具有强制性的温室气体交易项目，覆盖东北部 9 个州发电企业的二氧化碳排放。2013 年，美国加州碳市场和加拿大魁北克省碳市场启动，并且两个项目实现了连接，即相互承认对方的排放配额，且可以进行项目间的配额交易。美国加州的碳市场覆盖全州 350 多家企业，约占全州 85% 的碳排放。由于建成时间较晚，加州碳市场吸取了之前项目的大量经验，设计较为完善。魁北克省的碳市场则覆盖电力与工业部门的六种温室气体，要求年排放量超过 25 000 吨二氧化碳当量的企业参与。

中国于 2005 年发布了《清洁发展机制项目运行管理办法》，促进 CDM 项目在中国的开展，项目产生的"核证的温室气体减排量"由发达国家认购，以帮助发达国家实现其减排目标。2012 年，国家发改委发布了《温室气体自愿减排交易管理暂行办法》，在中国推动开展"核证自愿减排量（CCER）"项目，为中国接下来的碳市场建设进行准备工作。2013 年，国家发改委宣布在北京、天津、上海、重庆、湖北、广东、深圳七个省市建立碳市场试点项目，每个试点的覆盖范围、配额发放、市场规则都各有特色，为全国碳市场的建立积累实践经验。2015 年 9 月，国家主席习近平在访美期间宣布，中国将于 2017 年启动建立全国碳市场。

除此之外，日本、韩国、新西兰、瑞士、哈萨克斯坦等国也推出了自己的碳市场项目。表 5-1 对全球各国和地区曾经建立或正在运行的碳市场项目的信息进行了简要汇总。根据 ICAP 统计（见图 5-1），迄今为止，全球共有 17 个正在运行的碳市场项目，还有诸多国家和地区在建或正在考虑建设碳市场项目。具体情况参见表 5-1。

表 5-1　全球碳市场项目简况

项目名称	运行时间	项目特点
丹麦碳排放交易试点项目	2001—2003 年	该项目覆盖丹麦 9 家最大的发电厂，2001 年所覆盖碳排放量为 2 200 万吨，约占该国电力行业排放的 90%，全国碳排放的 30%。依据企业 1994—1998 年排放数据为依据发放配额。丹麦向电力以外的行业征收碳税

续表

项目名称	运行时间	项目特点
英国自愿碳排放交易项目	2002—2006 年	该项目是全球第一个全国性多部门碳交易项目。企业自愿申请参与，参与企业可以免除 80% 的气候变化税。总共有 34 家企业参与该项目。2006 年后，该项目融入 EU-ETS
东京自愿碳排放交易项目，日本	2002—2009 年	2002 年京都议定书正式签署，东京市政府开始发起一个自愿碳交易项目，为 2010 年的正式项目做准备工作
芝加哥气候交易所，美国	2003 年至今	北美最早的温室气体自愿交易项目，从 2003—2010 年对六种温室气体的排放权进行交易。2010 年后停止交易，但仍可以对减排项目进行登记认证
新南威尔士温室气体减排项目（GGAS），澳大利亚	2003—2012 年	GGAS 是一个针对电力部门的强制碳交易项目，每年设置一个全州人均排放目标，作为电力部门的减排标准。每个企业的排放目标依据该企业在全州电力市场的份额确定
欧盟碳排放交易项目（EU-ETS）	2005 年至今	EU-ETS 是首个国际碳交易市场，也是迄今为止全球最大的碳市场。共有 31 个国家参与，覆盖超过 11 000 个排放企业，覆盖碳排放约占欧盟总排放的 45%
挪威碳交易项目	2005—2012 年	挪威碳交易项目从设计之初就希望与 EU-ETS 保持尽量一致。但由于挪威同时有碳税政策，从 2005—2007 年，碳市场只覆盖碳税未覆盖的领域，约该国 11% 的碳排放。2007 年起挪威碳市场与 EU-ETS 建立连接，覆盖领域也随之扩大，与 EU-ETS 一致。2012 年后完全融入 EU-ETS
日本自愿碳交易项目	2005 年至今	该项目实行自愿减排交易，在 2009 年 4 月前，政府为企业补助 1/3 的减排成本。该项目的第四期（2008—2010 年）约有 250 家参与企业
艾伯塔省特定排放源管制项目（SGER），加拿大	2007 年至今	SGER 是一个温室气体排放强度交易项目，覆盖年排放量超过 10 万吨二氧化碳当量的企业。目前覆盖了 13 个行业中 106 个大型排放企业，减排目标为六年内温室气体排放强度降低 12%

项目名称	运行时间	项目特点
瑞士碳交易项目	2008 年至今	该项目从 2008—2012 年为自愿交易，2013 年起强制大型排放企业参与，中小型排放企业可以自愿参与。参与的企业可以免除碳税。目前该项目与 EU-ETS 连接的谈判正在进行中
新西兰碳交易项目	2008 年至今	该项目对 6 种温室气体进行交易，至 2014 年覆盖 2 490 排放企业，其中 331 各企业需要强制履约，其余 2 159 企业为自愿参与
美国区域温室气体减排项目	2009 年至今	该项目是美国第一个具有强制性的温室气体交易项目，覆盖东北部 9 个州的发电企业二氧化碳排放
东京市碳交易项目，日本	2010 年至今	继东京市 2002—2009 年的自愿碳交易项目后，该市于 2010 年启动具有强制性的碳交易项目。该项目计划在履约的第一期（2010—2014 年）在项目覆盖行业中减少 6% 的碳排放
日本埼玉县碳交易项目	2011 年至今	该项目主要覆盖工商业部门中年能耗超过 1 500 kl 原油当量的企业，与东京碳交易项目实现了连接
澳大利亚碳定价机制（CPM）	2012—2014 年	澳大利亚在 2011 年通过清洁能源法案，2012 年开始实施碳定价机制，企业可以一个固定的碳价格向政府购买许可。按照原计划，CPM 到 2015 年会转变为一个碳市场机制。但是 2014 年新一届政府废除了清洁能源法案，CPM 也被终结
哈萨克斯坦碳交易项目	2013 年至今	该项目覆盖了排放量超过 2 万吨二氧化碳当量的企业，项目第一期（2013 年）覆盖 178 家企业，占全国碳排放的 77%
美国加利福尼亚州碳市场	2013 年至今	美国加州的碳市场覆盖全州 350 多家企业，约占全州 85% 的碳排放。由于建成时间较晚，加州碳市场吸取了之前项目的大量经验，设计较为完善。加州碳市场与加拿大魁北克碳市场建立了连接
加拿大魁北克省碳交易项目	2013 年至今	该项目覆盖电力与工业部门的六种温室气体，要求年排放量超过 25 000 吨二氧化碳当量的企业参与。与美国加州的碳市场建立了连接

续表

项目名称	运行时间	项目特点
中国的碳交易试点	2013 年至今	中国在北京、天津、上海、重庆、湖北、广东、深圳建立 7 个碳市场试点，每个试点的覆盖范围、配额发放、市场规则都各有特色，为全国碳市场的建立积累实践经验
韩国碳交易项目	2015 年至今	该项目是亚洲第一个全国碳市场，覆盖韩国 525 家最大的碳排放企业，这些企业约占除交通之外全国 2/3 的碳排放

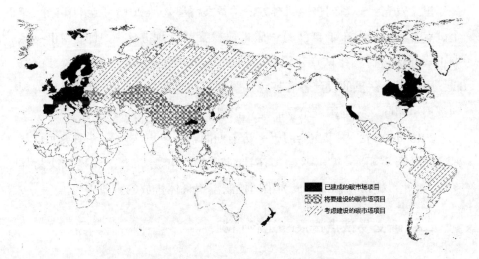

图 5-1　全球已建成、在建以及正在考虑建设的碳市场项目

数据来源：ICAP。信息更新至 2016 年 3 月 27 日。

第二节　中国碳市场政策概览

一、中国碳市场发展历程

　　1997 年京都议定书签订后，中国作为非附件 1 国家，并没有强制减排的义务。但作为发展中国家，中国可以发展清洁发展机制项目，将减排量卖给发达国家。因此，中国于 2005 年发布了《清洁发展机制项目运行管理办法》，促进 CDM 项目在中国的开展。

2011 年，中国"十二五"规划纲要第二十一章"积极应对全球气候变化"中明确提出，要"逐步建立碳排放交易市场"，首次在国家层面对碳市场的重要作用进行认可。随后国家发改委在 2011 年底发布了《关于开展碳排放权交易试点工作的通知》，批准北京市、天津市、上海市、重庆市、湖北省、广东省及深圳市开展碳排放权交易试点。2012 年，国家发改委又发布了《温室气体自愿减排交易管理暂行办法》，对减排项目的管理以及减排量的测量、核证、备案、交易等过程制定了规则，在接下来的一年里又发布了一系列自愿减排方法学备案清单。从 2013 年至 2014 年，7个试点省市先后发布了自己的"碳排放权交易管理办法"，七个碳市场试点正式开始运行。在试点建设中，国家发改委给各试点省市较大自由空间，因此七个试点的设计各有特色，覆盖范围、配额发放、市场交易的规则都不尽相同，为全国碳市场的建立积累了丰富多样的实践经验。

2015 年 9 月，国家主席习近平访美期间，中美再次发表《中美元首气候变化联合声明》，提出"中国还计划于 2017 年启动全国碳排放交易体系"。至此，碳市场被确定成为中国控制温室气体排放的重要手段。

二、碳交易试点进展和运行情况

（一）试点总体情况

中国的七个碳交易试点所在省市既包括沿海发达地区，如北京、上海、天津、广东和深圳，也包括中西部地区，如湖北和重庆。2012 年，七个试点的总人口为 2.6 亿，占全国总人口的 19%；能源总消费量为 8.3 亿吨标准煤，占全国总能源消费量的 27%；GDP 总量为 14 万亿人民币，占全国 GDP 总量的 23%。图 5-2 为七个碳交易试点的示意图。

试点建立过程中，每个试点都需要制定自己的《碳排放权交易管理办法》。部分试点通过立法来确立碳市场的法律依据，如北京市和深圳市都通过地方人大进行立法来规范碳市场的建设。但是其他试点并没有通过人大立法，都是通过政府的政策法规来管理碳市场的建设和运行。由于每个

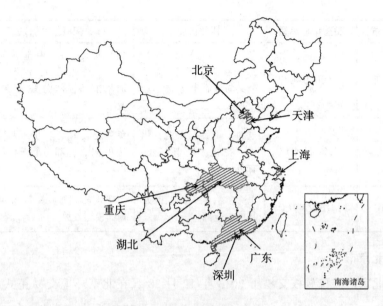

图 5-2　中国的 7 个碳交易试点

试点的规模与社会经济发展状况有所不同，它们的政策设计与市场管理规则都不尽相同。表 5-2 对 7 个碳交易试点的设计特色进行了汇总。

表 5-2　7 个碳交易试点的设计特点

省/市	覆盖排放总量	覆盖行业	配额发放方法
北京	约 5 500 万吨 CO_2	电力，供暖，水泥，石化，其他工业和服务业	免费发放为主，历史法与基准法相配合
天津	约 1.6 亿吨 CO_2	钢铁，化工，电力，供暖，石化，油气开采	免费发放为主，历史法与基准法相配合
上海	约 1.5 亿吨 CO_2	钢铁，石化，化工，电力，供暖，有色金属，建材，航空，机场，港口，铁路，宾馆，零售业，金融业	免费发放为主，历史法与基准法相配合，部分配额采用拍卖法
广东	约 3.88 亿吨 CO_2	电力，水泥，钢铁，石化	免费发放为主，历史法与基准法相配合，部分配额采用拍卖法

续表

省/市	覆盖排放总量	覆盖行业	配额发放方法
深圳	约 3 000 万吨 CO_2	26 个制造业部门，以及公共与商业建筑	免费发放为主，制造业部门采用竞争博弈模型，建筑行业采取基准法，部分配额采用拍卖法
湖北	约 3.24 亿吨 CO_2	电力，钢铁，水泥，化工，石化，汽车工业，有色金属	免费发放为主，历史法与基准法相配合，部分配额采用拍卖法
重庆	约 1.3 亿吨 CO_2	电力，冶炼，化工以及其他工业部门	免费发放，部分配额采用竞争博弈模型发放

北京市

北京市碳排放权交易于 2013 年 12 月 28 日在北京环境交易正式启动。该试点主要针对北京市行政区域内源于固定设施的排放。其中，年二氧化碳直接排放量与间接排放量之和大于 1 万吨（含）的单位为重点排放单位，需履行年度控制二氧化碳排放责任；年综合能耗 2 000 吨标准煤（含）以上的其他单位可自愿参加，符合条件的其他企业（单位）也可参与交易。交易体系的行业覆盖范围主要包括电力和热力、水泥、石化、钢铁、汽车制造、啤酒生产和大型公共建筑等，排放总量约每年 5 500 万吨 CO_2。

排放配额基本免费发放，采取历史法与基准法相结合的方法，少部分配额预留作拍卖。重点排放单位可用核证自愿减排量抵消其排放量（CCER，1 吨核证自愿减排量可抵消 1 吨二氧化碳排放量），使用比例不得高于当年排放配额数量的 5%。其中，本市辖区内项目获得的核证自愿减排量必须达到 50% 以上。来源于本市辖区内重点排放单位和参与碳排放权交易的非重点排放单位的固定设施化石燃料燃烧、工业生产过程和制造业协同废弃物处理以及电力消耗所产生的核证自愿减排量，不得用于抵消。

重点排放单位需要委托具有相关资质的第三方核查机构对碳排放年度报告进行核查，并于每年 4 月 30 日前报送经第三方核查机构核查后的上年度碳排放报告、第三方核查报告。重点排放单位于次年的 6 月 15 日前，向注册登记系统开设的履约账户上缴与其经核查的上年度排放总量相等的排放配额（含核证自愿减排量），用于抵消上年度的碳排放量，并在注册登记系统中进行清算。所上缴配额须为上年度或此前年度的排放配额，清算后剩余配额可储存使用。

天津市

天津市 2015 年的排放目标为，使单位国内生产总值（GDP）碳排放较 2010 年下降 19%，其中碳市场大约覆盖天津市碳排放量的 60% 左右。天津的碳排放交易覆盖该市钢铁、化工、电力、热力、石化、油气开采等重点排放行业和民用建筑领域中 2009 年以来排放二氧化碳 2 万吨以上的企业或单位。配额分配原则将遵循无偿分配和有偿分配相结合的原则，无偿分配为主，有偿分配为辅。分配的重点在于鼓励综合减排潜力较高的企业多减排，获得较少配额，部分配额有偿分配，而综合减排潜力较低的企业获得较多配额，主要来自无偿分配。

交易主要通过天津市排放权交易所的碳排放权交易平台进行，该平台具有包括交易账户管理、交易产品管理、资金结算清算、交易信息报送等功能。纳入企业每年通过上缴二氧化碳排放配额的方式遵约，上缴数量应不少于经核查的年度排放量。该试点允许纳入企业通过购买核证自愿减排量抵扣其部分碳排放量，比例不得超过年度排放量的 10%。

上海市

上海市碳排放交易于 2013 年 11 月 26 日在上海环境能源交易所正式启动。

碳排放交易体系覆盖上海行政区域内钢铁、石化、化工、有色、电力、建材、纺织、造纸、橡胶、化纤等工业行业 2010 至 2011 年中任何一年二氧化碳排放量两万吨及以上（包括直接排放和间接排放）的重点排放企业，以及航空、港口、机场、铁路、商业、宾馆、金融等非工业行业中年二氧化碳排放量 1 万吨及以上的重点排放企业。企业总数约 200 家，约占全市排放量的 45%。

上海市还规定 2012 年至 2015 年中二氧化碳年排放量 1 万吨及以上的

其他企业，在试点期间实行碳排放报告制度，为下一阶段扩大试点范围做好准备。

配额分配主要基于 2009—2011 年试点企业二氧化碳排放水平，碳排放初始配额实行免费发放，适时推行拍卖等有偿方式。对部分有条件的行业，按行业基准线法则进行配额分配。试点期间，在项目减排抵消方面，规定部分经国家或上海核证的基于项目的温室气体减排量可作为补充，纳入交易体系。

纳入配额管理的单位于每年 6 月 1 日至 6 月 30 日期间，依据经市发展改革部门审定的上一年度碳排放量，通过登记系统，足额提交配额，履行清缴义务。配额有结余的，可以在后续年度使用，也可以用于配额交易。上海市试点具有较为严格的惩罚制度，纳入配额管理的单位虚报、瞒报或者拒绝履行报告义务，且逾期未改正的，处以 1 万元以上 3 万元以下的罚款。纳入配额管理的单位未按规定履行配额清缴义务的，可处以 5 万元以上 10 万元以下罚款。

广东省

广东碳排放权交易于 2013 年 12 月 19 日在广州碳排放权交易所正式启动。广东省的碳交易方案纳入电力、水泥、钢铁、陶瓷、石化、纺织、有色、塑料、造纸九大行业中的 2011—2014 年任一年排放 2 万吨二氧化碳（或综合能源消费量 1 万吨标准煤）及以上的企业。首批 827 家企业纳入"控排企业"范围，年综合能源消费总量为 1 亿 1 067.8 万吨标准煤，约占广东全省能源消费量的 42%，工业能源消费量的 62.7%。

对于非控排企业，广东规定了碳排放信息报告制度，即区域内 2011—2014 年任一年排放 1 万吨二氧化碳（或综合能源消费量 5 000 吨标准煤）及以上的工业企业须报告碳排放信息。据统计，2010 年可纳入"报告企业"范围的工业企业共 1 851 家。

在配额分配方面，控排企业和单位的年度配额，根据行业基准水平、减排潜力和企业历史排放水平，采用基准线法、历史排放法等方法确定。控排企业和单位的配额实行部分免费发放和部分有偿发放，并逐步降低免费配额比例。

控排企业和单位可以使用中国核证自愿减排量作为清缴配额，抵消本企业实际碳排放量。但用于清缴的中国核证自愿减排量，不得超过本企业上年度实际碳排放量的10%，且其中70%以上应当是本省温室气体自愿减排项目产生。控排企业和单位在其排放边界范围内产生的国家核证自愿减排量，不得用于抵消本省控排企业和单位的碳排放。

深圳市

深圳碳交易市场于2013年6月18日在深圳排放权交易所正式启动。纳入碳市场的企业包括：任意一年的碳排放量达到3000吨二氧化碳当量以上的企业；大型公共建筑和建筑面积达到1万平方米以上的国家机关办公建筑的业主；自愿加入并经主管部门批准纳入碳排放控制管理的碳排放单位；以及市政府指定的其他碳排放单位。同时，任意一年碳排放量达到1000吨以上但不足3000吨二氧化碳当量的企业，应当每年向主管部门报告二氧化碳排放情况。

配额分配采取无偿分配和有偿分配两种方式进行。无偿分配的配额包括预分配配额、新进入者储备配额和调整分配的配额。有偿分配的配额可以采用拍卖或者固定价格的方式出售。采取拍卖方式出售的配额数量不得低于年度配额总量的3%。管控单位为电力、燃气、供水企业的，其年度目标碳强度和预分配配额结合企业所处行业基准碳排放强度和期望产量等因素确定。管控单位为其他企业的，其年度目标碳强度和预分配配额结合企业历史排放量、在其所处行业中的排放水平、未来减排承诺和行业内其他企业减排承诺等因素，采取同一行业内企业竞争性博弈方式确定。建筑碳配额的无偿分配按照建筑功能、建筑面积以及建筑能耗限额标准或者碳排放限额标准予以确定。主管部门预留年度配额总量的2%作为新进入者储备配额。主管部门每年度可以按照预先设定的规模和条件从市场回购配额，以减少市场供给、稳定市场价格。主管部门每年度回购的配额数量不得高于当年度有效配额数量的10%。

管控单位可以使用核证自愿减排量抵消年度碳排放量。一份核证自愿减排量等同于一份配额。最高抵消比例不高于管控单位年度碳排放量的10%。管控单位在深圳市碳排放量核查边界范围内产生的核证自愿减排量不得用于配额履约义务。

湖北省

湖北省碳交易覆盖电力、钢铁、水泥、化工、石化、汽车工业、有色金属等行业，涵盖企业数量约为150家，占全省排放量的35%。现阶段只包括二氧化碳排放，配额免费发放为主，历史法与基准法相配合，部分配额采用拍卖法。在MRV制度方面，湖北将建立重点排放企业碳排放报告制度，即强制减排企业和年能源消耗量8 000吨标煤以上的碳排放单位定期向省行政主管部门提交经独立第三方核查的碳排放量基本数据及报告。

碳排放配额总量包括企业年度碳排放初始配额、企业新增预留配额和政府预留配额。政府预留配额一般不超过碳排放配额总量的10%，主要用于市场调控和价格发现。其中，用于价格发现的不超过政府预留配额的30%。价格发现采用公开竞价的方式，竞价收益用于支持企业碳减排、碳市场调控、碳交易市场建设等。

符合条件的中国核证自愿减排量（CCER）可用于抵消企业碳排放量，用于缴还时，抵消比例不超过该企业年度碳排放初始配额的10%，1吨中国核证自愿减排量相当于1吨碳排放配额。

重庆市

重庆市碳交易项目覆盖范围的是电力（含煤炭开采业）、化工、医疗、建材、冶金、轻工、造纸、机械等行业年直接或间接排放在2万吨二氧化碳当量及以上（包括能源活动和生产过程的排放）的企业。初始配额分配将采用初期免费，逐步引入有偿购买的模式。其中部分配额采用竞争博弈模型发放。

配额管理单位获得的年度配额可以进行交易，但卖出的配额数量不得超过其所获年度配额的50%，通过交易获得的配额和储存的配额不受此限。碳排放权交易采用公开竞价、协议转让及其他符合国家和本市有关规定的方式进行。

交易所对碳排放权交易资金实行统一结算，交易资金通过交易所指定结算银行开设的专用账户办理。配额管理单位的审定排放量超过年度所获配额的，可以使用国家核证自愿减排量（CCER）履行配额清缴义务，1吨国家核证自愿减排量相当于1吨配额。国家核证自愿减排量的使用数量不得超过审定排放量的一定比例，且产生国家核证自愿减排量的减排项目应当符合相关要求。

（二）试点运行情况及成效

从2013年深圳建立第一个试点项目，至2016年3月底，七个试点市场的总交易量达到了5 500万吨的二氧化碳，成交总额约14.5亿元。配额交易的单位平均价格是25—30元左右。但是在不同时期、不同地点，配额的交易价格有较大的变化。以2014年6月份为例，各试点每吨二氧化碳的价格在23元到72元之间。其中，湖北和重庆的价格最低，为20—30元，而广东和深圳每吨碳价格最高，达到了60元甚至70元。从总体看来，经济越发达的地区，配额的价格也会比较高，而相对欠发达的地区，碳价格会相对比较低。而从2014年6月到2015年5月，各试点的配额价格都大幅度的下跌，深圳和广东尤为明显，价格下降了大约50%。这一年间配额价格下跌有两个主要原因：一是各试点的配额总量设置偏高，产生了较多的多余配额，因而抑制了市场价格。二是企业无法得知全国碳市场建立之后，自己现有的试点配额是否会继续有效，试点与全国碳市场的衔接过渡程序也不明朗，因此不愿持有过多配额。

除了配额交易之外，各个试点还可以对CCER进行交易，但是各个试点一般会对CCER交易进行一些限制。例如，试点一般都会规定，整体减排量当中的5%—10%可以用CCER进行抵消。此外，因为担心CCER的过度的供应，各试点还对CCER的使用进行更多的限制，例如，水电产生的CCER不能用于抵消化石燃料燃烧产生的排放。即便如此，CCER的交易仍然较为活跃，交易潜力巨大。截止到2016年3月11日，中国自愿减排交易信息平台公开可查的减排量备案的网站记录为102个，这些项目年减排总量约为2 132万吨。

七个碳交易试点的建立是我国在温室气体减排领域进行的一次重要的政策尝试，取得了一系列具有重要意义的成果。

首先，七个试点在所在省市的二氧化碳减排工作中发挥了重要的作用。这些试点对于重点行业的碳排放进行了整体控制，运用市场化的手段在达到减排目标的同时降低了减排成本。以北京和深圳为例，在碳交易试点项目运行两年后，重点行业企业的碳排放量有了较大幅度的下降。虽然导致这两个城市排放量降低的因素有很多，但是不可否认，碳交易项目在减排中发挥了非常重要的作用。

其次，七个试点的制度设计各有特色，相当于对碳市场的不同设计进行了多方位的实验，七个试点之间可以通过相互对比，找出不同设计的优势和劣势。碳市场在全球范围内都是一种比较新的政策工具，各国政府对于如何合理设计碳市场中的各种规则都没有很好的把握。在中国的七个试点中，不同覆盖范围、配额发放方法、市场交易规则、MRV 规则等都获得了充分的实际验证，为未来全国碳市场的建设提供了丰富的实践经验。

再次，七个试点在中国碳市场的发展中是一个重要的能力建设过程，在这个过程中也提高了企业与民众对于碳交易、节能减排与气候变化等问题的认识。这些试点建立了一系列的技术标准和运营标准，培养了大量的碳交易从业人员、专家学者以及第三方机构。通过这些试点的建设，中国碳市场的雏形开始形成，排放配额的市场价格也在交易中得到体现。学者们围绕七个试点的设计和运行效果展开了一系列的研究，在国内外期刊上发表了诸多研究成果。这些制度与知识的积累，为中国未来的碳市场建设打下了非常重要的基础。

但是在另一个方面，这七个试点在运行的过程中也暴露出一些问题，值得未来的碳交易项目借鉴。首先，大多数试点都存在法律保障不强，执法力度不够的问题。对于很多企业来讲，违约的成本要低于履约的成本，从而使得减排的效果打了折扣。而且，由于企业级别的碳排放数据不够完善，监测也不够及时准确，在很多情况下无法保证企业履约的可信度。相对来讲，发达区域的制度保障与能力建设要好于相对欠发达区域。由于中国区域发展不均衡，在建设全国碳市场时，需要认真考虑不同地区的执行与监管能力的差异。其次，七个试点的标准不一，在一定程度上为向全国碳市场过渡制造了障碍。七个试点不仅 MRV 标准不一，碳排放的注册与交易规则也不同，七个试点相互独立运行，它们之间的配额也无法交易。未来在全国建立统一规则时，很多试点的规则都需要进行较大调整。第三，多数试点的政策透明度和确定性还有待提高。很多政策的制定过程不够透明，例如，对于限制水电 CCER 的规则，就是毫无征兆地突然颁布，令很多企业措手不及。这种政策的不确定性会令企业对碳市场的预期产生负面影响，影响碳市场的正常有效运行。从一定程度来看，试点中出现这些问题在所难免，也符合试点设计的初衷。只要在全国碳市场的设计运行中吸取这些教训，避免重演这些错误，那么这些试点的最重要的政策目的也就达到了。

三、全国碳市场进展及分析

在开展碳交易试点的同时，中国全国碳市场的准备工作也在进行。2014 年 12 月，国家发改委发布了《碳排放权交易管理暂行办法》（以下简称《暂行办法》），作为全国碳市场建设前期工作的依据。《暂行办法》涵盖了碳排放权交易的各个重要环节，包括碳排放权交易的适用范围、管理部门及其职责、配额管理、排放交易原则、核查与配额清缴以及监督管理与法律责任。按照《暂行办法》的规定，发改委组织地方主管部门开展了企业碳排放数据报送，并鼓励非试点省市尝试开展企业碳排放配额分配等先期工作。

根据《暂行办法》，省级碳交易主管部门应根据国务院碳交易主管部门公布的重点排放单位确定标准，提出本行政区域内所有符合标准的重点排放单位名单并报国务院碳交易主管部门。国务院碳交易主管部门根据国家控制温室气体排放目标的要求，综合考虑国家和各省、自治区和直辖市温室气体排放、经济增长、产业结构、能源结构，以及重点排放单位纳入情况等因素，确定国家以及各省、自治区和直辖市的排放配额总量。排放配额分配在初期以免费分配为主，适时引入有偿分配，并逐步提高有偿分配的比例。国务院碳交易主管部门制定国家配额分配方案，明确各省、自治区、直辖市免费分配的排放配额数量、国家预留的排放配额数量等。国务院碳交易主管部门在排放配额总量中预留一定数量，用于有偿分配、市场调节、重大建设项目等。有偿分配所取得的收益，用于促进国家减碳以及相关的能力建设。国务院碳交易主管部门根据不同行业的具体情况，参考相关行业主管部门的意见，确定统一的配额免费分配方法和标准。各省、自治区、直辖市结合本地实际，可制定并执行比全国统一的配额免费分配方法和标准更加严格的分配方法和标准。省级碳交易主管部门依据国家配额免费分配方法和标准，提出本行政区域内重点排放单位的免费分配配额数量，报国务院碳交易主管部门确定后，向本行政区域内的重点排放单位免费分配排放配额。各省、自治区和直辖市的排放配额总量中，扣除向本行政区域内重点排放单位免费分配的配额量后剩余的配额，由省级碳交易主管部门用于有偿分配。有偿分配所取得的收益，用于促进地方减碳以及相关的能力建设。重点排放单位关闭、停产、合并、分立或者产能发生重大变化的，省级碳交易主管部门可根据实际情况，对其已获得的免费配额进行调整。

碳排放权交易市场初期的交易产品为排放配额和国家核证自愿减排量，适时增加其他交易产品。重点排放单位及符合交易规则规定的机构和个人，均可参与碳排放权交易。重点排放单位应根据国家标准或国务院碳交易主管部门公布的企业温室气体排放核算与报告指南，以及经备案的排放监测计划，每年编制其上一年度的温室气体排放报告，由核查机构进行核查并出具核查报告后，在规定时间内向所在省、自治区、直辖市的省级碳交易主管部门提交排放报告和核查报告。重点排放单位每年应向所在省、自治区、直辖市的省级碳交易主管部门提交不少于其上年度经确认排放量的排放配额，履行上年度的配额清缴义务。重点排放单位可按照有关规定，使用国家核证自愿减排量抵消其部分经确认的碳排放量。国务院碳交易主管部门和省级碳交易主管部门应建立重点排放单位、核查机构、交易机构及其他从业单位和人员参加碳排放交易的相关行为信用记录，并纳入相关的信用管理体系。

2015 年 7 月，国家发改委气候司组织召开了《全国碳排放权交易管理条例（草案）》涉及行政许可问题听证会，国务院法制办、国家发改委法规司、北京市和上海市等相关地方主管部门、中国标准化研究院、中国电力企业联合会、世界银行、联合国开发计划署及有关企业和个人代表参会，重点就涉及的新设行政许可问题发表意见。气候司介绍了《碳排放权交易管理条例（草案）》的起草背景，并就涉及的碳排放配额分配管理制度和碳交易核查机构资质认定两项新设行政许可作了说明。参会各方就碳排放权交易制度的实施、碳排放配额的分配、碳排放核查机构的监督管理等问题，提出了若干意见建议。

2015 年 9 月，国家主席习近平在访美期间宣布中国将于 2017 年建立全国碳市场。国家发改委于 2016 年 1 月发布了"关于切实做好全国碳排放权交易市场启动重点工作的通知"，对地方发改委以及相关行业协会、中央管理企业的工作目标和任务进行了部署，并且发布了一系列指导性文件。其中，《全国碳排放权交易覆盖行业及代码》中明确，全国碳市场将会覆盖石化、化工、建材、钢铁、有色、造纸、电力、航空等领域；《全国碳排放权交易企业碳排放汇总表》对企业的碳排放汇报进行了规范；而《全国碳排放权交易第三方核查机构及人员参考条件》和《全国碳排放权交易第三方核查参考指南》则对第三方核查机构的管理进行了指导。由于全国碳市场的建设正在快速进展之中，因此相关的信息仍然需要及时收集与更新。

2015 年 12 月法国巴黎联合国气候大会前夕，中国在其提交的国家自主贡献文件（INDC）中承诺，将在 2030 年左右达到二氧化碳排放峰值并尽早达峰。学者与政策制定者普遍认为，计划于 2017 年启动的全国碳市场将在中国实现气候变化目标的过程中发挥重要作用。中国的全国碳市场建成之后，将取代欧盟碳排放权交易项目（EU-ETS）而成为全球规模最大的碳市场。毫无疑问，中国在减排领域的决心与行动将为全球应对气候变化的努力作出重大贡献，并且可以促进其他国家实施本国气候政策的积极性。

除控制二氧化碳排放之外，全国碳市场在产业结构转型，减少大气污染与促进可再生能源发展等方面也将发挥重要的作用。第一，中国经济当前处于结构转型的关键时期，需要战略性地减少高能耗、高污染与低附加值的产业，并且促进绿色低碳产业的发展。全国碳市场通过市场化机制，提高了高能耗、高排放企业的生产成本，促使这些企业对设备与技术进行升级改造，并且逐步淘汰落后产能。其次，碳市场有助于优化中国的能源结构，并减少大气污染物的排放。在中国当前的初级能源消费结构中，煤炭占到约三分之二，石油与天然气约占23%，剩下的约10%为水电、核电、风电与太阳能等非化石能源。但是化石能源，尤其是煤炭的燃烧，在排放二氧化碳的同时，也会释放大量的二氧化硫、氮氧化物等空气污染物，是造成当前中国城市空气污染的主要原因。碳市场实施后，煤的使用成本会显著升高，而零排放的非化石能源则会取得较大价格优势，从而扩大市场份额。能源结构的优化将会大幅降低空气污染物的排放，从而改善大气质量。最后，政府可以通过拍卖部分比例的碳市场排放配额，将拍卖所得收益用于补贴与支持可再生能源的发展，进一步扩大可再生能源的市场配额。

然而，鉴于全国碳市场的庞大规模、高度复杂性以及时间的紧迫性，碳市场的设计与实施将会面临多方面的挑战。

第一，建立企业级别的碳排放数据库对于碳市场的有效运行至关重要。准确可信的排放数据是配额交易、履约与减排目标落实的前提条件。目前中国排放数据的核算尚不够准确，而企业级别的碳排放数据更不完善。不准确的排放数据不仅会对配额的分配造成困难，还会影响碳配额的交易，损害碳市场的公信力。因此，建立企业级别排放数据的核算、核查与验证（MRV）体系刻不容缓，针对不同行业、产品的可靠方法学，透明的报告体系，以及独立第三方验证机构都需要在全国碳市场启动前建立完备。

　　第二，全国碳市场将会创造价值上千亿元的碳排放配额，如何将这些配额公平合理地分配给不同省份、行业乃至企业是碳市场建设中面临的重大挑战。中国是一个区域社会经济发展高度不均衡的国家。因此，碳配额的分配既要考虑整体减排效果，又要一定程度为落后地区的经济发展留出空间。此外，在当前中国经济转型的背景下，碳市场覆盖的不同行业未来的排放趋势具有很大的差异。电力部门的排放未来仍可能持续增长，而钢铁、水泥、玻璃等行业的排放则已经达到峰值，甚至开始下降。如果配额分配方法不恰当，钢铁等行业有可能会得到过多的配额，从而可以从中获利，使得碳市场变成对这些行业变相的补贴。其结果不但难以促进经济结构转型，反而可能会起阻碍作用。因此，排放配额的分配需要具有战略眼光。其实，在欧盟碳市场中，经济合作组织（OECD）成员国与东欧国家之间也存在社会经济发展的差异。为了反映这种差异，欧盟碳市场采用了两种排放总量设置机制：OECD 成员国需要根据它们在京都议定书中的减排目标，制定自己国家的排放路径，而每个国家在碳市场中的配额总量需要与该国的排放路径相一致。对于东欧国家而言，由于 20 世纪 90 年代初剧烈的社会经济动荡导致经济衰退，这些国家的温室气体排放处于较低水平。因此，这些国家配额总量的设置也可以相对宽松。除了区域差异化政策外，欧盟碳市场与加州碳市场都对不同行业部门采用差异化的配额发放方案，从而保证部分能源密集型产业的竞争性不受负面影响，同时也可以避免区域内或区域间的碳排放泄露问题。例如，欧盟碳市场的第三期要求针对发电企业的配额发放全部采用拍卖法，但是制造业在 2013 年仍然可以免费获得 80% 的配额，尽管免费配额的比例会在 2020 年前逐渐下降至 30%。加州碳市场则依据历史产量给能源密集型、贸易导向型企业增发了部分免费配额，从而保护这些企业的竞争性。综上所述，差异化的配额发放方法将有助于解决区域与部门之间的不平等问题，但同时不会影响配额在整个市场上的自由贸易与碳市场的有效运行。这种配额分配的思路值得中国碳市场借鉴。

　　第三，碳市场是一种基于市场的政策工具，只有在完善的市场机制中才能有效发挥作用。而中国的能源与电力部门目前尚未完成市场化改革，能源价格与电力价格仍然处于管制状态。这种情形对于碳市场的有效运行将产生很大的制约。因此，碳市场的建设有必要同能源市场、电力市场的改革统筹规划，协同进行，利用巴黎气候协议以及建设碳市场的契机，进一步在能源与电力市场中加大开放力度，引入竞争机制，深入市场化改革。

第四，全国碳市场的成功需要强有力的立法保障。七个碳市场试点大部分并没有通过人大立法，都是通过政府的政策法规来管理碳市场的建设和运行。对于很多企业来讲，违约的成本要低于履约的成本，从而使得减排的效果打了折扣。部分通过地方人大进行立法来规范碳市场的建设的试点，如北京市和深圳市，政策的执行力度有了较大提升。全国碳市场需要需要吸取试点的经验，推进与气候变化、温室气体排放相关的法律体系建设，在有法可依的前提下运行，从而保证政策的有效落实。

第三节　美国碳市场政策概览

一、美国碳市场发展历程

美国是污染物排放权交易概念的发源地，也是最早将这一概念应用于实践的国家之一。美国早期的排污权交易项目包括 20 世纪 80 年代的汽油铅含量交易项目和 90 年代的二氧化硫排放权交易、氮氧化物排放权交易等项目。其中对日后碳交易项目影响最大的，是 SO_2 排放权交易项目。从 20 世纪 80 年代起，酸雨对森林和各类淡水生态系统的破坏日益引起人们的重视，而美国酸雨的主要成因是火电站排放的 SO_2。因此，在 1990 年清洁空气法案修正案的支持下，美国的环保署发起了针对火电站的 SO_2 排放交易项目。该项目的第一期（1995—1999 年）覆盖了密西西比河以东的大型火电站，从 2000 年第二期开始覆盖整个美国大陆。该项目要求火电站的 SO_2 排放在 1980 年的基础上减少 50%，政府每年发给火电站一定量的 SO_2 排放许可，并允许电站之间交易许可。在这种灵活的激励机制下，各个发电站都积极采取减排 SO_2 的措施。据估算，在 1990 年至 2004 年间，美国的火力发电增长了 25%，但是总体的 SO_2 排放却下降了 36%，且下降的速度要快于人们的普遍预期。而且根据不同的测算，该排放权交易项目的减排成本要比一个基于强制减排标准的项目低 15%—90%。该项目的成果为日后的碳排放交易项目积累了诸多宝贵经验。

2009 年，民主党国会众议员亨利·韦克斯曼和爱德华·马基，共同提出了"美国清洁能源与安全议案"，亦即俗称的"韦克斯曼—马基议案"，建议美国通过立法建立一个类似于 EU-ETS 的全国碳市场。该议案 2009 年 6 月在众议员投票通过，但是随后却在参议院被否决，此后美国全国碳市场的建设议程被搁置。

在全国碳市场建设未果的情况下，一些民主党控制的州开始在区域与州级别建立碳交易项目。2009 年，美国东北部的九个州发起了"区域温室气体减排行动（RGGI）"。该项目是美国第一个具有强制性的温室气体交易项目，覆盖东北部 9 个州发电企业的二氧化碳排放。2013 年，美国加州碳市场启动，覆盖了全州大多数的碳排放企业，约占全州 85%的碳排放。

二、区域温室气体减排行动

区域温室气体减排行动（RGGI）是美国第一个致力于限制电力行业二氧化碳排放的地区性排放交易体系。2005 年 12 月，康涅狄格州、特拉华州、缅因州、新罕布什尔州、新泽西州、纽约州和佛蒙特罗州政府签署框架协议启动了这一致力于在美国东北部和中大西洋地区开展以市场为基础的减排的行动计划。现有成员包括康涅狄格州、特拉华州、缅因州、马里兰州、马萨诸塞州、新罕布什尔州、纽约、罗得岛州及佛蒙特罗州 9 个州。原成员新泽西州于 2011 年 5 月宣布退出了 RGGI。RGGI 于 2009 年 1 月 1 日开始实施，为期 10 年。其管制对象包括参与州内所有装机容量达 25 兆瓦或以上的化石燃料发电厂。自 2009 年以来，RGGI 根据各州电厂的二氧化碳排放比例，设定了各州的排放上限，各州政府再将排放上限分配给电厂，电厂可通过排放权交易完成目标。同时，RGGI 要求各州政府至少将 1/4 的份额进行拍卖。拍卖配额所得的收入，用于推行能源效率措施，支持可再生能源发展或鼓励减排技术研发等用途。整个行动计划由 RGGI 负责管理，但在各州设有实施机构。RGGI 的实施分为 3 个阶段，分别是2009—2011 年，2012—2014 年和 2015—2018 年。该项目最初的目标是在2009—2014 年间将覆盖的发电厂的碳排放控制在 2009 年的水平，之后从2015 年至 2019 年每年减少 2.5%，从而使得被覆盖发电厂总体碳排放在1990 年的基础上减少 13%。基于 2012—2013 年对 RGGI 实施情况的第一次评估，RGGI 成员州同意将排放配额从 2013 年的 1.65 亿吨调低到 2014 年的 9 100 万吨，并到 2020 年以每年下降 2.5% 的速率递减。2016 年，RGGI启动了第二次评估。根据 RGGI 监测报告，2011—2013 年，RGGI 管辖范围下的电力行业排放相对 2006—2008 年下降了 32.5%。同期，单位发电的碳排放和发电量分别下降了 19.8% 和 15.8%。预期到 2020 年，RGGI 管辖下的电力行业排放将相对 2005 年下降 45% 以上。

RGGI 从之前的 SO_2 排放交易项目中继承了大量的制度规则与机构，而且由于 SO_2 交易项目已经要求发电厂汇报自己每小时的 CO_2 排放，因此RGGI 在建立之初就有企业级别的准确碳排放数据。RGGI 原计划采用历史法分配碳排放配额，分配依据为发电厂 2005—2007 年三年的平均排放量，但是需要拍卖至少 25% 的配额。但实际上，各个州拍卖了几乎所有的配额。各州从配额拍卖中获得了大量的财政收入。迄今为止，RGGI 已经为各州创造了超过 20 亿美元收入。根据法律规定，这些收入中的 10% 可以用来平衡政府的一般预算，剩下的 90% 中，一半需要用在提高能效的项目中，另一半用于补贴可再生能源或其他减排政策。此外，如果电厂未能履约，需要为超额排放缴纳 3 倍于当时碳价格的罚款。

RGGI 为配额价格设置了上限和下限。当配额的市场价格达到上限时，政府会以上限价格拍卖储备的配额；当价格降到下限时，政府会以下限价格回购配额。所有未使用配额在三年之后会自动作废。由于初期配额发放过于宽松，RGGI 开始运行后，碳价格由 2008 年的每吨 3 美元降到最低限价 1.86 美元，之后长期徘徊在最低限价的水平，且配额交易量处于极低水平。2014 年配额收紧后，碳价有所回升，2015 年达到 5.5 美元。

有三个因素导致 RGGI 在运行早期过量发放了份额。第一，从 2007 年左右开始，美国发生了"页岩气革命"，页岩气开采技术的成熟与推广极大降低了天然气的价格，美国东北部大量电厂由煤电转为天然气发电。由于产生同样的电力，天然气的 CO_2 排放量只有煤的一半左右，因此发电厂的 CO_2 排放总量大幅下降。第二，2008 年的金融危机以及之后几年的经济低迷，使美国东北部的用电需求减少，碳排放自然降低。第三，除了碳交易项目外，美国东北部各州还有很多可再生能源补贴政策，而可再生能源比例的升高也降低了碳排放。

由于 RGGI 只覆盖东北区域的电力部门，而美国的电网是全国联通的，因此东北部各州的用电企业可以从 RGGI 以外的州进口电力，从而导致碳排放泄露的问题，即原本在东北诸州发电厂产生的碳排放被转移到其他州的发电厂，而总的碳排放并未减少。由于迄今为止 RGGI 碳价格持续低迷，碳泄漏的问题并没有显现。但是随着配额总量的减少，在未来几年碳泄漏有可能会变成一个较为严重的问题。

RGGI 为未来的碳市场项目提供了诸多经验教训。首先，过量发放配额会使碳价格降到最低水平，也使企业失去配额交易的动力，从而导致碳市场处于停滞状态。在此情况下，需要收紧配额发放，抬升碳价，从而促进配额交易。其次，碳市场的设计需要考虑未来经济形势的变化以及新科技的突破与应用，并且能够根据新的变化做出调整。最后，一个局部区域的碳市场有可能会导致 CO_2 被转移到相邻的区域，即碳泄漏问题，而这个问题在电力部门尤其明显。通过扩大碳市场覆盖的地理区域范围，如建立全国性乃至国际的碳市场，可以较为有效地解决碳泄漏问题。

三、加州碳市场项目

2006 年，美国加州政府通过了 32 号议会法案（AB-32），亦即"全球变暖解决方案法案"。该法案要求加州的大气资源委员会实施一系列项目，旨在将加州 2020 年的温室气体排放降低到 1990 年的水平。这些项目主要包括四个部分：针对机动车辆、建筑与工业器械的能源效率标准；可再生能源配额标准（将可再生能源发电的比例由 20% 提高至 33%）；针对炼油厂的低碳燃料标准；以及碳排放交易项目。

　　加州的碳交易项目于 2013 年启动，覆盖所有在加州出售的电力（不论其生产地在何处）以及大型的制造业部门。到 2015 年，机动车燃料也被纳入该项目，至此，加州碳市场覆盖了该州约 85% 的温室气体排放。该项目计划从 2013 年起每年减少约 2% 的碳排放，直至 2020 年将排放减少至 1990 年的水平。碳排放的配额主要采取免费发放的方法，配合使用拍卖法，并逐年增加拍卖配额的比例。企业当年没有用完的配额可以进行储蓄，以用于抵消未来的排放。同时，该项目允许企业最多使用 49% 的由造林、畜牧业和减少臭氧层破坏物质项目中产生的核证减排量。加州碳市场使用了类似于 RGGI 的配额价格上限与下限机制，防止配额价格过大幅度波动。为了保证部分能源集中型产业的竞争性不受负面影响，该项目依据历史产量给相关企业增发了部分配额。此外，加州碳市场在 2014 年与加拿大魁北克省的碳市场实现了连接，双方互相承认对方的碳排放配额，并允许配额在两个项目之间交易。

　　加州碳市场自启动以来运行状况良好，拍卖、储蓄、核证减排量和连接等各项机制的运转都符合人们的预期。由于运行时间较短，现在要对该项目的效果进行评估还为时过早。但是，加州碳市场吸取了之前碳市场项目的诸多经验教训，是目前公认的设计较为完善的项目，仍可以为未来的碳市场项目提供很多借鉴之处。首先，加州碳市场采取的"初期免费，逐年增加拍卖比例"的配额发放方法，被证明既可以减小在项目启动初期来自各方的阻力，又可以通过拍卖实现配额公平发放与创造财政收入。其次，加州碳市场的顺利实施，证明了"经济领域全覆盖"的碳市场项目的可行性。加州碳市场覆盖了大多数的碳排放行业，占总排放量的比例达到 85%，从而实现了比 RGGI 更加有效地控制温室气体排放。最后，加州碳市场通过覆盖电力的销售端而不是生产端，较为有效地解决了碳泄漏的问题，相比于 RGGI 是一个较大的改进。

四、美国碳市场发展的展望

除了 RGGI 与加州的碳市场外，美国还有一些倾向于民主党的州正在考虑建立州级别的碳市场，如华盛顿州等。但是美国要想建立有效的全国性碳市场，还是需要通过在联邦层面立法。由奥巴马政府制定、目前仍悬而未决的清洁电力计划（Clean Power Plan），对美国碳市场走向至关重要。

根据 2015 年的清洁电力计划，美国环保署根据电网分布，将全国划分为三个区域，并对不同区域的州设置减排目标。各个州可以采取提高发电站能效、使用天然气替代煤炭发电、增加可再生能源发电比例等方法达到减排目标。环保署不对每个州的减排方法进行具体限制，但是要求各个州在 2016 年 9 月前，或者在申请延期被批准的情况下，在 2018 年 9 月前，提交自己的减排计划。如果一个州没有在规定期限前提交减排计划，环保署会为该州制定相应计划并强制执行。此外，清洁电力计划提供"基于总量减排（mass-based）"和"基于强度减排（rate-based）"两种方案供各州自由选择，选择相同方案的州之间可以进行碳排放交易。因此，如果该计划得以实施，将有助于在美国形成事实上的全国碳市场。但是，由于特朗普成为新一届美国总统，清洁电力计划注定前途黯淡。在气候变化问题变成两党斗争的一个核心议题的背景下，美国全国碳市场的前景，也变得更加扑朔迷离。

第四节　中美碳市场政策对比

由于碳市场在全球范围内仍是一种尚未成熟的政策，因此不同国家、不同地区之间对比与学习相互的政策，对于完善碳市场的理论与实践具有重要的意义。美国的碳市场研究与实践起步早，成果丰富，因此对比中美碳市场政策，对于中国的碳市场建设具有重要借鉴意义。相比于中国已经建成运行的碳市场试点，美国碳市场项目有几个显著的特征值得借鉴。

一是立法完善。美国在建立碳市场过程中，一定会先通过相关法案，明确碳市场设计中的诸多原则，如配额总量、配额分配、管理机构、交易规则等。在法律的保障下，管理者有法可依，有利于政策的执行，企业也可以对碳市场项目形成长期预期，制定相应的应对策略。以美国加州为例，加州碳市场在 2013 年启动，但是早在 2006 年 7 月，加利福尼亚州议会就通过 32 号法案，即《加州全球气候变暖解决法案》。根据该法案，加州范围内的全部温室气体排放需要受到该法的管制，而且该法案要求加州空气资源委员会出台相关的法律和市场条例以保证减排目标的实现，为碳市场的建立奠定了坚实的法律基础。相比之下，中国碳市场试点的法律保障不够完善，很多试点并没有通过相应级别的人大进行立法，而仅仅将省或市的行政法规作为执行依据，因而导致部分政策无法有力施行。此外，有的试点的政策会突然变更，使市场猝不及防，影响了碳市场的有效运行。全国碳市场的建设目前也是依据《碳排放权交易管理暂行办法》作为指导，而有效的法律保障目前仍然缺失。

二是数据准确。碳排放交易的基础是对企业碳排放数据能够进行准确的测量与登记。美国早在 20 世纪 90 年代的 SO_2 排放交易项目中就已经要求发电厂汇报每小时的 CO_2 排放。在已经建立碳市场的地区，大部分的行业都有相对准确的 CO_2 排放监测或者计算方法。在此基础上，管理者才能准确确定企业分配的配额，也可以准确获知企业是否履约，对未履约的企业可以进行严格执法。RGGI 和加州碳市场都建立了透明的数据监测、汇报与核证系统。RGGI 碳市场要求企业每年监测与汇报它们的碳排放，并且由有资质的第三方核证机构对它们的报告进行验证。与之类似，加州碳市场实行了强制汇报的规定，要求所覆盖企业每年汇报排放及相关数据，并由独立的第三方机构进行核证。建立对排放企业履约情况的追责机制同样具有重要意义。在 RGGI 碳市场中，如果企业未能履约，将被要求购买配额抵消其多余的排放量，而且未履约企业的名单会被公示。除此之外，该企业还需要为超额排放缴纳一笔惩戒性罚款。加州碳市场采用了多年履约周期，即企业每年需要缴纳至少可以覆盖前一年排放量 30% 的排放配额，然后在每个周期的最后一年将剩余排放量的排放配额交齐。如果一家企业未能按时缴纳足够的配额，它需要在之后缴纳 4 倍于短缺量的配额。加州的空气资源委员会还设立了一个市场监测小组，与联邦和州级政府机构协作对市场运行进行监督。相比之下，中国的基础排放数据的监测、汇报与验证将会是全国碳市场建立过程中最大的挑战之一。同时，对于瞒报排放数据、未能履约的企业处罚力度也不具有足够震慑力。学习美国的排放数据监测技术以及汇报和验证的规则，对中国碳市场管理意义重大。

三是市场机制成熟。碳市场作为一种基于市场的政策，需要成熟完善的市场环境。美国与碳市场相关的部门，如电力、石化、证券、期货等，都具有非常成熟的市场机制，有利于配额的有效交易，并且可以大幅降低交易成本。除了一级市场上的配额与核证减排量的交易外，加州碳市场还形成了配额衍生品的二级市场，引入了多元的市场交易主体，进一步激活了市场的潜力。相比之下，我国的很多部门市场机制尚未完全建立，而且能源相关行业以国有企业为主导，行政特色较浓，对碳市场的价格信号反应可能会较为缓慢。因此，我国的碳市场建设有必要与电力市场、能源市场的改革协同进行。

四是研究成果与政策制定紧密结合。美国的碳市场建设非常注重吸取学术界的最近研究成果，很多知名学者则直接参与碳市场的设计，或是参与相关的顾问委员会。以加州碳市场为例，共设置了 5 个顾问委员会，包括环境公平委员会、经济与技术创新委员会、经济与配额分配委员会、区域目标委员会和市场委员会，每个委员会都吸纳了数十名来自大学、研究智库、政府部门、企业以及非政府组织的大量专家参与。因此，加州碳市场的设计可以博采众家之长，各种政策细节都较为合理。我国的碳市场建设也可以采取相似策略以集思广益。

但是从另一方面看，相比于中国，美国的碳市场建设也存在不利之处。其中最明显的一点就是，气候变化问题在美国由一个科学问题和政策问题转变成了选边站队的党派政治斗争议题。民主党极力推进各类减排政策，而共和党则试图否认气候变化的真实性和严重性，进而反对任何针对

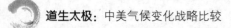

温室气体的减排措施。在这种背景下，碳市场和其他气候政策往往变成了两党斗争的牺牲品，尤其在联邦层面，政策摇摆性极大，目前尚不能看到一个长期稳定的全国性减排政策的成型。与此对比，中国的政策制定则更具有连续性和稳定性。从 2011 年决定建立碳交易试点以来，试点的启动、运行与全国碳市场的筹备都在基本按计划框架逐步实行。综合看来，如果中国的碳市场能够扬长补短，吸取国际国内项目的经验教训，则有望成为中国节能减排政策框架与生态文明建设中重要的组成部分。

第六章　中美气候战略逻辑分析与差异解读

第一节　中美气候战略与全球应对气候变化

美国是最大的发达国家和全球第一大经济体，也是工业革命以来全球累计排放温室气体最多的国家和当前第二大排放国，中国是最大的发展中国家和第二大经济体，并已经成为年度温室气体排放量最大的国家，在全球应对气候变化格局中，中美无疑扮演着重要的角色，发挥着至关重要的作用。

一、中美是全球气候谈判多边进程中的关键因素

1988 年，全球变暖问题首次成为联合国大会的议题，并由联合国环境规划署和世界气象组织发起成立了联合国气候变化政府间专门委员会。1990 年，关于气候变化的国际谈判启动，并于 1992 年 6 月巴西里约热内卢举行的联合国环境与发展大会上正式通过了《联合国气候变化框架公约》（以下简称《公约》）。《公约》确定了"共同但有区别的责任"原则，即发达国家率先减排，并向发展中国家提供资金和技术支持。发展中国家在得到发达国家的技术和资金等支持下，采取措施减缓或适应气候变化行动，为国际社会应对全球气候变化国际合作提供了基本框架。该公约于1994 年 3 月 21 日正式生效。目前已有 190 多个缔约方。1997 年，在日本京都举行的《公约》第三次缔约方大会通过了具有法律约束力的《京都议定书》（简称《议定书》），为发达国家设立了强制减排温室气体的目标。

条约最终于 2005 年 2 月 16 日开始强制生效。2007 年，在印度尼西亚巴厘岛举行的公约第 13 次缔约方会议，达成了"巴厘路线图"，确认了《联合国气候变化框架公约》和《京都议定书》下的"双轨"谈判进程，并决定于 2009 年丹麦哥本哈根举行的公约第 15 次缔约方会议上通过一份新的议定书，即 2012 年至 2020 年的全球减排协议，以代替 2012 年即将到期的《京都议定书》。但由于哥本哈根气候大会未能完成既定谈判任务，最后只达成了无法律约束力的哥本哈根协议，巴厘路线图授权的谈判进程在 2009 年之后继续延期。尽管一些发达国家对《京都议定书》态度消极，但 2011 年南非德班气候大会决议重申《议定书》在第一承诺期结束后继续有效，并就实施《京都议定书》第二承诺期和启动绿色气候基金达成一致，会议同时决定建立德班增强行动平台特设工作组，即"德班平台"，在 2015 年前负责制定一个适用于所有《公约》缔约方的法律工具或法律成果，作为 2020 年后各方贯彻和加强《公约》、减排温室气体和应对气候变化的依据。2015 年 12 月，《联合国气候变化框架公约》第 21 次缔约方会议最终达成了《巴黎协定》，为 2020 年后全球应对气候变化行动做出安排，传递出了全球将实现绿色低碳和可持续发展的积极有力信号。

在国际气候谈判的最初阶段，基于各国谈判立场和国家利益不同，谈判就已经形成了发达国家与发展中国家两大阵营，发展中国家阵营主要是"77 国集团+中国"，而发达国家阵营又分为欧盟和以美国为首的"伞形国家集团"，由于美、加、日、澳、新等"伞形集团"国家多为排放大国，其在减排问题上的立场一直比较消极和保守。在 20 多年的国际气候谈判过程中，美国的立场和政策变化一直对国际谈判进程具有至关重要的影响。如在《联合国气候变化框架公约》谈判过程中，由于老布什政府拒绝承诺限制温室气体排放的量化指标，导致公约最后未列明发达国家具体减排责任，满足了美国的愿望，因此美国参议院没有经过争论就批准了公约。克林顿政府在全球气候问题上采取了更为积极的态度，在《京都议定书》谈判过程中发挥了极其重要的角色，并在很大程度上反映了当时美国的立场，特别是主张采用以市场为基础的灵活机制来实现减排目标的立场，但同时又以关键发展中国家没有承担具有约束力的减排责任为由，未批准《京都议定书》，随后小布什政府上台后，立场陡变，宣布美国退出京都议定书。尽管此后京都议定书由于俄罗斯2004年批准而生效，但美国出尔反尔的举动，是导致京都机制几乎走向崩溃的直接因素，并给此后谈判中各方互信投下了深深的心理阴影，深刻影响了此后的谈判进程。"巴厘路线图"达成的双轨谈判机制，实际是国际气候治理体系在缺少美国这个排放大国玩不下去的情况下，为留住美国而开发的"希望工程"。此后奥巴马政府上台，气候变化问题重又获得重视，但受制于美国共和党控制的参议院和众议院，奥巴马政府在国内气候政策方面任何富有雄心的减排措施都不可能被通过，因此，迫切希望在气候变化领域发挥"领导作用"的奥巴马总统只能将主要着力点转向推动达成国际协议，哥本哈根协议是一次重要的"摸高"尝试，终因操之过急而功亏一篑。而后在德班平台的谈判过程中，中美共同发力，各方呐喊助威，欧盟乐观其成，终于将巴黎协定这只"风筝"成功放飞。总体来看，巴黎协定所确定的"各国自主贡献"加审评的减排模式，更多地反映了美国一贯主张的"自下而上"减排主张。但随着2016年美国大选共和党候选人特朗普当选，历史极有可能又将重演美国推动《京都议定书》达成又退出的惊人相似一幕！果真如此，花自飘零水自流，巴黎协定奈何天！

中国在20多年的气候变化国际谈判中，一直秉持客观公正的立场，与广大发展中国家一道，积极维护公约确立的各项原则，推动建立公平、合理、有效的国际气候治理体系。中国在气候谈判中的角色，随着中国经济实力和综合国力的不断上升而日渐吃重，特别是近年来，由于中国碳排放快速增长，逐渐成为全球排放大国，在谈判中日益成为各方关注的焦点，欲韬光养晦、泯然众人而不可得，无中国则任何气候会议难成气候！中国以有效的减排行动、骄人的减排成效、负责的谈判态度，日益赢得了各方的信任，在推动全球气候治理进程中发挥着越来越不可替代的作用，特别是对巴黎协议的达成作出了历史性的贡献。

二、中美是推动实现全球减排目标的重要角色

IPCC 第五次评估报告指出，当前大气中温室气体浓度已升至几十万年来前所未有的水平，如果不采取更多减排措施，到 2100 年，全球平均气温将比工业革命前高 3.7℃至 4.8℃。到 21 世纪末，将全球平均温度上升幅度控制在 2℃是可能的，但是要求到 2050 年全球温室气体排放相比 2010 年减少 41%—72%，到 2100 年排放要接近零。如果不考虑其他温室气体，根据报告给出的 2010 年全球二氧化碳排放量 380 亿吨、1971—2010 年累计排放 1.07 万亿吨的数据，实现控制全球温升不超过 2℃的目标，全球剩余的排放空间是很有限的，按照 2010 年的排放水平，2050 年前剩余排放空间仅够排放 17—31 年。报告分析认为，要以成本有效的方式实现温升控制在 2℃内的目标，2030 年全球温室气体排放量需要限制在 300—500 亿吨二氧化碳当量，相比 2010 年下降 40%，最低限度也要回到 2010 年的水平。这对各国减排提出了艰巨的任务。2030 年前，全球排放尽快达到峰值，已成为实现 2℃目标的必要条件。

美国和中国是全球经济第一和第二大经济体，两国的国内生产总值合计占全球比重达到 39%[①]。美中两国同时也是全球对外投资第一和第二大国。数十年来，美国一直占据对外直接投资第一大国的位置，但近年来，中国对外直接投资大幅增长，据统计，2002 年到 2015 年中国对外投资年均增幅达 35.9%。2015 年中国对外直接投资创下了 1 456.7 亿美元的历史最高值，占全球直接投资流量的份额从 2002 年的 0.4%提高到 9.9%，跃居全球第二，仅次于美国的 2 999.6 亿美元[②]。两国大规模的经济活动，不仅对国内碳排放，也对全球碳排放具有重要影响。与美中在全球经济中的重要地位相对应，两国也是碳排放总量最大的两个经济体。根据数据测算，2015 年，中美两国能源活动温室气体排放占全球比重分别达到 27% 和

---

① 数据来自世界银行。
② 数据来源：2015 年度中国对外直接投资统计公报。

16.4%,[①] 两国碳排放走势对全球排放具有重要影响。虽然中美同为排放大国，且目前中国的排放总量已超过美国，但两国碳排放具有不同的性质，也不应该简单机械地进行比较。首先，美国作为全球最大的发达国家，在其工业化、城镇化和现代化过程中，充分享受了无约束排放的先发优势，是历史累计排放最多的国家，应该说对当今全球气候变化负有不可推卸的历史责任。且至今仍保持着高排放的消费模式和生活方式。美国人口只有 3 亿，占全球的 5%，但却消耗着全球 20% 的能源、19% 的石油、15% 的肉类。大房子和大排量汽车，是美国人普遍的价值偏好和消费习惯。据测算，2014 年，美国人均能源消费量和电力消费量分别高达 10 吨标准煤和 12 973 千瓦时，人均二氧化碳排放达到 16 吨二氧化碳当量，在世界主要国家中属于最高水平。美国人的奢侈排放，不仅为全球带来了资源环境风险，对广大发展中国家数亿食不果腹的民众来说，也是巨大的道德风险。中国作为最大的发展中国家，近 30 多年才开始进入快速工业化、城镇化进程，此前的历史排放量很少，历史上的人均排放量更少。目前中国的人均国内生产总值约为美国的 1/10，人均能源和电力消费量是美国的 1/4 左右，人均碳排放量约是美国的 2/5，中国的累积历史排放量约为美国的 1/3，人均累积历史排放量约为美国的 1/10。中国人在总体上摆脱贫困的时间还不到一代人的时间，目前仍有近 5 000 万贫困人口，中国的碳排放主要是生存排放和发展排放。其次，以国家为主体谈论全球应对气候变化的责任，在看到各国共同责任的同时，也要看到国与国的不对等性和不可比性。例如，中国拥有 13 多亿人口，而美国只有 3 亿人口，中国人口相当于美国、欧盟、日本等各国家地区人口的总和，全世界人口超过 5 000 万的国家只有 23 个，人口在 100 万之下的微型国家数十个，以国家排放碳总量来测度各国碳排放的责任，不合理也不公平，更合理的指标应该是人均排放量。从人均排放量看，中国并非排名前列的排放大国。因此，中国对全球气候变化的责任，主要是未来责任，是低碳发展的责任，即争取以尽

----

① 数据来自《BP 能源统计 2016》。

可能少的排放实现发展目标。而美国对全球应对气候变化既有历史责任，又有未来责任，应该率先大幅减排，为发展中国家民众的生存权和发展权，腾出必要的空间。

三、中美在塑造全球低碳发展进程方面具有重要影响

气候变化威胁凸显了以化石能源为基础的传统工业化的不可持续性，引发了人类社会对自身发展方式的深刻反思。实现全球应对气候变化目标，确保人类气候安全，要求各国必须加快向低碳发展转型。低碳发展是一种以低耗能、低污染、低排放为特征的可持续发展模式，是"低碳"与"发展"的有机结合，一方面要降低二氧化碳排放，另一方面要实现经济社会可持续发展。低碳发展是一项复杂的系统工程和长期性工程，需要技术支撑、项目载体、市场机制等多系统支撑，也需要系统化的发展方式转型。

随着全球应对气候变化进程的不断深化，各国都开始加快绿色低碳发展，但各国低碳发展没有统一的模式，应根据各国的国情和实际，走具有自身特点的低碳发展道路。美国作为最大的发达国家，在国际政治、经济、能源、环境等事务中占据主导地位，美国的发展模式和生活方式，对全球其他国家具有重要影响，因此，美国能否走上低碳发展的道路，不仅关系到美国能否履行负责任大国的国际义务，也对全球实现应对气候变化目标具有重要影响。从全球应对气候变化进程看，美国气候政策的影响力是巨大的，当美国国内的气候政策比较积极、愿意在国际气候治理体系中承担责任的时候，应对气候变化国际进程往往就比较顺利，容易达成国际协议，且由于其具有强大的资金、技术和社会治理能力，较容易调动国际社会参与全球气候治理的积极性。而一旦美国从国际气候治理体系中后退，国际气候治理进程往往就要遭受挫折和反复，由于美国超级大国的国际地位，美国的缺席或消极对待不仅将成为国际气候谈判的重大障碍，也将造成全球气候治理体系缺失重要一环。因此，美国走向低碳发展的道路，对全球气候治理和低碳发展至关重要。

中国作为最大的发展中国家，在低碳发展方面具有一定的后发优势。中国的低碳发展，对全球同样具有重大意义。一方面，实现低碳发展，是中国履行国际责任、实现减排承诺的必然选择；另一方面，中国的工业化、城镇化道路，将会为其他发展中国家的发展提供重要借鉴。中国发展的地域差别巨大，各地的发展实践，可以为不同国情的发展中国家提供低碳发展的案例和经验，这是中国可以为全球低碳发展作出的另一种重大贡献。

第二节　中美气候战略的逻辑分析

一、中国气候战略的逻辑

中国气候战略的形成经历了一个过程，这一过程既反映了中国参与全球气候治理政策和立场的演变，也反映了中国自身经济社会发展战略需求的变迁。因此，中国气候变化战略的内涵，既包含支撑战略的主体内容，也应该包含推动战略演变的内在逻辑。总体来看，中国气候战略的演变，是国际国内多种因素和动能综合作用的结果，其战略考量至少包含以下四个层面：

（一）经济社会发展阶段的变化

考察中国气候战略的发展演变，主要的逻辑脉络是基于中国经济社会发展阶段的变化。作为一个发展中国家，中国面临着发展经济、改善民生的艰巨任务，需要根据发展阶段的变化和现代化进程，确定经济社会发展战略的目标、重点和政策着力点。改革开放后，中国逐步确立了初步小康、全面小康、社会主义现代化"三步走"的战略目标任务，实现这一战略目标，经济发展是一个贯彻始终的核心任务，但在发展的不同阶段，发展的内涵、深度、广度和着力点也在与时俱进。

在中国迈向初步小康的社会发展阶段，经济增长是压倒性的历史任务，加速推进工业化、城镇化，是主要的战略考量，资源、环境等问题在一定程度上被延迟考虑和解决。这一时期的中国气候政策，必然是低调而非主流的，在国际层面，中国的角色更多地表现为作为发展中国家的一员，跟随本阵营主流谈判立场和政策，发挥在场和参与的作用，国内行动则主要围绕支撑国际谈判、提高应对气候变化认识和能力、探索协同性减碳措施而展开，尚不具备形成独立的应对气候变化政策体系的条件。

进入全面建成小康社会发展阶段后，中国更深刻地参与到经济全球化进程之中，经济实力和综合国力显著增强，经济发展的国际联系大大加深，中国提出了科学发展观、加强生态文明建设、"五大发展理念"等一系列新的发展理念和指导思想，发展战略更加注重经济、社会和环境的均衡发展。在这一过程中，转变经济发展方式成为更迫切的发展战略需求，应对气候变化和低碳发展不仅成为发展战略的题中应有之义，也成为推动落实新发展理念和发展方式转变的内在需求，气候变化问题开始受到高度重视，在经济社会发展中的地位显著提升。因此，中国的应对气候变化战略和低碳发展战略才应运而生。在这一阶段，中国开始积极参与全球气候治理体系构建，在国际谈判中发挥了越来越重要的作用，在国内则将气候变化纳入经济社会发展中长期规划，制定了长期低碳发展的目标、时间表和路线图，积极应对气候变化成为国家重大战略。

（二）作为负责任大国国际责任的变化

中国的气候战略，一直秉持承担与发展阶段、应负责任和实际能力相称的国际义务的原则。在中国参与全球气候治理的早期阶段，中国的碳排放总量，特别是人均碳排放和历史累计碳排放都不突出，经济发展水平不高，消除贫困的任务还很艰巨，中国发展中国家的国际定位无可置疑，这一时期，发达国家无疑是国际谈判关注的焦点，而根据公约和京都议定书有关安排，中国不需要承担强制性减排义务，而是要在国际资金和技术支持下，采取自愿减排行动。进入巴厘路线图谈判阶段后，由于中国经济实力上升并跃居碳排放第一大国，在谈判中日益成为各方关注的焦点。为维护中国及其他发展中国家的合法权益和核心利益，中国以广大发展中国家为战略依托，积极参与全球气候治理进程谈判，并逐步走到了气候变化国际谈判舞台的中央，同时，根据国际谈判形势的发展变化，提出了中国2020 年应对气候变化行动目标和 2030 年国家自主贡献目标，既坚持维护公约确立的"共同但有区别的责任"原则，确保中国在不承诺总量减排、为国内发展赢得必要的排放空间的同时，又从全人类整体利益出发，主动承担应负的国际责任，彰显负责任大国形象，占据道义制高点，为全球应对气候变化作出更大贡献。

（三）新形势下经济社会发展的内在要求

"十二五"以来，气候变化问题越来越得到中国各方面的高度关注，并逐步进入国家经济社会发展重要议程，归根到底是应对气候变化的政策导向与这一时期中国经济社会发展的政策导向高度契合，应对气候变化成为中国经济社会发展的内在要求。

改革开放以来，中国经济快速发展，经济实力和综合国力显著提升，但粗放、高碳发展模式也使中国付出了沉重的资源环境代价，严重影响到国家的能源安全、资源安全和环境安全。2012 年，中国国内生产总值占全球 11.4%，却消耗了全球 45.7% 的钢铁、57.8% 的水泥、21.9% 的能源和50.2% 的煤炭，石油、天然气、铁矿石对外依存度分别高达 56%、28.9%、71%。大量能源资源投入带来大量污染排放，中国二氧化硫、氮氧化物、汞等重金属排放都高居世界第一位，不少地方污染排放远超环境容量，大气污染、水污染、土壤污染触目惊心，特别是近年来中国大范围出现的严重雾霾天气，已成为各界关注的重大民生问题和全球关注的环境焦点问题，影响到社会安全和国际形象。能源消费的快速增长和能源结构以煤为主，是造成中国生态环境持续恶化的重要因素。同时，中国虽然国土面积辽阔，但四分之三为高原、山地，西部大片国土自然气候条件较差，人口、产业和化石能源消费高度集中于东部沿海地区，东部地区单位国土面积污染物排放密度高，环境容量严重不足，发展空间制约加剧。过去三十多年，中国的工业化道路高度浓缩了发达国家近百年的发展进程，也使在发达国家依次出现、逐步解决的资源环境问题在中国集中爆发，呈现压缩型、复合型的特征。随着中国发展阶段和要素禀赋变化，实现现代化目标已不可能再沿袭传统发展模式，必须寻找新的发展道路和增长点，并以超常规的生态环境战略解决超常规的资源环境问题。而这些资源环境问题的出现，和碳排放同根同源，都是源于高碳的发展模式和化石能源的大量使用。因此，中国要实现全面建成小康社会和现代化奋斗目标，实现以人为本的可持续发展，必须改变传统的高碳发展模式，把低碳发展作为统筹解决资源环境瓶颈制约和雾霾等环境问题的根本性措施，着力提升可持续发展能力。

同时，低碳发展是中国大力推进生态文明建设的重要途径。生态文明是适应中国经济社会发展进入新阶段、满足人民群众过上更加美好生活新期待而提出的新的战略要求，是贯穿经济建设、政治建设、文化建设、社会建设全方位的系统工程。建设生态文明，要求摆脱片面追求物质财富增长的发展理念，树立尊重自然、顺应自然、保护自然的生态文明理念，更加注重人与自然的和谐，更加注重人的全面发展和社会全面进步。低碳发展与生态文明建设一脉相承，一方面，建设生态文明为中国推进低碳发展指明了方向，提供了理论和制度保障；另一方面，推进低碳发展既是中国大力推进生态文明建设的重要内容，也是其重要实现途径。通过低碳发展，发挥控制温室气体排放目标的统领作用，有利于在全社会形成广泛的节能环保意识和可持续发展理念，有利于构建低碳排放的生产模式和消费模式，有利于形成促进经济发展方式转变的倒逼机制，有利于形成优化产业结构和能源结构、节能提高能效、强化生态建设的内生动力，有利于发挥低碳发展与环境保护的协同效应，推动生态文明建设迈上新的台阶。

推进低碳发展，也是中国提高国际竞争力的战略选择。当前，中国已成为全球制造业大国，但产业发展大而不强，产业层次依然偏低，在国际产业链分工中处于中低端环节，缺乏关键技术、品牌等核心竞争优势。随着中国发展进入新阶段，长期依靠廉价劳动力和透支资源环境成本而获得的加工制造业竞争优势正在失去。面对全球方兴未艾的低碳经济和低碳技术创新浪潮，以及发达国家谋求通过碳关税、碳标准等"绿色壁垒"限制发展中国家传统竞争优势的新态势，中国只有顺应国际潮流，通过加快低碳发展，提升低碳技术创新能力和低碳竞争力，才能在新一轮国际经济和科技竞争中抢占先机和制高点，提升中国在能源革命、科技革命中的影响力，在新的国际分工中形成产业发展新优势。

（四）新时期积极参与全球治理的战略需求

进入新的历史时期，中国面临的世情、国情发生了深刻变化。中国在国际事务中秉持更加积极有为的对外交往战略。党的"十八大"报告提出：在国际关系中弘扬平等互信、包容互鉴、合作共赢的精神，共同维护国际公平正义。坚持把人民利益同各国人民共同利益结合起来，以更加积极的姿态参与国际事务，发挥负责任大国作用，共同应对全球性挑战。始终不渝奉行互利共赢的开放战略，通过深化合作促进世界经济强劲、可持续、平衡增长。中国致力于缩小南北差距，支持发展中国家增强自主发展能力。中国坚持权利和义务相平衡，积极参与全球经济治理。中国将积极参与多边事务，支持联合国、二十国集团、上海合作组织、金砖国家等发挥积极作用，推动国际秩序和国际体系朝着公正合理的方向发展。

与国家总体外交战略相适应，作为全球第二经济大国和第一温室气体排放大国，中国在全球气候治理中也在扮演着越来越重要的角色。积极推动构建全球气候治理体系成为中国参与全球治理的重要平台。这一时期，中国积极发挥负责任大国作用，以更加积极的姿态参与全球气候治理，积极承担与发展阶段相称的国际义务，在气候变化国际治理中的话语权明显增强，为推动气候变化国际谈判进程和最终达成《巴黎协定》发挥了至关重要的作用。中国广泛开展与各国的对话和合作，通过"南南合作"帮助发展中国家提供应对气候变化能力，在全球气候治理中逐步从"参与者"向"引领者"转变。

二、美国气候战略的逻辑

美国作为对全球事务具有主导力的国家，其气候战略对全球气候治理走向和进程具有重大影响。理解美国国内外气候政策和战略逻辑，应从以下四个层面理解和把握。

（一）多元化的利益集团诉求导致国内气候政策反复游移

美国气候政策的一个重要特点就是其受政党政治的影响甚巨。历届共和党政府和民主党政府在气候变化问题上的立场和政策具有显著的差别，而两党政治背后，则是美国多元利益集团的不同利益诉求。美国是较早开展气候变化科学研究和较早推动气候政治进程的国家，但美国国内迄今仍难以就应对气候变化问题达成广泛的共识。由于利益诉求差异，美国政界及其背后的商界、学界和军方对气候问题的观点存在诸多分歧，各种政治势力互相牵制。

美国国内存在众多的环保非政府组织，这些组织与公众联系密切，他们积极游说国会议员和总统，并向决策者反映在环境问题上的观点，同时能够向决策者提供特定环境问题的专业知识，为美国气候政策提供决策支撑，对美国的环境和气候政策具有重要影响。美国的商业和工业团体是另一类对环境气候政策具有重大影响力的利益集团。自 20 世纪 70 年代中期以来，由于对竞选捐款和游说活动的限制放宽，企业界对立法进程和结果的影响力越来越大。随着两党对立加剧以及国会立法权的分散化，国会内部达成立法所需共识的难度增加。特别是在环境和能源领域的立法，由于牵涉的经济利益和经济关系格外复杂，受到的影响尤其明显。关注和参与气候政策游说的企业利益集团不仅数量庞大，而且诉求各异。但总的来说，煤炭和电力产业的利益集团，作为排放限制的主要目标，不赞同建立过紧的碳减排体制，给它们带来过大的生产成本负担。如 2007 年 10 月由两位参议员起草了旨在建立碳交易体制的《气候安全法案》，该法案在许多方面融合了企业界和环保组织的主张，得到较普遍的支持。根据该提案，最初免费发放排放配额的 75%，之后这一比例逐年减少，直到所有配额都需交付拍卖。但煤电利益集团对这种安排表示不满，认为有关配额免费发放比例和持续时间的规定过紧，未充分考虑它们的减排成本负担。为了阻止参院通过该提案，煤电企业广泛发动它们的客户对本州参议员施加压力，导致提案最终未能在参院获得通过。对美国气候立法者而言，协调和平衡不同利益集团的诉求已属不易，而要在照顾企业利益集团诉求的同时不做过度妥协，以免减弱法律的减排效力，则更加困难。这是美国气候立法难以实现的重要因素。从时任美国总统奥巴马政策立场看，其非常希望在气候变化问题上有所作为，将气候变化打造成其政治遗产，但由共和党把控的国会则更加注重地方利益，包括保护各州能源等支柱产业；美国工商业的核心诉求是保护行业利益，尤其是跨国企业的国际竞争力，其对保持低廉的能源价格和充足供给更为看重，但新兴企业和传统行业的利益取向又不同。以油气行业为例，仅 2009 年用于气候变化和能源相关政策方面的游说费用就高达 1.5 亿美元。而从 1998 年以来，积极参与政策游说的非传统能源企业和行业协会从 20 家增加到 200 家以上。1989 年，以怀疑论者和保守者立场著称的全球气候联盟在以石油化工、汽车等跨国企业的资助下宣告成立，资助持批判观点的科学研究，游说政府机构，通过媒体宣传气候变化的不确定性和怀疑论调，其所持理由就是大幅度控排会因此导致美国经济严重受挫和大量失业。同时，美国又存在诸多关心气候变化问题的社会团体，在他们看来，积极应对气候变化有助于提升公共福利、保护公众健康。整体来看，美国在应对气候变化方面的核心观念难以"一言以蔽之"，其国内各团体利益的冲突与博弈增加了美国内政策的复杂性和不确定性。

需要注意的是，美国商界、学界、军方和民众对气候变化的认知和态度是动态的，而非一成不变。近年来，随着极端气候事件的增加和气候变化科学科学事实确定性的提高，美国民众、学界和社会团体支持应对气候变化的声音在增强。2005 年卡特里娜飓风袭美，使沿海各州对气候变化可能造成的损害有了切肤之痛。2009 年《美国清洁能源和安全法案》在众议院投票期间，有 1 150 家企业和机构参与了游说工作，足以看出美国社会舆论对气候变化问题关注度的上升。由于 2012 年美国遭遇了 11 场自然灾害，极端天气显著增多。2013 年民调显示，有 54%的民众认为气候变化已经发生，相对前两年有所增长。已经有越来越多的企业和社会团体意识到，气候变化威胁正在发生。一些企业股东开始要求企业披露碳排放和采取应对气候变化行动，工会和社会团体也开始与环保组织合作，关注并游说政府采取行动。2014 年中美共同发表联合声明后，由耶鲁大学森林与环境学院携手美联社–NORC 公共事务研究中心共同完成的民意调查显示，美国国内超过半数民众支持对二氧化碳污染进行限制，近一半的普通共和党人也支持美国应当领导全球参与到对抗全球变暖的行动中，甚至在其他国家没有行动的时候也应该采取措施，大多数美国人都认为环境保护和应对气候变化，从长远看将促进经济发展、提供新的就业机会。上述共识的增加与美国近年来在反复中渐进增强的气候行动是相一致的。

（二）分权化的决策机制影响决策效率和政策共识的形成

美国实行"三权分立"的国家治理体制，并在联邦和州之间实行分权，这对美国国家气候立法和政策出台具有重要影响。

美国虽然是总统制国家，但总统、国会、最高法院之间三权分立，分权制衡，使得气候政策的制定过程异常复杂。美国的立法机构、行政机构和司法部门在美国环境政策的形成和实施中都具有重要作用，各州也与环境政策利益攸关，这使美国环境政策偏好具有多元和易变的特征。只有在获得足够多的国内政策共识和法律授权的基础上，美国总统和行政机构才能很好地获得环境政策的领导权。由于美国政府的气候政策行动必须有法律授权，迫于全球减排压力，美国联邦层面从 2003 年起一直在寻求气候立法。2003 年由参议员麦凯恩和利伯曼提出的《气候责任法案》被提交至参议院，但最终以 55∶43 票被否决。2007—2008 年，提交给美国参众两院的有关碳排放限额交易的法律草案至少有 10 部。其中，最受关注、也最振奋人心的法案当属瓦格斯曼—马凯法案《美国清洁能源与安全法案》。该法案旨在限制美国碳排放，涉及气候变化相关的减排目标、资金机制以及适应、技术转让等关键问题。如果法案获得通过将对美国温室气体减排以及国际合作等问题产生重大影响，2009 年 6 月 26 日，这一长达 1 200 页的综合气候变化与能源法案以 219∶212 票在民主党占多数的众议院勉强获得通过。但参议院有关此法案的立法行动却一波三折，2009 年 9 月，参议员约翰·克里和芭芭拉·鲍克瑟提出了一个与众议院瓦格斯曼—马凯法案极为相似的法案，即克里—鲍克瑟法案《清洁能源就业与美国电力法案》，但其适用范围比瓦格斯曼—马凯法案要窄，主要旨在建立控制温室气体排放的限额交易制度。克里—鲍克瑟法案于 2009 年 11 月 5 日在参议院环境与公共事务委员会获得通过，并于 2010 年 5 月 12 日被提交至参议院，但法案并未发展到参议院对其投票。历时 8 个月形成的克里—利伯曼法案于拟创建的联邦碳排放限额交易制度与瓦格斯曼—马凯法案命运相似，亦无果而终。同样未发展至参议院投票表决的法案还有坎特维尔—柯林斯法案《促进美国复兴的碳排放限制与能源法》，它也引入了一个有限制的温室气体排放限额交易计划，并于 2009 年 12 月 11 日被提交至参议院财政委员会。尽管 2010 年美国发生历史上最大的漏油事件后，各方面加倍重视控制化石能源使用问题，但参议院仍未能对综合性的能源立法进行表决。2010年国会换届选举，共和党重掌众议院，气候立法进程告停。

自第一任期开始，奥巴马就力推气候变化立法，但在党派政治的背景下，通过立法途径实施应对气候变化计划被证明极难走通。此外，传统和新兴企业的不同游说力量也让达成政治共识的过程更加漫长。进入第二任期，奥巴马意识到在国会两党力量不发生戏剧性变化的情况下，推动国会通过气候变化立法希望渺茫，故奥巴马政府只能绕过立法机构，通过有限的行政命令，由环保署依靠《清洁空气法》的司法解释授权来推动相关气候治理行动。

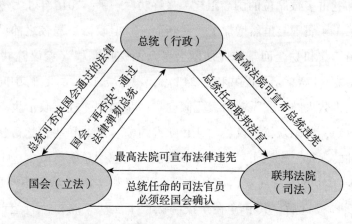

图 6-1 美国"三权分立"的决策体制

在国际气候政策方面，美国政府谈判立场同样深受国内决策机制的制约。一般情况下，国际条约是在规定数量的缔约国缴存批准文书后生效。一旦某项美国参加的条约生效，美国国会将进行立法，使该条约规定的义务对美国生效。一般来说，美国总统被认为享有外交政策制定方面的特权，但如果没有立法机构的支持，美国政府主导达成的国际气候协议无法生效。美国宪法第二条规定，总统有权缔结国际条约，但需经参议院出席参议员三分之二以上同意批准。从国际条约的美国国内生效程序看，总统任命谈判代表发起谈判，在谈判过程中国会成员可通过咨商或以观察员身份介入谈判，协议达成后，由总统或谈判代表签署，此后由总统将条约递交至参议院（一般为外交关系委员会），外交关系委员会将举行听证会并准备书面报告。如外交关系委员会支持该条约，通常将公布条约并附上拟议的批约议定书。条约公布后，参议院可对条约进行表决，如获三分之二参议员同意，则条约通过。如未获三分之二参议员支持，则条约将被退回外交关系委员会或总统。美国行政部门谈判达成的国际环境和气候协议必须得到参议院批准，才能对美国具有约束力。此外，国会对联邦预算拨款具有最终决定权，这对美国政府采取的全球环境政策具有重要影响力。

从美国气候政策发展进程看，总统和国会无疑是美国气候政治中的主角。克林顿、奥巴马民主党政府都曾希望在气候问题上有所作为，但都遭遇到共和党占多数席位的国会阻挠，最终功亏一篑。2015 年 1 月 6 日宣誓就任的第 114 届国会虽然增加了一些新面孔，但政治格局较之前没有大的改变。由于共和党全面掌控此届国会参众两院控制权（参议院共和党 54 席，民主党 46 席，众议院共和党 247 席，民主党 186 席），持中间立场温和派议员人数大减，党派政治极化倾向进一步加剧，气候政治生态未能发生明显改观，美国众议院议长、共和党人约翰·博纳和共和党籍参议院多数党领袖的米奇·麦康奈尔多次抨击奥巴马用滥用总统行政令，不顾国会为所欲为，对奥巴马气候内政外交政策制定和实施增添了不小的阻力。2016 年美国大选后，共和党在众议院赢得了 239 个席位，较之前少了 8 席，不过仍比众议院的半数席位 218 席多出 21 席；而民主党拿下了 192

席。参议院则为共和党 52 席对民主党 48 席。美国将进入政府、国会均由共和党完全执政的时代。由于特朗普选举之前对气候变化的质疑，加之其选择的执掌环境政策的官员均属气候变化怀疑论者，美国气候政策出现倒退将不可避免，至于倒退到什么程度，尚存在不确定性。

在当前美国气候政策形成过程中，最高法院发挥了重要作用。自 2007 年以来，最高法院已经三次重申治理温室气体排放是美国环保署的基本义务并对环保署温室气体排放监管持支持态度。但从 2015 年开始，最高法院对环保署和奥巴马政府气候政策的态度有所转变。2015 年 6 月，在大法官安东宁·格雷戈里·斯卡利亚（Antonin Gregory Scalia）率领下，最高法院以 5∶4 的投票结果推翻了环保署针对燃煤电厂产生的汞污染的法规。斯卡利亚认为，该法律将迫使燃煤或燃油电厂每年多支出 96 亿美元的成本却只获得 400 万至 600 万美元的总体效益。斯卡利亚甚至称："花费数十亿美元来换取少得可怜的健康和环境效益，连理智都谈不上，更不要说是否适当了。"

受美国气候政策决策模式的影响，最终能够出台的气候政策往往是多方制衡后的务实选择，很难有突破性进展。奥巴马总统借助美国《清洁空气法》和环保署"另辟蹊径"，出台《清洁电力计划》，又因遭到二十多个州的诉讼和最高法院阻止而暂缓实施，并最终由于特朗普上台而面临夭折的历史命运。

同时，也必须注意到，美国联邦层面气候政策面临重重阻碍的同时，也无法忽略美国州层面和城市层面气候创新行动的普遍性和积极性。这一方面与州和城市层面气候政策及行动制定较为简单和灵活有关，另一方面也与美国联邦制的政治体制特别是共和党的政治理念密切相关。美国长期将环境事务作为地方事务，在环保署成立之前，联邦政府没有组织机构解决危害人体健康及破坏环境的污染物问题。美国环保署是在 20 世纪 60 年代后，在各种环保运动持续高涨的情况下，由时任美国总统尼克松提议设立，并获国会批准后于 1970 年 12 月 2 日成立。其具体职责包括根据国会颁布的环境法律制定和执行环境法规，从事或赞助环境研究及环保项目，加强环境教育以培养公众的环保意识和责任感。此次特朗普在总统竞选中发表要"撤销环保署"的言论，一方面表明环境问题在其政治议程上不具优先性，同时也是共和党一贯主张的环境问题属于非联邦事务的传统政治理念的体现，其主要用意不是要降低美国环境保护标准，而是意图重新划分联邦层面和地方层面环境管理权限。当然，气候变化问题又不属于传统的环境污染问题，在美国国内政治议题中其意识形态色彩更为浓厚。

（三）通过强化气候政策和经济政策、创新政策等的协同性创造政策空间

美国非常注重气候政策和经济发展之间的"敛合性"，一贯主张气候政策应该服从国家利益，并且应和其他领域的公共政策积极重叠，为其他政治目标带来机遇，为本国带来产业发展的竞争优势。这些政策和目标包括经济发展、能源独立、技术创新、社会福利、创造就业、生活消费等。美国各界想要推行或拒绝气候政策往往需要借助这些方面的理由。

小布什政府拒绝签署《京都议定书》，其首要理由是该协议将会导致美国工人失业、贸易受挫、物价上涨，对经济带来负面影响。克林顿政府在 1993 年发布的《气候变化行动方案》接受了《公约》提出的 2000 年工业国家温室气体排放减少到 1990 年水平的目标，其理由同样在于以新方式激励经济增长并创造更多就业机会。2009 年的《清洁能源与安全法案》，是在保障能源独立、促进技术发展、提振经济、创造就业和保护消费者等议程下进行的，并特别在排放许可和资金分配上，向后两方面倾斜，体现贸易保护倾向。

近年来，随着页岩气、可再生能源和能效技术在美蓬勃发展，能源与气候变化问题在一定程度上已成为能源安全、经济发展、促进就业、技术进步等的利益交汇点，符合国家利益和公共福利。例如，美国可再生能源发电量占比从 2007 年的 2% 提高到 2013 年的 6%，2010 年至 2013 年光伏产业就业增长了近 50%，目前已提供约 14.3 万个就业岗位。这在美国气候和能源政策制定上也发挥着日益重要的积极作用。

金融危机后，2009 年时任美国总统奥巴马从国家战略层面提出了再工业化（Reindustrialization）战略（亦称制造业重振战略）来应对国内外挑战。它是美国长期战略的"轴心"，其实质是以创新为中心，以发展新兴产业为突破口，来重塑工业体系，促进国家经济可持续发展，并试图引领以"智能制造+低碳能源"为主要特征的人类新一轮工业革命，进而巩固其全球领导地位。美国的经济再平衡、制造业重振等政策增加了气候政策的变数。经济利益仍是美国判断是否提高气候行动力度的前提，当前美国政府和民众的注意力很大部分在提振经济和创造就业上，在其政治议程中环境安全等长期问题仍排在经济复苏等短期问题之后。以应对气候变化为核心的"绿色经济"措施显然需要更长的时间才能发挥刺激经济增长、培育新兴产业的作用，需要付出政治上极大的耐心。美国一贯以中国等发展中国家未采取一致行动为借口，但假使中国等发展中国家真正做出让步，美国仍然会保留"不作为"的权利，除非这样的"作为"能为美国带来切实的经济利益，如扩大美国技术在国际市场的份额。而当前的现实是，美国正因为国内经济利益的缘由，或以国家安全的名义，发起在太阳能、风电等可再生能源领域的贸易保护措施，不断制造中美贸易摩擦。在气候保护和贸易保护之间，美国显然有更为实际的考虑。

（四）依靠国际主导地位实现有利于己的全球气候治理制度安排

由于美国国内气候政策反复多变，难以形成有雄心和力度的政策目标，影响到美国国际谈判政策立场，进而影响到全球气候治理进程及制度安排。在国际气候进程中，美国一直是具有关键作用的缔约方。从20多年的气候变化国际谈判历程看，不论是公约谈判、京都议定书谈判、巴厘路线图谈判还是巴黎协定谈判，美国一直力图在谈判中发挥主导作用，美国的意志、利益和立场，一直是影响谈判成果达成的决定性或否定性因素，甚至国际谈判的机制和方向有时也不得不随着美国国内政策因素而调整。如由于美国拒绝核准《京都议定书》，"巴厘路线图"谈判不得不单设公约下一轨以重点解决美国2020年前的减排问题。美国不论是作为国际气候谈判的领导者，还是"搅局者"，其国际气候战略着眼点至少有两方面的重点考量，一是确保美国在构建全球气候治理体系中的话语权和主导地位，防止美国在气候谈判国际进程中被边缘化，二是要确保美国不承担过多国际责任，特别是在国内政策共识无法形成的情况下，尽量使国际气候治理符合美国国家利益，并尽量维护自身的道义形象。

从近年来美国国际谈判实践看，由于页岩气革命、能源转型和发展中国家排放的迅速增长，美国温室气体排放逐步下降，极大缓解了其温室气体排放量过高的减排压力，2011 年启动的"德班平台"谈判及其进程，也意味着全球气候体制大体上采用了美国一贯主张的适用于所有缔约方的"自下而上"的松散减排机制。因此，奥巴马政府积极参与谈判进程，推动建立于己有利的 2020 年后国际气候新体制和新规则。一方面通过与中国、印度、巴西等发展中大国积极开展对话和双边合作，最大限度争取盟友，并通过发表联合声明等方式发挥大国对进程的影响力，直接或间接促成了利马决定和巴黎协定的达成。另一方面，美国也在尝试通过各种手段打破发展中国家联盟，向发展中大国施压。巴黎会议期间，美国联合欧盟与 79 个非洲国家、加勒比海与南太平洋地区国家宣布成立"雄心联盟"，抢占道德制高点，并试图将阻碍谈判的帽子扣到中国等发展中排放大国头上，逼迫其妥协。在美国的积极推动下，《巴黎协定》最终以国家自主贡献这种"自下而上"的减排模式和协定形式出台，这在很大程度上也反映了谈判者们对美国国内批约程序的考量。

专栏 6-1：《巴黎协定》最后的"技术修改"

2015 年 12 月 12 日，巴黎气候大会闭幕在即，当天下午 5 点 30 分，德班平台全会召开，大会主席终于拿出了最后一版成果案文。主席首先邀请负责"法律形式和语言"讨论的联合主席哥伦比亚人 Jimena Nieto Carrasco 汇报相关成果，该主席建议首先对文本进行技术修订，并解释说文本的语言风格和翻译要与《京都议定书》保持一致。这一技术性修改发生在第四款第四条。原文是："Developed country Parties shall continue taking the lead by undertaking econoomy-wide absolute emission reduction targets. Developing country Parties should continue enhancing their mitigation efforts, and are encouraged to move over time towards economy – wide emission reduction or limitation targets in the light of different national circumstances." (发达国家缔约方应该继续带头，实现全经济范围的绝对减排目标。发展中国家缔约方应当继续加强减缓努力，并鼓励根据不同的国情，逐步转向全经济范围减排或限排目标。) 所谓的"技术性修改"，是将文中的"shall"修改成了"should"。这一修改实际是美国人提出的，原因是闭幕当天，美国代表团中的律师团队发现案文中出现了"shall"这个词，他们认为如果带这个案文回国，国会一定不会批准。美国国务卿克里得到这一消息后，随即与大会主席进行了交涉，并获得成功。从实质上看，这一修改并不仅仅是"技术性的"，而是把发达国家的承诺完全拉向了自愿性质的方向，体现了美国要在国际义务方面与发展中国家拉平的一贯立场。部分发展中国家并不赞同这种修订，但在当时万众欢呼的情况下很难再坚持发声。

（五）社会自治的管理体制决定了气候政策和行动的自发性、多样性

美国缺少国家层面的气候法案和能源气候中长期战略，通过最高法院司法判决，赋予环保署对温室气体的管辖权，这决定了环保署部门政策成为美国气候政策的主体，且措施手段以行业标准、补贴或征税为主。而且，联邦层面的能源、环境、经济和安全政策职权分散，缺少统一的政策框架和部门间有效协调，且缺少推动经济转型和消费模式转变等宏观层面的政策措施，政策协同效果和整体效应难免大打折扣。这也影响到将气候变化作为政策主流统筹到国家发展战略、进一步提升气候政策地位的可能性。因此，美国气候政策除了由环保署等部门发起的对电力、汽车等行业的监管措施外，特别依赖州、企业、非政府组织等多样化行为主体的自发性气候行动。省州层面的行动已成为美国应对气候行动的主体，很多州政府如加州等都提出了比联邦层面更为积极的减排目标和气候政策。美国《清洁空气法案》赋予州"独立实施原则"，如此规定的目的，不仅给予地方政府制定气候变化政策的灵活性和自主性，而且也使地方成为政策创新的实验室，通过地方温室气体减排的立法和执行情况，联邦政府在政策制定过程中，可以获得更多的实际经验，从而为制定更可操作的碳减排政策奠定基础。美国还不断鼓励私营部门对能效、可再生能源和能源低碳技术等领域的投资，2009年出台的经济刺激计划对能源项目的直接和间接融资总额超过了300亿美元。2015年7月，美国白宫公布美国商业气候承诺法案（American Business Act on Climate Pledge）。截至2015年12月，共有154个总年收入超过4.2万亿美元的公司签署该法案，承诺将支持国际和国内的应对气候变化行动。同时，非政府组织在凝聚社会共识、营造舆论氛围、开展技术咨询、共享信息和推广最优实践等方面也发挥了重要作用。

同时，美国通过推动非主要领域较小成本的"多样化"减排行动，以体现其应对气候变化的积极姿态。例如，美国环保署和其他机构采取不同的措施减少垃圾填埋、油气开采、煤炭以及农业部门的甲烷及黑碳等排放。美国环保署通过修订重要新替代品政策和推动《蒙特利尔议定书》修订案等削减氢氟碳化物（HFCs）排放。

总之，美国气候政策和行动总体上呈现自发性、多样化、增补性和边缘化的特点。缺少在潜在经济影响或社会影响较大的重点领域实施重大变革的魄力和决心，更多是现有政策的延续和小范围修补，缺少政策一致性、长期性和持续性。

第三节　中美气候战略的差异解读

中美气候战略，具有各自国家的鲜明特征，代表了两种不同的气候管理模式和政策类型，其差异性是十分明显的，理解这种差异化，需要从两国所处的发展阶段、具有的资源禀赋、采用的政策工具、社会体制和国际定位差异等各个层面进行解读。

一、发展阶段

美国和中国分别是全球经济第一和第二大经济体，同时两国又是最大的发达国家和最大的发展中国家。2015 年美国人均国内生产总值高达 5.6 万美元，在世界大国之中高居首位，而中国仅有 8 300 美元，两国明显处在不同的发展阶段。

美国作为全球第一强国和唯一超级大国，早在 20 世纪中叶即已完成了工业化和城镇化。长期以来，美国一直是全球能源消费的超级大户，在 20 世纪 60 年代，一次能源消费量占全球的 35%。1965—2014 年，美国的一次能源累计消费量占全球的近 1/4。20 世纪七八十年代以来，美国等发达国家经历了明显的"去工业化"过程，即将高耗能工业和一般工业的制造加工环节转移到亚洲等发展中国家；再加上石油危机的冲击，美国工业产品产量达到峰值并开始下降，重化工业比重显著下降，这一系列因素使得自 1990 年以来美国工业碳排放总量出现减排趋势。据测算，1990—2010 年，美国能源和工业领域碳排放增长 3.74 亿吨二氧化碳，尽管能源工业碳排放增加，但制造业和建筑业、工业生产过程碳排放减少。2010 年与 1990 年相比，2010 年美国制造业和建筑业减排 0.69 亿吨二氧化碳，工业生产过程减排 0.11 亿吨二氧化碳；而到 2015 年，由于燃煤发电大规模退出，美国碳排放总量比 2005 年下降了 12%。1965—2014 年尽管美国的能源消费总量增长了近 80%，但随着其他国家能源消费量的增长，其在全球能源消费中的占比逐渐降低。2011 年其第一能源消费国的位置被中国取代。美国在其工业化、城镇化和现代化过程中，充分享受了无约束排放的先发优势，在其工业化排放达峰后，其排放源主要是建筑、交通等消费领域。美国人凭借从全球输入的产品和服务，至今仍保持着高排放的消费模式和生活方式。

中国作为最大的发展中国家，目前仍处在工业化、城镇化进程之中，中国人在总体上摆脱贫困的时间还不到一代人的时间，目前仍有近 5 000 万贫困人口。未来中国实现现代化目标，工业排放增长已逐步放缓并逐步达峰，但城镇化进程将进一步加快，未来 20 年城市人口还将增加数亿，能源消费还将合理增长，中国的碳排放主要是生存排放和发展排放。

因此，根据《联合国气候变化框架公约》确定的"共同但有区别的责任"原则，中美两国在全球应对气候变化进程中，具有不同的责任。中国对全球气候变化的责任，主要是未来责任，是低碳发展的责任，即争取以尽可能少的排放实现发展目标。而美国对全球应对气候变化既有历史责任，又有未来责任，应该率先大幅减排，为发展中国家民众的生存权和发展权，腾出必要的空间。中美两国气候战略的不同，特别是减排目标上的差别，主要应从发展阶段和各自责任的不同来解读和把握。

二、资源禀赋和技术条件

中美两国气候战略的差异，特别是能源战略的差异，还与两国的资源禀赋和技术条件有关。

中国之所以形成以煤为主的能源结构，一般认为是中国的煤炭储量丰富，但世界煤炭储量最丰富的国家不是中国，而是美国，中国的储量仅仅排在世界第三（第二是俄罗斯），差不多是美国的一半。2015年底美国的煤炭储量达到2 373亿吨，中国只有1 145亿吨，但美国2015年煤炭产量只有8.13亿吨，而中国的产量达37.47亿吨。中国煤炭储采比仅为31年，远低于世界平均水平（114年），更大大低于美国（292年）。所以说，中国煤炭资源也并非如想象中那般丰富。同时，美国的石油和天然气储量也比中国丰富。2015年底，美国石油储量66亿吨，天然气储量10.4万亿立方米，而中国分别只有25亿吨和3.8万亿立方米，2015年美国石油、天然气产量分别达到5.67亿吨和7 673亿立方米，而中国产量分别只有2.15亿吨和1 380亿立方米。中美化石能源的储量和产量情况见表6-1。美国的能源结构尽管以化石能源为主，但不同于中国严重依赖煤炭的情况，其能源结构呈现出一定程度的多元化。从能源种类来看，石油、天然气、煤炭、可再生能源、核能占比分别是35.5%、28%、18.2%、9.8%、8.5%。从消费部门来看，交通、工业、居民 & 商业、电力分别占27.5%、21.8%、11.5%、39.2%。从各类能源的用途来看，石油主要用于交通（71%）与工业（23%）领域；天然气则是工业、居民 & 商业、电力各占约1/3，煤炭的91%用于发电，超过一半的可再生能源用于发电，核能则全部用于发电。从各消费部门的能源来源来看，交通用能的92%来自石油，工业用能的主要来源是石油（38%）和天然气（44%），居民&商业用能中天然气占77%，电力的一次能源中，石油、天然气、煤炭、可再生能源、核能分别占1%、22%、42%、13%、22%。可以看出，美国煤炭主要用于发电，而中国在能源消费的各个领域都严重依赖煤炭。这在一定程度上反映了美国丰富的石油、天然气储量和强大的开发能力。相比而言，中国的国内油气生产由于受储量、储藏条件、开发技术制约，一直没有实现大规模的突破，导致中国的能源对外依存度不断攀升。特别是近年来，美国首先发生的页岩气革命，对推动美国能源结构的调整发挥了重要作用。

表6-1　中美化石能源储量和产量对比

	2015年底储量	2015年产量	储产比
石油	全球：2 394亿吨 美国：66亿吨 中国：25亿吨	全球：43.62亿吨 美国：5.67亿吨 中国：2.15亿吨	全球：50.7年 美国：11.9年 中国：11.7年
天然气	全球：186.9万亿立方米 美国：10.4万亿立方米 中国：3.8万亿立方米	全球：35 386万亿立方米 美国：7 673万亿立方米 中国：1 380万亿立方米	全球：52.8年 美国：13.6年 中国：27.8年
煤炭	全球：8 915亿吨 美国：2 373亿吨 中国：1 145亿吨	全球：78.61亿吨 美国：8.13亿吨 中国：37.47亿吨	全球：114年 美国：292年 中国：31年

据预测，世界页岩气资源量约为456万亿立方米，主要分布在北美、中亚和中国、中东和北非、拉丁美洲、苏联等地区。与常规天然气相当，页岩气的资源潜力可能大于常规天然气。对页岩气资源的研究和勘探开发最早始于美国。依靠成熟的开发生产技术以及完善的管网设施，美国页岩气成本仅略高于常规天然气，这使美国成为世界上唯一实现页岩气大规模商业化开采的国家。数据显示2015年美国页岩气产量已经超过了4 300亿立方米。[1] 2006年美国页岩气产量仅为其天然气总产量的1%，到2015年

---

[1] 2015年美国页岩气产量数据来源：https://www.eia.gov/dnav/ng/ng_prod_shalegas_s1_a.htm。

增长至美国天然气总产量的 56%，5 年中增长超过 56 倍。[①] 依靠页岩气的开发利用，在未来 10 年里，美国不仅可以实现天然气全面自给自足，还有望成为液化天然气出口国。

美国"页岩气革命"动摇了世界天然气市场格局，且这一影响还将愈发显著，进而改变世界能源格局。得益于非常规天然气尤其是页岩气开发技术的突破，2009 年美国以 6 240 亿立方米的产量首次超过俄罗斯，成为世界第一天然气生产国。产量地位的更替使美国天然气消费长期依赖进口的局面发生逆转。美国专家兴奋地认为，有了页岩气，美国能源供应 100 年无后顾之忧。页岩气的开发，特别是美国页岩气产量的急剧增加，对全球天然气供需关系变化和价格走势产生重大影响。

中国蕴藏着丰富的页岩气资源。根据国土资源部油气研究中心 2012 年发布的报告，我国页岩气预估地质资源总量 134 万亿立方米，资源潜力与美国相仿，但与美国不同的是，我国的页岩气开采难度更大，页岩气层深度比美国深得多，而中国的开采技术还难以达到大规模开展利用页岩气的程度。从技术上讲我国页岩气开发还处于早期阶段。

三、体制差异

美国和中国由于政治和社会制度差异，在应对气候变化管理体制上也存在明显差异，这是中美形成不同气候战略的重要制度因素。

（一）美国应对气候变化事务管理方式

美国是联邦制国家，联邦政府和州政府具有不同的法律权限。在联邦政府层面，美国实行立法、司法与行政三权分立与制衡的政治制度。立法机关是由参议院和众议院组成的国会。美国国内气候变化法案需由参众两院分别审议通过，交由总统签署并发布后才能正式实施。除国会外，总统率领的行政部门也可通过政令对温室气体发挥管控作用。目前美国联邦层面气候政策主要依赖于总统行政命令，负责管控温室气体的行政部门主要

---

① 2015 年美国天然气产量数据来源：https://www.eia.gov/dnav/ng/hist/n9070us1A.htm。

是美国环保署。2007 年 4 月，通过"马萨诸塞州等诉环保署案"，美国联邦最高法院将 CO_2 等六种温室气体裁定为空气污染物，并要求美国环保署尽快出台相关排放标准和措施对其进行控制管理。环保署虽然没有出台全经济范围减排目标的权力，但可以通过出台部门排放标准的方式控制温室气体排放。

美国地方应对气候变化的监管体制非常多元，没有统一模式。制定了气候变化法规或规划的州会形成跨部门的应对气候变化委员会，通常会发挥重要的协调作用。地方的环境保护部门和电力监管部门通常是应对气候变化行动和政策的重要执行部门，此外，还有很多相关机构参与其中。加利福尼亚州的空气资源管理局是一个非常特殊的旗舰机构，其成立之初就在环境制度设计创新方面形成了和联邦环保署遥相呼应的互动作用，各州虽然都有地方环保署，但并没有空气资源管理局这样类似的机构设置。能源部门制定应对气候变化的政策行动在很多地区也很普遍，如纽约州的应对气候变化方案放在了能源规划里边。此外，还有水务部门或者城市规划部门负责气候变化行动方案的实施，如纽约市和波特兰市。也有通过议会直接委任工作组的方式来管理。这些都和地方行政长官意识、政府机构设置，各个部门对气候变化的积极程度有关。从美国应对气候变化的管理体制看，地方政府扮演着更为重要的角色，美国地方应对气候变化政策通常涉及如下几个层面的行动——州、市和郡、社区，以及跨州的区域合作和城市之间的自愿联盟。州一级行动是地方应对气候变化的主导力量；郡、城市拥有一定程度的立法权，在执行州既有立法和政策的同时，可以在政策空白领域发挥创造性；基层政府，包括社区的积极性和主动性，对政策的实施度有很大决定作用。总之，由于美国的制度特点，人口分布及能源消耗特征，州和城市政策是地方应对气候变化行动的核心。

1. 州层面

美国州一级立法机构和政府行动是地方应对气候变化的主导力量。首先，基层政府，包括市、郡、社区需要执行州层面立法。其次，州层面的政策和行动对于联邦立法在州内实施程度有直接影响。另外，州也有自主性，可以和其他地区甚至国家签订合作议程，达成气候变化区域间合作。加利福尼亚州著名的"AB32 法案"的立法、实施和修订过程，就是州立法的典范。在美国缺少联邦综合立法的背景下，加州力推 AB32，并成为公认最综合全面的州气候变化立法，提出了州层面减排目标、行动计划、行业政策、碳交易系统、预算支持等一系列行动。除了执行由联邦政府制定以燃油经济性政策为核心的能源效率标准外，加州制定了本州更严格的标准。加州还和加拿大魁北克省实现了碳市场的链接，并通过将"减少毁林和深林退化的减排量（REDD）"纳入碳抵消机制，直接帮助巴西、墨西哥等发展中国家应对气候变化，还和中国的广东省、深圳市等地签署合作备忘录，促进经验交流。

2. 市和县层面

城市和县层面的气候变化的行动，也有一定的独立性，除了执行州层面的政策，可以充分调动政治家、企业、民间机构的活力，不完全受制于本州的政策方向。城市可以在政策空白领域发挥创造性；基层政府的积极性和主动性，对政策实施的力度有很大决定作用。城市，尤其是美国人口聚集的大城市，正在成为应对气候变化的前沿领地。"县"之于"城市"在政治决策制度上有所区别，通常县的辖区范围内会有几个小城市，而有的时候一个大城市也会超过一个县的范围。就气候变化政策行动而言，县和城市可以认为处于相同层次。佛罗里达州是对气候变化感同身受的地区，因此一直在应对气候变化方面采取积极的政策。处于最南端的 Miami-Dade 县辖区内有包括迈阿密在内的 34 个城市，Miami-Dade 县于 2010 年制定了《气候变化行动方案》，而在此之前，2008 年 Miami 市也已经发布被称为 MiPlan 的城市气候变化方案。

3. 社区层面

社区相对于城市而言，是更为微观的地理单元，理论上应该属于城市的一部分。大部分社区虽然没有制定政策的需求，但应对气候变化政策的实施、落地，以及商业模式创新大多发生在社区层面。太阳能的集中开发利用是美国在社区层面推广的重要行动，美国十多个州及华盛顿特区立法支持社区太阳能开发，例如，科罗拉多州的《社区太阳能法案》。马里兰州大学城是一个仅有 2 300 多人的小镇，这里的"大学城太阳能"是一个合作社性质的微型社区太阳能项目，虽然规模小，但是此类项目中投资回报周期最短的项目，5 年即收回成本。洛杉矶港口虽然是商业机构，也是一个很大的社区，有非常完整的环境体系，他们的零排放货车项目一直居于领先地位，是加州的重点交通减排项目。

（二）中国应对气候变化事务管理方式

中国是中央集权的单一制国家，中央政府对地方政府事务具有权威性。中国应对气候变化的战略、规划、重大政策，一般由中央政府出台，然后将目标任务分解落实到地方政府和行业部门，地方政府和行业部门是中央政策的具体执行者和实施者。地方政府在管理体制安排上，一般都有和上级政府"对口"的管理部门，来具体落实和管理本地区某一方面的具体事务。如国家发展改革委是中国应对气候变化工作的归口管理部门，省、市、县三级政府也设有发展改革部门作为本地区应对气候变化工作的归口管理部门。地方政府的发展改革部门作为本级政府的组成部门，受本级政府的直接管辖，但同时全国各级发展改革部门又构成了自上而下的"发展改革系统"，上级发展改革部门对下级发展改革部门具有业务指导关系，上级政府的文件和政策、项目补助资金等，一般都通过发展改革系统，逐级下达到地方政府和项目单位，地方政府的项目审批和资金申请文件，也通过系统网络，逐级向上级政府申报。中国行政系统的一体化，有利于国家应对气候变化目标和政策得到有效贯彻执行。中国地方政府在中央政府的目标下推动应对气候变化工作，一方面在实现低碳发展目标方面，受到行政命令式的碳排放强度下降目标"硬约束"，会积极采取措施，广泛开展行动，确保实现碳排放强度下降目标；另一方面围绕着不同层面的低碳试点，谋划开展碳排放峰值、碳排放总量管理等低碳发展政策创新和制度设计，并结合非化石能源发展、节约能源等方面的目标和政策要求，寻求体制机制方面的突破，体制优势明显。

从中国地方应对气候变化试点示范政策看，尽管从实施的主体看，我们将其作为一项地方政策来看待，但有关低碳城市、低碳产业园区、低碳社区、低碳城（镇）等试点政策的提出和顶层设计，均是由中央政府部门发起和推动的，并得到了地方政府的积极响应。这些地方试点从实施方案的制定到推动实施，都是由各级政府共同来完成的，并且由国家层面对地方试点进展情况进行评估和考核。同时，试点地区和地方政府对本地区应对气候变化事务也具有较强的主动性和能动性，这种能动性主要取决于地方主要官员的施政理念。地方政府在完成国家提出的应对气候变化目标任务基础上，可以根据本地区实际，提出更多的行动计划或自主行动。如深圳市和镇江市，由于政府意识到低碳发展与城市当前发展目标的高度契合性，而将低碳发展作为重要的发展理念和优先事项，列入城市的发展目标任务，已经形成了较为良好的加快低碳发展的社会环境和政策导向，成为较为典型的低碳发展示范城市。

四、政策工具

中美两国由于不同的社会体制，在实现战略目标的政策工具运用上，具有明显差异。

（一）美国主要气候政策工具

1. 法案

美国的气候治理行动需要依托法律授权，因此联邦层面和地方层面都需要制定相应的法案，授权政府采取相应的政策行动。由于共和党长期主导联邦众议院，美国联邦层面制定气候变化专门立法的尝试一直受挫。但通过最高法院对《空气清洁法案》的司法解释，美国环保署获得了对温室气体进行管制的权力，实际上使联邦政府获得了采取温室气体减排行动的法律依据。此外，美国在经济复苏、能源安全、森林管理等相关法案中，纳入了有关气候变化事务的内容，也成为气候变化相关行动的法律依据。如《美国振兴与再投资法案》提出，重点为清洁能源研发和气候科学研究提供资金和政策支持。美国气候变化有关管制性法案有《低碳经济法案》（2007）、《清洁能源法案》（2007）、《美国清洁能源与安全法案》（2009）、

《能源政策和节约法》(2009)、《美国电力法案》(2010) 等。涉及标准的主要法案有《能源政策与节约法》《国家电器产品节能法》《"能源之星"计划》(由自愿逐步转为强制) 等。

美国地方的综合性立法是应对气候变化行动的重要法律依据。地方综合性立法一般是由州议会或市议会通过的议案 (Bill) 或法案 (Act)。由于各地的政治背景千差万别,不同地方法律文件的范围、内容、授权力度、预算支持,以及制度设计的成熟程度都不同。在许多州都有过气候变化议案多次挫败的经历,立法过程不断妥协,有些地方的气候变化议案成为号召性文件,有的连减排目标都没有规定,或者只是提出组成应对气候变化委员会,对气候变化问题进行研究分析。此类立法具有代表性的是2006 年加利福尼亚州颁布的 AB32 法案。加州的气候变化议案,已经对详细的目标、政策、保障措施等做出了具体规定。法案要求加州到 2020 年的温室气体排放减少到其 1990 年的水平,并在 2014 年修订法案时由时任州长布朗进一步提出了长期目标:2050 年排放比 1990 年的水平减少 80%。法案还提出了详细的政策框架保证目标的实施,能源、交通、农业、水、废弃物管理、自然和工作用地、绿色建筑和碳市场机制。法案授权加州空气资源委员会发布一份范围界定计划,内容有关加州的具体达标战略,并每五年更新一次。重要的是,法案对实施法案所需的资金来源也做了一定安排,授权对排放源征收碳费用。法案还规定了重要行动的详细时间表。AB32 法案是美国在应对气候变化方面第一个综合全面、有实施保障的气候变化地方立法。类似的立法还有诸如 2007 年夏威夷州通过的 HB226 法案,明尼苏达州的 SF145 法案等。

2. 行动方案和规划

奥巴马政府 2013 年颁布的《总统气候行动计划》,比较集中地体现了美国联邦层次应对气候变化的尝试和努力。该计划主要覆盖减排、适应和国际合作三大领域,列举了 75 项欲达目标,主要依赖美国环境保护署来推动广泛的行动。

州政府所属的应对气候变化委员会一般负责研究制定具体行动方案。

地方气候变化行动方案和规划大多基于应对气候变化委员会的研究，经过论证符合本地区需求，方案一般反映了各州的地区特点。应对气候变化方案或规划一经采纳，即进入政策实施阶段。在委员会制订方案或规划建议阶段，会有各种形式的工作组负责撰写不同研究报告等支持性文件。具有代表性的方案包括科罗拉多州、康涅狄格州案、缅因州等州行动方案，以及纽约州能源规划等。一些州的应对气候变化行动规划主要是和本地区特定行业规划结合，如纽约州的规划就是在州能源规划的基础上增加了应对气候变化的内容。城市和县层面也有很多地区颁布综合性的行动方案，这一层面的行动方案和规划更加注重优先领域，如纽约市的 PlanNYC 规划主要侧重建筑节能，并尤其强调城市适应气候变化的韧性计划，迈阿密州市的规划强调了海岸适应气候变化的系列行动等。波特兰市的行动计划则强调了城市规划的重要作用。

3. 排放标准

标准管制，包括标准、指令、授权等，是美国等发达国家最常见的管制措施，涵盖了工业、建筑、交通、可再生能源等领域。能源效率是最主要的标准管制对象，能效标准包括多种方式，可以作为技术标准，或者作为产业规范，以规章制度方式加以实施。美国已对 30 余种（类）电器设备制定了明确的能效标准，包括荧光灯、白炽电灯、配电变压器、商业冰箱与冷柜、汽车等。重点行业的碳排放标准主要包括电厂碳排放标准和汽车二氧化碳排放标准。地方被允许制定更严格的地方标准。美国是最早提出燃油经济性标准的国家，早在 20 世纪 70 年代石油危机之后，联邦交通部被授权制定 CAFÉ 标准，成为该领域的先行者。然而标准制定后，多年未更新，欧洲、日本后来者居上，乘用车燃油效率大大超过了美国。加州在颁布 AB32 法案以后，通过获得立法豁免权，被允许制定更严格的地方标准，管制本应属于联邦管辖范围的油耗标准。此后，加州根据《低排放机动车法规》的授权，进一步制定了针对 2009 年以后上市新乘用车和轻型卡车的机动车二氧化碳排放标准，成为全球首例。随后欧洲也制定了自愿性温室气体排放标准，并超越加州成为最严格的标准。

4. 财政与税收政策

财政与税收政策主要用于激励低碳技术的研发和应用，鼓励新能源投资消费，鼓励新能源汽车和节能产品使用，鼓励传统产业节能减排投资，从经济上约束企业的温室气体排放等方面。主要包括：财政补贴与资助、优惠贷款与基金、政府采购、税收减免政策。美国在政府预算中安排专项资金用于支持新能源领域及其他重要低碳科技研究开发。例如，2008 年美国对低碳能源技术研究、开发和示范方面的投入为 24.55 亿美元；美国能源部 2011 年预算中制定了 161.86 亿美元的预算用于能源资源、科学研究与环境管理三个领域。1990 年以来，美国先后制定并实施了采购循环产品计划、能源之星计划、环境友好产品采购计划等一系列绿色采购计划。在优惠贷款与特别基金资助方面，2006 年，美国已有 15 个州和哥伦比亚特区通过了所谓的"公共利益基金"，为可再生能源的研发筹措资金。税收政策方面，美国密歇根州 2009 年宣布为拓展可再生能源和高级蓄电池的开发和生产提供 3.35 亿美元的税收抵免。

5. 自愿协议减排与碳标签

自愿协议（Voluntary Agreement，VA）是目前国际上应用最多的一种非强制性节能措施，它可以有效地弥补行政手段的不足。包括美国在内全球十余个主要发达国家都采用了这种政策措施来激励企业自觉节能。自愿协议是指单个企业（或企业联盟）或行业与政府签订的自愿性节能减排协议。美国联邦一级的长期自愿协议就有 40 多个。1994 年实行的"气候之星项目"就是其中一例。

碳标签是将商品生产过程中所排放的温室气体量在产品标签上用量化的数据表示出来、告知消费者该商品的碳信息，碳标签将会引导那些关注环境问题的消费者选择低碳商品，从而达到减排的目的。2008 年，美国启动"碳意识产品标签"计划并发布了碳标签，"碳意识产品标签"计划对碳排放进行分级，它由美国的"气候保护组织"负责运营。美国气候保护组织开展碳标签有工作的流程包括气候意识评估、认证、明智购买和减少碳排放四部分。

（二）中国主要气候政策工具

与美国相比，中国的气候政策，更显著地体现了气候政策的整体规划和政府主导特征。主要的政策工具包括：

1. 中长期规划

国家中长期规划是中国确定发展战略目标、任务和政策导向的重要工具，一般包括总体规划、专项规划和区域规划。最重要的总体规划是每五年编制一次的国民经济和社会发展五年规划纲要，其主要任务是确定中国五年发展的总体蓝图。在"十二五"规划纲要中，应对气候变化首次作为重要内容被纳入，并提出了"十二五"时期单位国内生产总值二氧化碳排放下降17%的约束性目标。从控制温室气体排放、适应气候变化、开展国际合作三个方面，明确了应对气候变化的重点任务，应对气候变化正式上升为国家战略。在此基础上，中国制定出台了《中国应对气候变化规划（2014—2020年）》，这是应对气候变化领域首部国家专项规划。为落实国家目标任务，各省级政府均首次制定出台了"十二五"或到2020年应对气候变化专项规划。一些城市政府也出台了"十二五"低碳发展规划或应对气候变化规划。中国应对气候变化规划体系正式形成。

2. 工作方案

工作方案是中国政府为落实某一方面工作任务而制定的工作计划。工作方案作为政策文件，其法定效力要低于规划，但其灵活性更强，可以根据形势任务的需要制定和发布。为落实"十二五"规划纲要确定的控制温室气体排放目标任务，2011年，国务院首次制定并发布了《"十二五"控制温室气体排放工作方案》，这一方案对完善中国应对气候变化工作布局，确保实现"十二五"时期低碳发展目标，发挥了重要作用。根据国家方案的要求，各省级政府也制定本地区工作方案或实施方案。

中国在推进低碳试点工作过程中，制定试点实施方案也是重要的政策手段。一般低碳省、低碳城市、低碳工业园区等试点单位评选确定后，由试点单位根据国家要求，编制试点工作实施方案，明确工作目标、任务和保障措施，国家主管部门对试点实施方案组织进行评审，提出改进意见和建议，试点单位进一步完善后，由国家有关部门批准实行。试点工作的成效，与试点实施方案确定的工作思路具有密切关系。

3. 目标分解考核

从"十一五"规划开始，中国将节能目标分解落实到省级政府，并进行年度和五年考核。"十二五"时期开始，中国在分解节能目标的同时，对碳强度下降目标也进行了分解，省级政府再将目标分解落实到市级政府，并实行考核和问责，形成压力传导。"十三五"时期，中国开始实施能源消费强度和总量双重控制，即向地方分解落实的指标除了能源强度指标、碳强度指标，还包括能源消费总量指标。节能减碳考核结果，最终要向全社会公布，并作为地方政府绩效评价的重要依据。目标分解和考核，在中国节能减碳政策工具中属于最强有力的手段，其他的财政激励和税收优惠政策等都是在节能减碳目标下来实施的。

4. 财政补贴

财政补贴主要是通过在中央和地方财政预算中设立专项资金，用于支持新能源发展、节能项目、绿色建筑、节能环保产业等领域发展的政策手段。由于中国的市场经济体系尚不完备，市场机制作用发挥存在局限，以及中国强有力的政府在经济社会发展事务中的主导作用，中国一直将财政补贴作为应对气候变化和节能减碳的重要支撑手段。财政补贴一般有对投资项目的补助或对节能减碳效果的补贴等不同方式。财政补贴手段可以在短时期内发挥立竿见影的效果，扩大节能减碳市场规模，如中国的节能服务产业、合同能源管理产业、新能源产业、新能源汽车产业，都是在财政补贴的支持下迅速壮大的。但随着市场规模的扩大，财政补贴也成为重要的财政负担。目前，中国对财政补贴的方式正在进行改革。

五、国际定位

中美两国都是世界大国，但美国是全球唯一的超级大国，中国是最大的发展中国家，国际定位的不同，是两国采取不同的气候变化战略特别是国际战略的重要因素。

（一）美国的国际地位与气候国际战略取向

美国超级大国的地位体现在国际政治、经济、军事、外交等方方面面。美国作为唯一的超级大国，凭借着其超强的经济规模、军事力量和国际影响力，一直是国际政治、经济、军事进程的主导者，也习惯在国际事务中扮演决策者和发号施令者的角色，在气候变化领域也不例外。在气候变化国际谈判中，美国不论作为领导者或"搅局者"，都具有其他国家所没有的影响力，拥有"一票否决权"。同时，以公约为主渠道的气候谈判是联合国框架下的多边进程，它所秉持的公开、透明、民主、公平和协商一致的原则，保证了所有国家特别是发展中国家的广泛参与，对大国强权政治形成了一定程度的制约，在联合国气候变化框架公约谈判中，美国并没有掌握气候谈判的绝对主导权。因此，近年来特别是哥本哈根气候大会之后，美国积极寻求在联合国框架之外另辟蹊径，倡导通过 G20 等其他小范围多边场合推动解决气候变化问题，强化《蒙特利尔议定书》下谈判、主要经济体能源与气候论坛（MEF）等美国主导机制的影响力，主动发起和参与创立了各种主渠道外机制，如"亚太清洁发展和气候伙伴计划（APP）""气候与清洁空气联盟（CCAC）""全球农业温室气体研究联盟"等，并在氢氟碳化物、甲烷、黑炭等问题上另起炉灶。美国试图通过各种公约外行动输出其理念和技术，意在通过"扩张型"策略重塑其在气候变化国际进程中的主导权和领导地位。

美国更偏好通过国际经济事务多边机制和其他小多边机制来解决气候变化问题，主要是基于以下几方面考虑：一是这些机制参与国家相对较少，但全球影响力大，决策较为集中且更有效率，例如，G20 代表了全球近 90% 的经济量和近 70% 的人口；二是参与层面通常较高，往往涉及首脑级会议，政治意愿能得到更为直接的交流或协调；三是气候变化只是一些机制重点关注的问题之一，各方可以在更广的政治经济事务层面上达成协议或妥协；四是这类机制对于气候变化问题的关注重在原则和框架层面，首先是形成政治意愿，而并不在前期阶段就具体细节层面的问题花费大量时间，从而将政治性谈判和技术性谈判分开，前期谈判的周期和回合较少；五是这类机制涉及具体问题时通常并不涉及全经济领域，而仅仅聚焦有限的对美国有利的具体部门和领域，且能最大限度地拓展美国技术的国际市场，利用技术垄断优势获得实质利益。例如美国积极推动氢氟碳化物减排就是因为其对相关替代产品技术具有垄断优势。

此外，美国还习惯和善于通过学术机构、跨国企业和非政府组织不断扩大其全球影响力。美国的各类与政府和企业有着密切关系的基金会、公益和环保组织等在全球发挥着重要作用，其大量资助主要流向各国高校、科研机构和政府部门，通过与这些机构合作，资助、参与各国相关法律和政策的制定及咨询。

（二）中国的国际地位与气候国际战略取向

中国作为最大的发展中国家，近年来随着经济实力和综合国力的增强，在气候变化国际谈判中的话语权也在不断增大。但中国在谈判中的总体策略，仍然是坚持发展中国家的总体定位，将维护发展中国家的整体利益作为谈判的重要方针，并将广大发展中国家作为参与谈判的重要战略依托。在气候变化国际谈判中，与美国更希望在小范围内解决问题不同，中国一直倡导广泛的政治参与，主张维护公约的谈判主渠道地位。作为发展中国家的一员，中国积极参加 77 国集团+中国内部磋商，并注重维护发展中国家的团结，由中国、印度、巴西、南非组成的"基础四国"谈判集团，已经成为维护发展中国家利益、推动谈判进程的重要力量。同时，随着谈判进程的深入，发展中国家内部立场也出现了分化，出现了"立场相近发展中国家""拉美独立国家集团""小岛屿国家联盟""最不发达国家联盟"等谈判集团，这些发展中国家内部的集团在长期目标、资金和协议法律形式方面，出现了分歧。中国虽然是"立场相近发展中国家"的成员，但由于立场比较超然，秉持公正原则，日渐成为谈判中各方倚重和寄予厚望的关键因素。也正是由于中国的协调和推动，哥本哈根气候大会以来，包括巴黎气候大会在内的历次缔约方大会，才在坚持"共同但有区别的责任"原则基础上，最终达成了积极成果，为构建公平、高效的全球气候治理体系奠定了基础。

总之，中美都是全球政治经济大国，在应对全球气候变化过程中，都肩负着重要的责任。由于发展阶段和国情的差异，两国在处理应对气候变化与经济社会发展事务关系时，既面临着相同的挑战，也面临着不同的问题。两国应对气候变化的战略和政策，是在各自的体制框架下，根据自身经济社会发展的需要逐步形成的。摒弃体制等不可比因素，从政策工具、实现路径等技术层面看，两国气候战略和政策存在可以相互借鉴的地方，如美国出台的《总统气候变化行动计划》，其最受争议之处，是在计划中确定了各州减排目标，尽管这一目标的实现难度不大，但仍然被认为是联邦政府的越权行为。这种做法与中国在控制温室气体排放工作方案中实施的将五年目标分解落实到省级政府的方式十分相似，不得不说是参考了中国有关做法和经验。同时，我们在赞赏中国体制集中力量办大事的制度优势的同时，也要看到，在国家统一规划和部署之下，如何进一步充分发挥地方、基层和其他行为主体的积极性和创造性，是低碳发展和环境保护中的关键问题。对中国这样一个大国来说，各地区情况千差万别，依靠自上而下的行政推动，往往会出现政策效率逐级衰减的问题，而雾霾等环境问题的持续出现，从深层次分析，并非国家层面重视和投入不足，而是反映出了在环境问题上地方精细化管理不足的问题。现有的基层环境管理模式，难以解决全方位监管和执法不到位问题，如何在地方层面上，创造出更有效的环境管理模式和解决方案，是中国环境管理体制必须解决的迫切问题。

第七章　中美气候变化合作进展与展望

中美两个世界大国在应对气候变化方面的合作具有战略意义。两国在《巴黎协定》达成和生效阶段的有效合作，开启了发达国家与发展中国家多层次、多角度合作应对气候变化的新模式，对凝聚全球应对气候变化的政治意愿、提振多边进程信心起到了关键的作用，为联合国多边框架下的气候谈判注入政治动力。同时，两国气候变化与能源合作也成为近几年中美关系的新亮点。但随着对气候变化持怀疑论调的美国新一届政府上台，中美气候变化合作面临挑战。探寻新形势下中美气候合作的新思路和新模式，对推动中美在气候变化领域的进一步合作至关重要。

第一节　中美气候变化合作进展

一、近年来中美气候合作的重要意义

中美两国经济规模和温室气体排放占据世界前两位，是全球经济低碳转型和应对气候变化不可忽视的重要力量。近几年，两国在应对气候变化领域的合作取得了重大进展，不仅为提升两国各自的行动能力提供了动力，也为国际气候谈判进程和其他国家应对气候变化作出了突出贡献。事实证明，两国合作应对气候变化既符合两国的根本利益，又符合国际社会的期待。

1. 中美气候合作具有深刻政治驱动力

中美两国气候变化领域合作，有助于打破以往发达国家和发展中国家

之间在全球应对气候变化进程中存在的政治隔阂，在很大程度上可消除长期以来大国之间在气候变化问题上的零和博弈局面，证明了通过国际合作来应对全球重大挑战的可行性和必要性，实现从政治对立到务实合作的转变，给国际社会在落实《公约》和《巴黎协定》方面树立了典范。中美气候变化合作还具有典型的示范效应，合作所产生的成果还可以通过各种渠道和机制使第三方受益，从而给其他国家应对气候变化的行动带来积极影响，为国际社会深化气候变化领域务实合作带来契机，对深化应对气候变化的国际合作机制有着长远的影响。

从两国国内角度看，中美两国也都存在参与和引领全球气候治理，发挥国际影响力和领导力的政治需求。对美国而言，应对气候变化是上一届奥巴马政府积极打造的政治遗产。由于小布什政府时期退出《京都议定书》给美国的国际形象造成了恶劣影响，奥巴马政府亟需通过拉中国、印度等发展中大国入局以说服美国国内的阻挠势力，达成于己有利的国际协议，并为美国国内应对气候变化行动注入动力。对中国而言，在经历了哥本哈根气候变化大会中美在气候变化谈判上的对立后，中国也需要重新审视中美在气候变化问题上的立场和关系。作为最大的发展中国家，如何在气候变化问题上展现负责任大国形象，既需要技巧，又需要策略，中美气候合作符合中国自身积极参与全球气候治理的定位和长期发展战略。通过强化中美在气候变化问题上的对话与合作，也有助于消除彼此之间的隔阂，改善两国在国际事务中的关系，也会促进中国在应对气候变化方面能力的提升，有助于树立中国负责任大国形象，提高中国对外谈判与交往中的软实力。

2014年到2016年，两国元首之间所达成的三份气候变化联合声明清晰勾勒了中美在应对气候变化问题上的愿景和目标，并为实现这些目标注入了强大的政治动力。三份联合声明将气候变化问题上升到两国元首层面，展现了两国领导人在气候变化问题上的战略眼光和长远考虑，是两个大国体现各自领导力和行动力的具体体现。

2. 中美气候合作符合各自经济利益

对美国而言，近年来，上一届奥巴马政府将发展低碳经济作为新的经济增长点。在相关政策的推动下，页岩气、可再生能源、能效技术和电动车技术等在美蓬勃发展，应对气候变化行动符合美国这部分企业利益和国内低碳化潮流。从 1998 年到 2009 年，积极参与低碳政策游说的非传统能源企业和行业协会从 20 家增加到 200 家。通过加强与中国的合作，除了进一步为美国企业扩展市场，也能够进一步发挥美国在应对气候变化经济政策、技术标准、法律规范、信息和数据收集管理、人员交流与培训方面的优势，展现美国在气候变化领域的领导力和科技实力。

对中国而言，国内经济发展进入新常态，亟需转变经济发展方式和能源结构。积极应对气候变化是人心所向、大势所趋。通过积极应对气候变化来实现经济发展方式转变、能源结构优化，实现可持续发展已经成为国家战略。要实现上述目标，除了自身的努力，还需要加强国际合作。加强与美国气候合作，对于中国而言具有重要意义。美国经济实力雄厚、经济发展科技含量高、管理水平和人员素质较高，在应对气候变化领域拥有世界领先的科技水平。通过与美国的合作，中国可以借鉴美国的标准、技术和管理手段，推动本国相关行业尤其是清洁能源、低碳交通、绿色建筑、数据管理等方面发展，为尽早实现中国经济增长与碳排放脱钩创造有利条件。

因此，中美之间在产业分工上差异明显，但互补性强。美国在先进制造业、信息技术产业、金融服务业等方面具有优势，而中国巨大的消费潜力也为美国上述产业持续发展提供了广阔的市场，双方加强合作有利于两国低碳产业的深度对接和长远发展，并进一步激发和释放两国的减排潜力。同时，两国加强气候变化合作不仅能为两国经济发展带来红利，更能通过两国的国际影响力来带动全球经济低碳转型，为世界经济可持续发展和实现应对气候变化目标作出贡献。

3. 中美气候合作拥有广泛受益群体

参与人员多、涉及部门广、触及行业深是当前两国在气候变化方面合作的重要特点。除领导人层面双边对话和交流外，中美在气候变化领域的合作涉及经济、能源、科技、交通、建筑等多个国家层面政府部门，也涉及省州、城市等地方政府，还包括企业、研究机构和非政府组织等。这些部门和机构构成了两国气候变化合作的支柱，充实和丰富着两国的务实合作。

中美两国在气候变化领域签署了多个双边合作协议，催生了多个合作项目，如中美能源合作项目等。中美许多省和城市通过中美气候智慧型/低碳城市等合作平台加强了交流合作。以美国环保协会、C40、世界资源研究所、能源基金会等为代表的非政府组织为促进中美两国城市、研究机构之间的合作提供了重要的资金、信息和技术支撑，帮助一大批中国城市和研究机构增强了在温室气体数据收集与管理、低碳发展规划、能力建设等方面的能力。

中美两国在应对气候变化方面有着各自的优势，通过加强双边合作、互相借鉴，弥补各自的不足，能够提高各自的能力，从而进一步深挖各自的行动潜力，释放相关领域的人才红利，为应对气候变化提供源源不断的智力和人力支持。

二、中美气候合作历史进程

中美两国气候变化合作是在能源、环境合作基础上逐步发展起来的。中美合作历史进程大致可划分为三个阶段：2006 年以前为中美气候合作起步期；2007—2012 年为中美气候合作发展期；2013—2016 年为全面深化期。两国气候合作经历了从基层项目合作到高层机制建设的过程。

1. 中美气候合作起步期（2006 年以前）

2006 年以前，中美气候合作处于摸索起步阶段，合作领域主要聚焦在与气候变化相关的能效和清洁能源领域，合作方式通常以科学研究和技术交流为主，未建立系统化的气候变化合作机制。

1979 年中美正式建交之后，以《中美科技合作协定》的签署为标志，中美两国开始了在能源、环境、自然资源等方面的科技合作。随着联合国政府间气候变化专门委员会（IPCC）的成立，以及《联合国气候变化框架公约》的达成和生效，气候变化逐步上升为全球性议题，两国合作也逐步将应对气候变化的内容融入其中。但这一阶段，中美两国在气候变化问题上立场差异巨大，两国合作主要集中在清洁能源等相关领域。在科技合作方面，两国先后签署了《中美能源效率和可再生能源技术发展与利用合作议定书》《中美能源和环境合作倡议书》《中美和平利用核技术合作协定》《关于清洁大气和清洁能源技术合作的意向声明》等双边文件，两国在气候变化领域尤其是能效、核能和可再生能源开发利用方面的合作开始起步。

　　除框架性协定之外，双方政府部门之间的交流也为合作奠定了一定的政治基础。1995 年美国能源部部长 Hazel O'Leary 访华时与中国有关部门签署了一系列双边协定，内容涵盖双边能源咨询谅解备忘录、反应堆燃料研究、可再生能源、能源效率发展、可再生能源技术开发、煤层气收集与利用、区域气候研究，同时启动了针对可再生能源勘探和融资战略、减少含铅汽油的重点合作项目。1997 年，时任中国国务院总理李鹏和美国副总统戈尔发起了中美环境与发展论坛，作为一个可持续发展的双边高层讨论机制，论坛建立了能源政策、商业合作、可持续发展的科学，以及环境政策四个工作组，确立了城市空气质量、农村通电及清洁能源和能源效率三个合作优先领域。2004 年 5 月，双方重启 1995 年由美国能源部和中国国家计委关于能源政策咨询的谅解备忘录，由美国能源部和中国发展和改革委员会创立中美能源政策对话，以推动有关能源安全、经济问题即能源技术选择的政策层面双边交流。对话内容涉及提高能源效率、资源保护、能源市场和管制政策、核能生产，以及可再生能源技术发展等。在此备忘录下中美在多个子领域开展了能源双边合作，包括 1998 年启动的中美石油天然气产业论坛、15 个大型煤气层项目合同签署、煤炭液化技术许可证转让、电力设备进口以及设备制造企业投资、能源企业融资合作等。

　　2. 中美气候合作发展期（2007—2012 年）

　　这一阶段，中美逐步加深在清洁能源和减排的合作，并开始将气候变化作为独立议题开展对话和交流。同时开始建立两国在气候变化议题上的合作机制，两国气候变化合作逐步深入，走向机制化，并上升到两国战略发展层面，为在气候变化领域全面合作打下坚实基础。

2007 年 12 月第三次中美战略经济对话（SED）期间，中美两国政府达成如下共识："两国同意在未来十年开展广泛合作，以应对能源和环境问题。这项十年合作将推动技术创新和高效、清洁能源及应对气候变化的技术的应用，并推进自然资源的可持续性，双方将尽快设立工作组开始规划工作。"为落实两国政府达成的共识，中国国家发展改革委会同外交部、财政部、科技部、环保部等部门与美国财政部、国务院、能源部、环保局等部门，组成了联合工作组并三次召开会议，双方共同努力起草了《中美两国关于能源和环境十年合作的框架文件》，为两国开启国家层面气候变化领域的合作打下了基础。

2008 年 6 月，在第四次战略经济对话期间，时任中国国务院副总理王岐山和美国财长鲍尔森代表中美两国政府正式签署了《中美能源和环境十年合作框架》。十年合作框架是中美双方致力于在能源和环境领域加强合作的第一个高级别、跨部门、多领域对话与合作平台。十年合作框架配合中美战略与经济对话（S&ED），通过定期对话和具体项目，发挥协同作用，坚定了双方共同应对最为严峻的能源环境挑战的承诺。这些合作开启了中美两国在政府最高层面加强能源环境合作的大门。十年合作的七个重点领域包括：清洁的大气、清洁的水、清洁和高效的交通、清洁高效和有保障的电力、能效、湿地保护以及保护地/自然保护区。为加强宏观层面的协调与指导，双方还建立了联合指导委员会。联合指导委员会下设联合工作组，负责十年合作的具体协调和推动，并明确十年合作的中方牵头部门是国家发展改革委，美方的牵头部门是财政部（奥巴马政府上台后改为国务院和能源部）。

《中美绿色合作伙伴计划》是十年合作框架下的一项重要成果。通过设立绿色合作伙伴关系有效促成了两国地方政府、企业、非政府组织和研究机构间的自愿结对，为中美在各级政府、研究机构、企业等各层级开展长期务实合作奠定了基础。到目前为止，中美之间共有 42 对机构和企业加入绿色合作伙伴计划，在节能、环保、低碳等各个领域进行探索和试验。

3. 全面合作战略深化期（2013—2016 年）

在此阶段，中美气候合作进入国家元首的战略视野，成为中美关系的一大亮点，建立了包含领导人、部长级、技术层和非国家主体、覆盖气候、能源、国际、国内等多层次和多领域的常态化的合作框架。而且两国合作不仅限于双边层面，还推动了国际气候进程。

2013 年 4 月，时任美国国务卿克里访华期间，中美发布了关于气候变化的联合声明，并宣布建立气候变化工作组，正式将气候变化作为中美战略与经济对话下的重要议题，开展独立对话与合作，标志着中美两国围绕气候变化的政府间合作机制得到进一步巩固并全面升级。工作组由时任中国国家发展和改革委员会副主任解振华与美国国务院气候变化特使斯特恩两位部长级官员担任组长，两国负责气候变化具体工作的政府部门和相关机构参与其中，明确了具体的对话议题和合作领域，其中包括加强气候变化政策对话、落实两国元首关于氢氟碳化物（HFCs）的共识，以及行业层面、基于项目的合作倡议，并将包括载重汽车和其他汽车减排、智能电网、碳捕集利用和封存、温室气体数据收集和管理、建筑和工业能效、气候变化和林业、锅炉效率和燃料转换的研究、低碳/气候智慧型城市等作为重点合作领域。该工作组的建立是中美合作应对气候变化走向常态化、机制化的重要举措。在中国国家发展改革委和美国国务院的协调下，工作组调动两国政府多部门参与，包括中国环保部和美国环保局、中国交通部和美国交通部、中国工信部、中国林业局和美国林务局、中国国家能源局和美国能源部，以及美国联邦能源监管委员会。通过各项行动倡议，这些中央和联邦政府参与方，与地方政府部门、民间团体、学术界和私营部门开展了广泛而具包容性的合作。同时，工作组机制与中美在清洁能源、环境领域，特别是中美清洁能源联合研究中心、中美能源和环境十年合作框架等双边合作倡议互为补充。也正是基于这一合作机制，中美气候变化合作逐步上升到政治层面，为日后中美两国达成具有历史意义的联合声明发挥了重要作用。

2014年11月，在北京 APEC 会议闭幕之后，中美两国领导人就气候变化问题进行双边磋商，达成了第一份具有历史意义的气候变化联合声明，第一次明确提出了中美两国各自在2020年后应对气候变化的具体量化目标。双方进一步明确了将全球温升控制在2℃的总体目标，并通过各自行动朝着低碳经济转型的方向进行长期努力。双方还就2020年后全球应对气候变化新协议提出了共同主张和立场，为国际社会应对气候变化注入了强大的政治动力和舆论影响，也得到了世界各国的高度评价和国际社会的积极反响。

2015年9月在习近平主席对美国进行国事访问期间，专门就气候变化问题再次与时任美国总统奥巴马举行双边会晤，中美两国再次发表联合声明，重申了两国对于气候变化问题的高度重视，并重点就巴黎气候大会所预期达成的2020年后全球气候协议阐述了共同立场，对协议中所涉及的各要素，如长期目标、共同但有区别的原则、透明度、资金机制、适应、技术等进行阐述，清晰地表达了中美在这些问题上的立场和诉求。声明还就如何落实各自提出的目标进行了战略部署，提出了在联合国气候变化框架公约外的国际多边机制和进程中双方仍然会就气候变化相关问题开展对话与磋商。这为两国进一步拓宽应对气候变化的合作格局又向前迈进了一步。

联合国巴黎气候变化大会之后，为推动《巴黎协定》的生效和落实，中美两国再度发力，于2016年3月再次发布气候变化联合声明，就《巴黎协定》的签署和在各自国内批准生效问题做出了积极表态。中美双方不仅派出高级别代表参加了在联合国总部举行的《巴黎协定》签署仪式，彰显出两国在促进《巴黎协定》生效方面的决心，也敦促和呼吁其他国家尽快完成签署和批准程序，使《巴黎协定》能够尽快生效。在中美第三次气候变化联合声明中，中美双方还就国际民航组织框架下全球航空业温室气体排放控制的市场机制、《蒙特利尔议定书》下消减氢氟碳化物，以及二十国集团（G20）框架下促进可再生能源利用等方面达成重要共识，为这些多边框架下应对气候变化的谈判和国际合作提供了不可替代的政治保障。

在2016年9月举行的G20杭州峰会期间，国家主席习近平和时任美国总统奥巴马先后向时任联合国秘书长潘基文交存中国和美国对《巴黎协定》的批准文书，在G20国家中率先完成各自国内的批准程序，展示了共同应对全球性问题的雄心和决心，为《巴黎协定》的尽快生效打下了坚实基础。

三、近年来中美气候合作重点领域

中美气候变化合作涉及诸多领域，涵盖多个行业和多种温室气体，以建立中美气候变化工作组为标志，中美气候变化的各项合作开始机制化、常态化，并得到具体落实，其中包括了9个重点领域的具体行动倡议。这9个重点领域是：载重汽车和其他汽车减排，电力系统，碳捕集、利用和封存，建筑和工业能效，温室气体数据收集和管理，气候变化和森林，气候智慧型/低碳城市，工业锅炉效率和燃料转换，绿色港口和船舶。另外，双方还在削减氢氟碳化物（HFCs）方面采取了合作行动。

1. 载重汽车和其他汽车

自2013年启动载重汽车和其他汽车行动倡议以来，中美在三个子领域开展合作，以减少机动车辆对能源和环境的影响。其中包括提高载重汽车和其他汽车的燃油效率标准；增强清洁燃料和机动车排放控制技术；推广高效、清洁的货运。两国均在制定更严格的汽车燃油效率和温室气体排放标准，以显著改善空气质量并减少对气候的影响。美国正在为2018年后制定第二阶段中型和载重汽车的温室气体排放和燃油经济性标准，中国正在为2020年及以后制定新的载重商用汽车燃料消耗标准。为了更好地分享制定和完成这些标准的经验，双方通过举办研讨会邀请政策制定者、企业和其他利益相关方分享各自经验。同时，两国通过"零排放竞赛（R2ZE）"项目来推广部署电力和其他零排放公交车的成功经验。双方已在2016年中美交通论坛上正式启动了R2ZE项目以及零排放竞赛官网以推广项目、吸引更多参与者，发布了零排放公交车相关新闻，在2016年6月的中美气候智慧型/低碳城市峰会上共同举办了零排放公交车分论坛，并决定结合2017 年中美交通论坛举办"零排放竞赛"会议。与此同时两国合作推进"中国绿色货运行动倡议（CGFI）"以提高货运效率。2015 年 11 月，中国交通部、中国道路运输协会（CRTA）和美国环保局参加在北京举办的"货主日会议"，该会议是绿色货运行动倡议、中国道路运输协会、中国交通部，以及发动机和货运企业之间的高级别研讨会，旨在评估该倡议在扩大项目供应、参与和程序方面吸纳更多货主参与的潜力。美国环保署协办此次会议，并与中国交通部、中国道路运输协会相关人员分别发表了主题演讲和专题演讲。会议结束后，交通部和中国交通运输协会加强了落实该项目各要素的能力，这将为绿色货运行动倡议引入更多协作方，以应用更多战略和技术完成货运减排的目标。美国环保局将继续支持中国交通部和道路运输协会加强及拓展绿色货运行动的努力，美国环保署正在开发"技术审核培训"课程，完成后将与中国交通部和道路运输协会分享。中国道路运输协会于 2016 年秋季择机启动绿色货运技术培训项目。这些课程将帮助中国在该倡议下开发一套严谨的审核检测项目，以促进中国的载重汽车能够采取有效的节能减排技术。

2. 电力系统

双方在电力系统的合作包括两方面：一是"智能电网"，围绕 2013 年启动以来推进的智能电网行动展开；二是"电力消费、需求和竞争"领域的新合作。中美双方开展了智能电网配对项目，其中一组项目是一体化分布式系统，包括美国费城工业发展公司承办的费城海军造船厂项目和中国南方电网公司承办的深圳前海合作区项目；另一组项目侧重微电网示范，包括由加州大学尔湾分校承办的校园微电网开发和附近南加州爱迪生电力公司承办的"尔湾智能电网示范"共同组成的项目，中国国家电网公司承办的天津生态城项目。这 4 个项目旨在满足两国增加电网可靠性、电网效率最大化、增强可再生能源上网比例、降低电力系统温室气体排放、影响需求管理、降低电力系统总成本，以及增强气候适应性等需求。近年重要进展包括：加州尔湾通过对不同电路的配电电压控制，示范了 1% 到 4% 的能源节约率；中国天津生态城通过开发终端用户能源管理系统的高级功能、多省能源协作和管控，以及大数据监控平台，提高了能效、可靠性和经济性。在电力消费、需求和竞争方面，两国的合作重点是在选定的省市推进以下三项试点：推动可再生能源就近消纳；改善需求响应；加大零售电力市场改革，推动直购电。两国在上述三个领域引入相关经验，并在中国通过各省实践积累可复制的经验，制订合作工作计划，包括一系列中美实地考察、研讨会和推进试点的政策建议。

3. 碳捕集与封存

中国国家发展改革委与美国能源部合作，促进两国开发更多碳捕集、利用和封存（CCUS）项目，以最终降低商业项目的成本。该行动倡议迄今共确认 6 个对口 CCUS 项目，这些项目旨在推动两国建设大规模 CCUS 示范项目，以降低未来技术部署的成本。中国的 6 个项目分别是：陕西省延长石油的二氧化碳提高石油采收率项目（元首宣布的 CCUS 行动倡议）；山东省中石化胜利油田的 CCUS 项目；山西省山西国际能源集团的二氧化碳利用项目；中国华能集团/清洁能源研究院在天津的 CCUS 项目；中国石油和化学工业联合会、神华集团和中石油计划建在陕西、甘肃、宁夏等省市区之一的 CCUS 项目；中海油、华润和中英（广东）CCUS 中心在广东省的海上二氧化碳储存项目。中方 6 个 CCUS 项目主要集中于利用二氧化碳提高石油采收率，增加煤层气采收率，生产有用的产品（如利用二氧化碳生产饮料、塑料等），以及其他有益用途，还有如何将二氧化碳储存于盐层。美国的对口项目是从美国能源部正在进行中的、投入达 30 亿美元的 CCUS 研发与示范项目中选出。为支持上述 6 个对口项目，中国国家发展改革委和美国能源部分别于 2014 年、2015 年和 2016 年在中国召开 3 次 CCUS 研讨会，并开展提高石油采收率项目实地考察。

4. 建筑和工业能效

双方在能效方面的努力主要集中在加强利用合同能源管理（EPC）深化节能改造，并评选和推广最佳节能实践及最佳节能技术"双十佳"名单。在 2014 年进行深入的市场和政策分析后，2015 年合同能源管理行动的重点放在了推动和评估符合两国一致推行标准的中美试点项目上。这些标准包括深化节能、使用多种技术、利用标准协议进行测量和核查、创新融资等。2015年10月第六届"中美能效论坛"评选出三个符合所有标准的杰出试点项目，它们均有来自中美两国的合作方，预计每年节约25%—51%的能耗并带来上百万美元的交易和投资。这三个项目分别是：江森自控和北京新锦城房地产管理有限公司、江森自控和深圳市嘉力达节能科技股份有限公司，以及通用电气和天津高科技能源管控有限公司。另有12个达到大部分标准的试点项目也得到认可。2016年，中国国家发展改革委和美国能源部、美国国务院启动了标准微调后的新试点项目征集，双方还计划深化、拓展合同能源管理领域合作，推广合同能源管理在公共机构的应用，并分析合同能源管理试点项目的数据，以评估其相对于预期效果的真实表现。双方还通过评选最佳节能实践和最佳节能技术"双十佳"名单来确定最佳能效实践和最佳可用技术，推动这些实践和技术清单的部署和有效利用。

5. 温室气体排放数据的收集和管理

收集和管理精确的温室气体数据是制定气候变化政策的重要基础。通过工作组的温室气体数据行动，美国向中国提供该领域的技术专业知识和支持，学习美国经验以成功实施国家温室气体报告项目。中国在按计划推进排放权交易体系准备工作的同时，也在2016年夏天首次开始收集全国温室气体排放数据，多达1万个企业可向中国国家发展改革委报告温室气体数据。在国家发展改革委领导下，中国已经制定并发布了24个温室气体核算方法和报告指南，涵盖多个工业部门。至2015年10月，美国环保署已连续5年发表国家企业层面的温室气体数据，这些数据收集自遍布美国的8 000余个实体，代表41个行业，总量占美国温室气体排放量的约90%。2016年3月，美国环保署连续第六年成功收集详细温室气体数据并进行核查。2015年，美国自方案启动以来首次收集到石油和天然气系统提交的数个排放类别项下的详细活动数据。美国在这一重要行业的温室气体排放方面取得重要进展，中国于2015年发布的温室气体核算指南草案中也涵盖了这一部门。在 2016 年 1 月有关排放权交易体系的工作通知中，中国国家发展改革委列举了涵盖 8 个行业和 18 个子行业的清单，包括石化、化工、建材、钢铁、有色金属、造纸、电力和民航。在工作组的温室气体数据行动下，美国继续为中国温室气体计算准则提供技术指导，着重关注石油和天然气领域。2015 年 11 月，美国和中国成功联合举办油气领域温室气体核算和报告的能力建设技术研讨会。2016 年 4 月，中美共同举办电力领域温室气体测量、报告和核查（MRV）数据来源与应用研讨会，涵盖美国清洁电力计划等次国家级应用。2016 年春季，美国还与中国电力报告开发团队进行了软件设计交流会，美国专家在会上分享了应用和数据库设计、电子数据核查和国家级-次国家级温室气体数据交换等方面的经验。2017 年在该行动倡议指导下，美国将继续发挥其信息、工具和经验优势，帮助中国开展强有力的国家级温室气体报告项目，尤其是在铺开全国排放权交易体系方面。美国环保署将完成石油和天然气领域温室气体计算试点，并为电子报告系统的设计与数据交换提供额外帮助。除了上述能力建设和试点项目之外，中美还将通过工作组 CCUS 项目和工作组温室气体数据倡议的跨团队合作，携手为碳捕集、利用与封存建立有力的温室气体测量、报告和核查准则（MRV），首先关注延长石油 CCUS 项目。

6. 气候变化和森林

双方在联合国气候变化公约谈判下就林业政策进行了务实对话，并在巴黎会议前就林业相关谈判议程进行了实质性讨论，推动林业目标和行动纳入到《巴黎协定》中。在林业测量、报告和监管方面的技术合作方面，双方于 2015 年 9 月在北京成功举办了首届研讨会，汇聚了来自两国政府 30 名专业技术人士和政策制定者，以及民间团体和学术界的代表，重点讨论了林业相关的温室气体评估和报告。2016 年 5 月在美国进行了后续考察，并就土地领域国家级温室气体检测体系和技术体系进行深入探讨，包括林业清单、碳库测量和不同土地使用类别相互影响等领域。在森林减缓和适应气候变化协同效应方面，双方在 2015 年 9 月举办初步研讨会，各自选定 2 个试点供政策制定者和从业者进行深入研究，并在 2016 年秋天举行研讨会和试点参观，中国选择的试点是汪清林业局和热带林业实验中心，美国选择的是哈德布鲁克试验林和桑蒂试验林。2016 年 4 月，双方在上海举行研讨会，聚焦林业相关投资对温室气体排放的影响，两国政府、私人企业和民间团体参与了此次会议，共同探究气候变化成为海外林业运营关键考量因素的原因，就减少运营选址管理对排放影响分享方法，以及评估林业运营对排放和固碳影响的工具。该行动倡议下的工作也得到了民间咨询委员会的信息支持，该委员会由在中美两国和其他国家十分活跃的非政府组织构成。两国专家在减排和巩固森林固碳方面正不断增进集体知识，并更好地监测相关成果。

7. 气候智慧型/低碳城市

各省州市有力的气候行动对加速全球向低碳、宜居社会转型，支持国家层面行动十分重要。习近平主席和时任美国总统奥巴马在 2014 年《中美元首气候变化联合声明》中启动了工作组"中美气候智慧型/低碳城市"行动倡议。该倡议的目标是应对不断扩大的城镇化和中美两国省州市日益增长的温室气体排放，并增强其气候适应力。行动倡议通过年度高级别会议等方式，分享两国在减缓和提高适应力方面的经验和最佳实践。首届"中美气候智慧型/低碳城市峰会"于 2015 年 9 月在美国洛杉矶举行，峰会上两国共 29 个省州市郡签署了《中美气候领导宣言》，包括启动了一项中国省市率先达峰的新倡议，即中国达峰先锋城市联盟（APPC），北京、广州、镇江等 23 个省市加入其中，以及美国州市郡宣布中长期的减排目标。美国副总统拜登和中国国务委员杨洁篪发表主旨讲话，超过 500 人参加了峰会的六个分论坛，讨论低碳城市规划、融资、交通、建筑、适应力、能源等问题。第二届"中美气候智慧型/低碳城市峰会"于 2016 年 6 月在北京举行，峰会上两国 66 个省州市县签署《中美气候领导宣言》。峰会有超过 1 000 人参加，包括 49 个中国省市和 17 个美国州市县的领导，召开了 3 场全会，17 个分论坛，讨论低碳和气候适应型发展有关问题，中国国务委员杨洁篪和时任美国国务卿克里分别在会上发表讲话。两届峰会的其他重要成果包括地方政府、非政府组织、研究机构和企业之间签订了几十项谅解备忘录和安排，举办了两场低碳城市、技术和服务展览。峰会聚集了两国地方和中央政府、私营部门和民间团体的代表，帮助凝聚强有力气候行动的政治动力，加强了地方层面的能力建设，调动了商业和私营部门参与。美国波士顿市计划于 2017 年主办下一届"中美智气候慧型/低碳城市峰会"。双方还将继续探讨城镇化的智能基础设施问题，包括气候智慧型试点城市和示范项目。

8. 工业锅炉效率和燃料转换

双方在"工业锅炉效率和燃料转换"行动倡议下，分享锅炉系统追踪、监控和标准化经验，选择宁波和西安作为试点城市，并为解决两个城市工业锅炉能源和环境挑战制定中美协作分析及实施路线图，政策执行路线图于 2015 年发布。路线图建立在技术-经济评估之上，其中规划了以下三条可选路径：向替代燃料转换；对现有锅炉进行提高能效改造；用社区大规模锅炉代替小规模锅炉。作为上述评估的后续行动，双方于 2016 年 1 月组织融资伙伴和美国技术提供方赴宁波和西安考察，促成其与希望参与改造或代替小规模锅炉的地方利益相关方会面。在考察中，技术提供方的报告结合了高效锅炉系统投资的商业模式和融资机制。其中，商业模型包括社区锅炉服务中心、企业间合作、锅炉运营外包模型、锅炉调试维护服务合同模型、锅炉技术改造 EPC 模型。该考察为技术提供方、融资方和政府之间建立了联系，并介绍了实现未来项目开发的可选融资模式。

9. 绿色港口和船舶

双方建立了工作团队，由中国环保部和美国环保署以及中国交通部主导。工作团队为执行该合作制定全面工作计划，围绕四个主要合作领域，以及主要港口、两国国家级和省级政府等关键利益相关方展开。主要合作领域包括：全面的港口和船舶排放清单制作、分析方法，以及空气质量建模和监控能力建设；港口和船舶减排的政策、战略、技术和最佳实践经验；在开发、通过、落实、合规和执行国内排放限制区（DECAs）方面的最佳实践经验和技术；先进港口/政府的试点项目/行动，包括以下一项或多项：排放清单、激励项目、DECA 执行、实践和技术。双方还组织了中美绿色港口和船舶倡议研讨会，进行专家报告、能力建设、案例研究、优秀实践示范，并就推动港口和船舶减排、排放清单、排放限制区等减排实践进行战略讨论。同时组织中国的港口和船舶减排利益相关方赴美国主要港口、环境机构和实验室，了解其在港口和船舶减排方面的技术、最佳实践和经验。

10. 氢氟碳化物（HFCs）

双方确定了数项减少各自全球高增温潜势 HFC 使用的共同政策和方法，并选定了进一步合作领域。美国于 2015 年制定完一项法规，禁止特定全球高增温潜势 HFC 用于指定用途，该措施预计将在 2025 年减少 5 400万—6 200 万吨二氧化碳当量的 HFC 排放并扩大了核准的气候友好型替代品清单，并于 2016 年 4 月提出了进一步限制特定 HFCs 的规定。中国方面提出到 2020 年底前继续对 HCFC-22 生产设施产生的 HFC-23 副产品实施限制措施，并在国内的消防、冰箱、空调等行业推广全球低增温潜势 HFCs替代品的应用。两国都认识到需要进一步采取行动减少 HFCs 的使用和排放，并就国内和多边 HFC 管控进程，以及安全标准修订合作方面交换意见，以推广全球低增温潜势的替代品。双方还将进一步就 HFC 问题交换意见，并紧密合作以达成降低 HFCs 的生产、消耗、使用和排放的共同目标。

四、中美合作成效评估

奥巴马政府任期内，中美气候变化合作成为中美双边关系的一大支柱，具有客观现实性。自中美建交以来，两国关系一直处于波动起伏状态。在奥巴马执政期间，中美在南海问题、中国台湾问题、西藏问题和双边贸易问题上摩擦不断，美国担心中国崛起对其霸权形成挑战，中国则担心美国阻碍中国发展。在此背景下，中美在气候变化方面的合作可以称得上是两国双边关系中为数不多的亮点之一。中美在气候与能源领域的共同性与互补性推进了两国合作。经过十多年的对话与交流，中美气候合作在政治层面的隔阂转变为行动共识，政策层面也不断融合，在国家和地方两级政府之间、企业和研究机构之间、非政府组织之间形成了多层次、宽格局、细领域的合作体系。双方建立的一系列合作机制和平台为两国在气候变化各个层面和行业的合作提供了必要的条件和工具，将政治影响力转化为实实在在的行动力，进一步激发两国自身在应对气候变化方面的动力和潜力。两国在气候变化问题上的合作为弥合两国关系中的不确定性增添了动力，为树立中美新型大国关系奠定了基础。

中美气候合作不仅推动了国内应对气候变化行动进程，也为国际社会积极应对气候变化提供了强大的动力和保障。中美联合声明成为双方在能源和应对气候变化领域加强合作、共同发声、释放积极政治信号的重要渠道。中美在 2014 年 11 月发表的里程碑式气候变化联合声明以及 2015 年 9 月第二次发表气候变化联合声明对《巴黎协定》的难点问题，如"共同但有区别的责任"原则的表述等给出了答案，对《巴黎协定》的达成起到了至关重要的作用。之后，中美于 2016 年发表的气候变化联合声明，以及杭州 G20 峰会前的共同交存批准文书的活动也对《巴黎协议》的快速生效起到了不可替代的作用。中美还积极在应对气候变化的具体领域利用现有机制或搭建多边平台加强务实合作，对全球 HFCs 减排机制建立和控制全球航空业温室气体排放的市场机制达成作出了重要贡献。

尽管中美两国已经搭建了气候与能源合作的双边对话机制和平台，在多个领域也开展了全面的合作，但是中美合作仍存在一些敏感问题，制约合作取得进一步成果。纵观中美两国合作历史进程，两国气候变化合作主要建立在对气候变化问题的科学共识和政治共识上，易受政治因素的影响。在中美气候合作初期，人为活动对全球变暖影响的科学研究尚不成熟，气候合作尚未纳入议程。之后，尽管科学研究日渐明确人为活动的影响，直到奥巴马任期内，两国元首史无前例地将气候变化问题纳入到优先日程，中美气候合作才实现了根本突破。由此可见，政治共识是两国气候合作的重要基础，政局变动将极大影响两国合作。

同时，中美双方签署的协议、备忘录等已将双方合作提升到战略高度，如何确保这些协议维持下来并得以落实是个很大的挑战。中美合作仍以政策对话、达成共识、建立平台和经验分享为主，真正落到实处的技术和贸易合作尚为不足，合作的广度和深度有待拓展。双方关于环保产品和服务的关税和非关税壁垒的谈判没有实质性成果，市场准入和贸易壁垒等问题悬而不决，成为中美清洁能源合作的障碍。此外，中国在清洁能源领域的飞速发展给美国带来了较大的压力和疑虑，美国出于多方面考虑拒绝对中国转移和出让先进技术，同时以反倾销等方式对中国可再生能源厂商等进行打压，使得两国在可再生能源、新材料、信息通讯等众多低碳相关技术和贸易领域无法实现深入交流和市场化转移，甚至摩擦不断，损害两国各相关领域本应该有的技术交流和贸易合作。

另外，由于中美所处发展阶段、能力、责任和未来排放增长的不同，两国在多边气候事务中分属于不同的利益集团。作为发展中国家和发达国家的代言人，中美在气候变化历史责任、气候变化与经济发展、资金与技术支持等方面存在众多分歧，随着谈判逐渐从政治层面深化到更贴近实际操作的技术层面，这些分歧将越发显著。

第二节　新形势下中美气候变化合作前景展望

从 2013 年中美两国元首在美国加州的安纳伯格庄园会晤，到 2014 年 11 月发表里程碑式的气候变化联合声明，再到 2015 年 9 月和 2016 年 3 月发表元首气候变化联合声明，中美两国在气候领域发挥出的领导力已经开始激励全球采取行动构建绿色、低碳、气候适应型世界，并对达成历史性的《巴黎协定》做出了重要贡献。气候合作一度成为中美双边关系的一大支柱和亮点，但这一势头由于美国国内政治形势变化而受到挑战。

2016 年 11 月 9 日，美国总统大选落下帷幕，共和党候选人唐纳德·特朗普击败民主党候选人希拉里·克林顿当选美国第 45 任总统，共和党在国会参众两院同时获得多数席位。特朗普在竞选期间就屡次发表言论质疑气候变化的科学性，并公开宣称一旦当选，将退出《巴黎协定》。虽然其当选后曾发布言论承认气候变化的影响，并称会审慎考虑涉及气候变化的相关决策，且其具体的气候变化政策尚未出台，但从其上任第一天就否决奥巴马的《气候行动计划》，出台《美国优先能源计划》，并提名多个气候变化怀疑论者为内阁成员的种种举措来看，气候变化问题显然不再是本届政府的施政重点，传统的中美气候合作思路和框架难以为继。

一、中美双边关系总体态势趋稳

特朗普施政纲领的两大关键词是"美国优先"和"让美国再次强大起来"。其中，"美国优先"是原则，即贸易、税收、移民、外交等领域的决策都要有利于美国，"让美国再次强大起来"是目的。美国的国家利益和全球第一领导者的地位是特朗普执政的核心考量。

回顾特朗普总统上台前及上台伊始，屡次围绕美对华贸易逆差、汇率问题等发出针对中国的负面言论，中美关系的不确定性一度引发国际社会担忧。但从近期中美关系发展态势看，中美关系正在向合作正轨回归。从特朗普任命与中国领导人熟悉的美国艾奥瓦州州长特里·布兰斯塔德担任驻华大使，2017年2月10日与习近平主席通电话表示美国政府坚持奉行一个中国政策，至3月18日美国新任国务卿蒂勒森首次对中国进行访问，再到4月6日和7日两国元首在美国佛罗里达海湖庄园会晤，中美关系实现了"U字形转弯"。特别是两国元首在海湖庄园会晤期间，决定建立四个高级对话机制，包括外交安全对话、全面经济对话、执法及网络安全对话、社会和人文对话等，且外交安全、全面经济两个对话机制已经启动。

上述动向表明，中美间经济、人文交往已非常紧密，存在巨大的共同利益，简单的对抗不符合中美根本利益。正如习近平主席所言："我们有一千个理由把中美关系搞好，没有一条理由把中美关系搞坏"，"合作是中美两国唯一正确的选择"。虽然双方在一些方面的分歧仍然存在，但"危机管控""求同存异""相互尊重""双赢合作"正在成为中美关系中的主流声音。

二、美国能源气候政策面临转向

从竞选之前一直到正式上任，特朗普对气候变化的态度一直在反对和质疑之列。他曾多次公开发表言论称气候变化是一场骗局，并威胁上任后要退出《巴黎协定》。虽然上任以来，特朗普对气候变化态度有所缓和，承认气候变化与人为活动有一些关系，提出对《巴黎协定》持开放态度，并仍在对是否退出《巴黎协定》进行内部评估。① 无论如何，特朗普尚未表示出支持气候变化行动。而他对气候变化的态度直接影响着美国联邦政府气候变化政策走向。特朗普提名的几位重要内阁成员，包括美国环保署署长斯科特·普鲁伊特、内政部长瑞安·津克、能源部长里克·佩里、住房和城市发展部长本·卡森、中情局长迈克·蓬佩奥和总检察长杰夫·塞申斯等都对人为活动影响气候变化持质疑态度。其中，斯科特·普鲁伊特在任俄克拉荷马州司法部长时曾就清洁电力计划起诉美国环保署，他在2017年1月份对参议院环境和公共工程委员会讲话中明确表示，人为活动与气候变化之间的关系仍有待进一步研究。杰夫·塞申斯则在2015年表示应对气候变化行动损害了穷人利益，并认为二氧化碳算不上污染物。

在上任首日，特朗普就提出了名为"美国优先能源计划"的颠覆性能源政策框架，宗旨是提振经济、确保安全和保护健康，核心是调整能源发展重心，回归化石能源，推进能源独立。其中特朗普"回归化石能源"的能源政策和其"制造业回流"政策是一脉相承的，制造业回归要求低廉的能源成本以保障竞争力，而大力发展化石能源有助于降低能源价格。具体包括以下6点：

（1）降低能源成本，尽量使用本土能源，减少对外石油依存度。

（2）取消对美国能源工业有害的不必要政策，废除《气候行动计划》。

（3）推进页岩油气革命，包括取消针对美国能源生产特别是页岩气和清洁煤在开采、使用方面的限制，废除对水力压裂技术和甲烷排放的限制性规定，开放外大陆架油气开发等，并利用这些收入投入道路、学校、桥梁和公共设施等基础设施重建。

（4）重振煤炭工业，大力发展清洁煤技术。

---

① 2017年6月1日，特朗普已宣布美国将退出《巴黎协定》。

（5）在提升国内能源生产推动能源独立的同时，推动与海湾国家建立新型正面的能源关系。

（6）能源政策将考虑环境效益，以保护清洁的空气和水、保护自然栖息地和自然资源为优先选项。美国环保署的工作重点将回归空气和水的保护。

在上任后的第一个星期，特朗普又签署总统行政命令启动被奥巴马砍掉的极具争议的美加 Keystone XL 和达科他（Daketa Acess）石油管道项目。

2017 年 3 月 16 日，特朗普政府公布了名为"美国优先"的 2018 年联邦预算案。该预算草案大幅度增加了国防部、国土安全部和退伍军人部门的预算，削减了环保署、国务院、农业部等 15 个部门的预算。其中，环保署和国务院预算削减幅度最大，分别达到了原预算的 31% 和 29%，另外还有 8 个部门预算的削减幅度超过 10%。多项气候变化和新能源相关的项目被叫停，包括停止国务院对全球气候变化倡议以及向绿色气候基金等联合国气候变化项目的资助、停止对能源部新能源研究项目 ARPA-E 的资助、叫停能源部的能源之星项目、减少对美国国家航空航天局（NASA）与气候变化相关的地球系统观测项目的资助、停止对环保署清洁电力计划和一系列气候变化研究相关的资助等。其中，减少美国宇航局对地球气溶胶、云、海洋生态、碳排放和绝对辐射等观测项目的资助将严重影响气候变化科学研究进程。

2017 年 3 月 28 日，特朗普签署了一份名为"推动能源独立和经济增长"的总统行政命令。该行政命令是特朗普自上任以来签署的第 19 个总统行政命令，准备废除奥巴马时期出台的几乎所有环保气候法规。主要包括：①撤销与气候变化相关的 4 项总统行政命令、2 份总统行政办公室报告和 1 份白宫环境质量委员会发布的指导意见；②要求美国环境保护署对涉及碳排放和温室气体排放的相关条款进行审查；③要求解散由白宫经济顾问委员会及管理和预算办公室召集的温室气体社会成本机构间工作组（IWG），并删除该工作组发布的 6 份与碳社会成本相关的报告；④废除禁止在联邦土地进行煤炭开采租赁临时禁令；⑤解除对石油、天然气和页岩气开采限制，对涉及石油和天然气开采的排放和污染的 5 项联邦法规进行审核，并尽快修改或撤销法规中不合规的部分；⑥要求对可能阻碍能源生产、经济增长和就业的能源政策进行审查，并提交整改计划。

可以看出，奥巴马政府时期推行的以刺激经济、减少温室气体排放和提高能源安全为核心目标，以积极倡导应对气候变化，鼓励新能源开发利用为主要内容的能源政策很可能受到颠覆式影响。相较于奥巴马能源政策对传统油气工业的强制性"绿化"以及向清洁能源的倾斜，特朗普及其团队明显偏向于回归传统化石能源的开发利用。他多次公开表示可再生能源成本太高，回报率低，不应该进行投资。此外，特朗普还盯上了汽车行业，试图放松机动车燃油经济性标准（CAFE）和取消新能源汽车补贴。

整体来看，特朗普以化石燃料为主的能源政策倾向，势必会对全球能源格局和政治经济形势产生重要影响，同时也会影响中美能源气候合作的内容和方式。但正如特朗普的移民、医改政策在国内受阻一样，其能源气候变化政策设想能否顺利实施，也面临重重挑战。特朗普能源气候政策发布后，立即受到国内外的广泛质疑和批评，美国国内的环保组织发表声明要与特朗普法庭见，后续发展值得关注。同时，在全球绿色低碳发展潮流之下，美国的大型能源企业普遍放弃了对气候协议的抵制，特朗普上任以来，越来越多的美国企业，包括油气、煤炭、发电等传统能源企业，纷纷呼吁特朗普政府让美国留在巴黎气候协议当中，在应对气候变化上形成了十年来最广泛的共识，这一新趋势相信将影响未来特朗普政府的政策走向。即使特朗普希望回归传统能源，实际上，在页岩气革命的冲击下，美国煤炭行业也已丧失竞争力，很难再有大的起色。由于与可再生能源发展至关重要的联邦税收减免政策——可再生能源发电税收抵免（PTC）和联邦商业能源投资税收抵免（ITC）已在 2016 年获得国会批准延期，有效期将持续到特朗普总统本届任期结束，即使共和党控制下的国会对此也很难颠覆。可再生能源在美国的发展势头也不至于一蹶不振。美国很多州和城市也表达了继续支持控制温室气体排放和发展可再生能源的意愿。加州无疑是其中的先行者。就在特朗普宣誓就职当天，加州就提出一项包含北美"最雄心勃勃"的二氧化碳减排目标的应对气候变化新计划，旨在到2030年将温室气体排放在1990年水平上降低40%。未来特朗普政府能源气候政策走向，仍取决于美国国内利益集团的博弈，有待进一步观察和调适。

三、美履行气候变化国际责任的不确定性增加

特朗普政府比较注重实际利益，认为美国过去承担了过多的国际责任，希望建立国际新秩序，不再为短期利益不明显或他国能"搭顺风车"的"公共产品"买单。其在上任首日即宣布退出TPP就是出于上述考虑。

从这一逻辑出发，与奥巴马政府出于打造政治遗产目的、在《巴黎协定》达成和生效阶段力求发挥领导力和影响力不同，特朗普政府对气候变化国际谈判进程尚未表示出兴趣，且有可能不履行美国做出的到2025年减排26%—28%的自主贡献目标，即使其最终选择暂时留在《巴黎协定》，也可能拒绝按照《巴黎协定》要求在2020年前提出到2030年的自主贡献目标。《巴黎协定》在美国可能沦为一纸空文。这对全球气候治理体系和实现未来应对气候变化目标来说，将产生更大的缺口。

但同时也要看到，尽管美国能源气候政策出现了变数，但世界其他主要国家均表示将继续推进全球气候治理进程，欧盟气候和能源专员卡内特表示，欧盟仍致力于推动应对气候变化的全球战役，并呼吁中国和欧盟加强合作，发挥领导力。2017年4月在北京召开的"基础四国"气候变化部长级会议发表联合声明，重申全球应对气候变化的进程不可逆转，更不能推迟。应敦促所有签约国从全人类和子孙后代的利益出发，一如既往地支持《巴黎协定》。全球绿色低碳发展的大趋势仍将持续。国际社会的压力对美气候政策走向也将产生矫正作用。

四、中美气候合作须开拓新领域、新思路

尽管中美气候合作存在种种不确定性，但全球范围内的低碳发展趋势不可逆转，中美气候合作在省州、企业、非政府组织等层面仍存在广泛坚

实的现实基础。未来中美气候变化交流合作，需要转换形式、拓宽思路，寻求新的合作契机，坚持"多元化"，推动多层面的合作，坚持"务实化"，强调互利共赢，坚持"杠杆化"，协同实现气候效益，推动中美气候合作逐步向务实方向迈进。

中美两国经济差异性大、互补性强，两国在经济转型、能源转型、投资贸易、技术研发等领域合作交流潜力巨大，在"气候变化"被美国联邦政府边缘化的情况下，能效、天然气、洁净煤、清洁空气和水等仍是美国联邦政府政策的重点。而这些领域都和气候变化有着千丝万缕的协同关系。可从协同增效入手，寻找气候变化与其他领域的协同点，尝试将气候变化与能源、经济、贸易领域的合作建立联系，从绿色增长、可持续基础设施投资、空气污染治理等具有气候协同效应的话题入手，在相关合作中嵌入气候变化元素，以保持双边气候合作的潜力。同时，考虑到美国地方政府的积极性、可再生能源的蓬勃发展态势和市场需求，以及特朗普政府政策的"可塑性"，中美气候合作需要开拓新领域，积极开展基础设施建设、能源、技术等领域务实合作，还可考虑从战略上促进破解两国经贸关系"失衡"。探讨由中国更多购买或投资美国天然气、气候友好技术和服务，开放中国高技术和清洁能源市场，参与美国基础设施的更新建设，以此缩小中美贸易逆差，给美国国内增加更多的就业机会，促进中国能源转型，在项目合作、技术交流和市场贸易中追求双赢局面。

第三节　巩固中美气候变化合作的具体建议

中美气候合作需要把握两国关系走向以及全球治理格局变化，管控好分歧，平衡应对气候变化与经济发展的关系，为全球应对气候变化和实现可持续发展做出应有的贡献。今后一段时期，两国深化气候变化领域合作需要把握好以下几个方面：

一、强化共识，明确目标和方向

政治共识是两国气候合作深入开展的基础。历史已经昭示了中美气候合作的巨大价值，而未来也呼唤中美两国开展更多有成效的合作。过去中美气候变化合作实现历史性突破，最重要的原因是两国元首史无前例地将气候变化问题纳入到本国发展的优先日程，并希望在国际事务中展现出应对气候变化的雄心和领导力。面对国际社会的期待，两国在气候变化问题上加强合作体现了历史的必然。

特朗普上台虽然为两国进一步开展气候变化领域合作带来了不确定性，但从长期看，两国仍具有较大的合作潜力和基础。2016 年 11 月 14 日，国家主席习近平在同特朗普通电话时明确表示"中美合作拥有重要机遇和巨大潜力，双方要加强协调，推动两国经济发展和全球经济增长，拓展各领域交流合作，让两国人民获得更多实惠，推动中美关系更好向前发展。"而特朗普也表示赞同习主席对美中关系的看法，认为美中两国可以实现互利共赢，并表示愿意加强美中两国合作。2017 年 4 月 6 日至 7 日，国家主席习近平在美国佛罗里达州海湖庄园同美国总统特朗普举行中美元首会晤。就中美关系双边及全球问题进行了坦率的交流，议题广泛深入，达成多项重要共识。会晤为中美关系发展奠定了建设性基调。

因此，中美两国应按照两国元首达成的共识，坚持从大处着眼，保持战略耐心，沿着相互尊重、合作共赢的方向，加强沟通、管控分歧，深化合作。中美应该站在历史的角度、用长期战略的眼光来看待两国气候变化合作，秉持积极、开放的态度，以"共赢思维"寻求利益交汇点，识别合作战略目的和方向。中美应通过政治层、工作组、学术层等的定期会晤和充分沟通，最大限度地寻求两国合作的共识，进一步明确两国气候变化合作的战略地位，通过合作来寻求提升两国各自国内经济发展竞争力和应对国际气候治理格局变化的挑战，为两国气候变化合作提供政治保障。同时，中美还应以与时俱进的态度制定战略和政策，不断做出适应新形势的调整。

二、完善机制，拓宽合作渠道

合作机制是两国气候合作能够落地的途径。2013 年以来，中美建立了中美战略与经济对话机制和以中美气候变化工作组为主要渠道的合作机制，为推动中美气候合作发挥了积极作用。中美元首在海湖庄园会晤期间，双方宣布建立 4 个高级别对话机制，这是此前两国间多层次、多领域对话沟通机制的整合、扩大和提升，有利于双边合作的务实推进。其中外交安全对话机制和全面经济对话机制在会晤期间已经启动。尽管气候变化和环境问题尚未纳入新机制范围。但随着对话的深入开展，双方交流的议题不可避免将涉及可持续发展、环境、能源等方面议题。未来有关气候变化领域的交流，需要拓宽渠道，扩大合作群体，以多种形式不断丰富和充实两国之间的气候变化合作。根据美国实际情况，可考虑转变合作重点，拓宽更为灵活的非国家主体合作渠道，如省州、城市、企业、金融机构、研究机构、非政府组织等之间的合作，加强社会各界的参与，使中美合作落到实处。

在政府层面，除择机重启或深化两国有关部门在气候变化领域的合作外，特别要在地方政府层面深化两国省州、城市之间的合作关系。美国州和城市是气候政策的主要推动者和实施者。纽约市、科罗拉多州的柯林斯堡以及明尼苏达州等已推出了在本世纪中叶完成低碳或零碳发展的综合发展路线图。美国风力发电量最多的三个州：德克萨斯州、俄克拉荷马州以及爱荷华州，虽然都是特朗普当选总统的支持阵地，但它们同时也是清洁能源的切实受益者。与这些州和城市开展气候合作，将拓展中美关系的深度和广度。应创造更多条件鼓励双方地方政府之间扩大气候变化相关领域交流与合作，构建地方政府间合作网络并支持其根据各自需求发展务实项目合作，加强两国城市间的经验分享和实践交流，提升城市层面应对气候变化的能力。

在企业层面，新能源、电动汽车和其他低碳产业的蓬勃发展已为美国众多企业带来经济利益，也是新增就业的主要来源。这种对新兴商业机遇的追逐，使包括杜邦、易趣、惠普、英特尔、星巴克等超过 300 家企业联名致信特朗普敦促其支持美国对巴黎协定的承诺，同时使得比尔·盖茨等全球顶级企业家继 2015 年成立"能源突破联盟"之后，又在 2016 年底成立了"突破能源风险投资基金",专注于清洁能源创新项目。应鼓励两国企业之间的交流与合作,激励和保护企业加快低碳技术和产品的研发,并发挥好行业商会、协会的平台和桥梁作用,帮助两国企业更好地开展合作,实现两国企业在应对气候变化领域合作共赢。

在研究机构和非政府组织层面,美国拥有数量庞大、专业性强、组织和运营能力突出的研究机构及非政府组织,而中国的研究机构和非政府组织在应对气候变化领域起步较晚,在资金、工具、方法、人才、影响力等方面面临制约,这些机构和组织之间的合作能够有效提升能力,也是对政府和企业间合作的有益补充,同时有助于增强两国在应对气候变化方面的决策能力,提高公众意识和行动能力。

中美还应进一步开拓其他多双边外交场合的合作渠道。加强在二十国集团(G20)、亚太经合组织(APEC)、亚投行(AIIB)等多边机制下的对话机制,推动国际社会就气候变化问题进一步凝聚共识。在新形势下,中国可利用主场外交的机会主动搭台或者借力其他多边外交场合,嵌入气候变化议题,引领全球应对气候变化行动。

三、持续行动,巩固合作成果

持续行动是气候合作产生实效的条件。具体而言,两国应在以下领域加强务实合作,形成务实成果。

加强基础设施建设领域合作。美国新一届政府上台后,将基础设施建设作为执政重点,提出未来十年将投入1万亿美元进行基础设施建设,重点包括公路、桥梁、隧道、机场、铁路等五大领域,并于2017年1月底公布了一份50个项目的清单。这一初步方案包括机场、港口、水力、电网及管道的投资,预计需投资1400亿美元。中国在基础设施建设方面具有丰富的实践经验和举世公认的建设能力,两国基础设施建设合作潜力巨大,可持续基础设施有望成为中美气候合作新亮点。在合作过程中,双方可以共同制定基础设施建设的环境标准,增强适应气候变化能力,推动全球可持续基础设施建设领域的合作。

加强在能源领域，特别是洁净煤和天然气领域的合作。能源领域是特朗普政府重点关注的内容。除了在能源技术研发层面的合作，还可通过进口美国天然气、允许美国企业进入中国页岩气开采领域，加强可再生能源技术研发应用示范等方式强化合作。通过扩大对华天然气出口，也有助于实现中美贸易间的平衡和互利共赢。

加强气候友好技术合作。技术创新是应对气候变化的核心要素，美国拥有许多先进的节能、环保、低碳的技术和产品，在数据管理、网络建设、卫星遥感、温室气体监测统计和报告方面也具有世界顶尖水平。而中国则面临着技术和管理落后的现实挑战。未来可考虑将合作重点放在解除技术出口管制、解决知识产权问题争端、推进联合研发等方面，以激发巨大的市场潜力。当前，美国仍然对超过 2 000 种出口到中国的商品施加限制，并且将中国排除在美国所确定的 164 个战略贸易授权国之外，其向中国的出口必须获得许可证。可借美国要求中国加大对美进口的契机，推动解除出口禁令并简化进出口程序，共同确定技术目标优先作为简化进出口程序的对象。加强中美两国在技术标准上的合作，共同推动技术标准的开发和推广。如果美国能够放宽对华高新技术出口，将有助于实现中美贸易间的平衡和互利共赢。

加强对气候变化的监测、预警和适应气候变化方面的合作。加强全球气候变化合作研究，建立监测预警数据和信息交流机制，强化城市建设、水资源管理、海洋、人体健康、防灾减灾等适应气候变化领域政策交流合作。

加强应对气候变化有关经济政策、投融资政策合作。特别是加强在政府与社会资本合作（PPP）方面的政策与实践交流，进一步完善相关政策和激励机制，发挥好市场机制和金融工具在推动构建低碳经济发展模式中的重要作用。如中美双方能够加快签署双边投资协议以保障对方企业的权益，可显著扩大中方对美投资规模和覆盖面。

回顾过去，中美在应对气候变化领域的合作一度成为新时期两国构建新型大国关系的亮点。展望未来，两国延续应对气候变化合作符合两国长远利益和国际社会期待，更是涉及全人类可持续发展的重大战略举措。作为全球最大的两个经济体和最重要的双边关系，中美气候变化合作有助于促进两国关系的有序、稳定、健康发展和构建公平合理有效的国际气候治理体系。在新的形势下，中美气候合作将在变动中继续发展下去，不断结出造福两国人民及全球的成果。

后　记

　　一个人到异国他乡开始一段新的生活，总是会有一个令人难以忘怀的起始。至今，我还清楚地记得，2015 年 9 月 1 日那个阳光灿烂的下午，当我独自坐在 Cambridge Common 一棵高大的槭树下，百无聊赖地等待约定时间去取租屋钥匙的时候，一只美国松鼠站在我的对面上下打量我这个不速之客的情景。天空湛蓝，白云如玉，清风徐来，一群麻雀在我的身旁毫无顾忌地自顾自低头觅食。我第一次感受到，作为万物灵长的我在这个生物圈里竟然有点不受重视，心中蓦然闪过一丝失落。看来在美国，连动物都染上了自由散漫的文化，对陌生人如此毫无戒心！"橘生淮南则为橘，生于淮北则为枳"，我必须改变自己，适应这儿的环境和气候变化了！陌生的环境果然诱发了基因突变，秋光无垠，天天对着电脑敲字的万年宅男，竟然生出健身行走的冲动。首先我为自己壮胆，在微信朋友圈发了一条："剑桥首日，风和日丽，先让自己走起来吧！"在这个主要由常年坐办公室的灵长类组成的生物圈里，我终于得到了众多的点赞、呼应和安慰，一股暖流冉冉升起。这时，主管来了一条评论："美国的不叫剑桥，好像叫什么坎布里奇。"好吧。

　　我租到的房子，是一栋刚刚装修完工的公寓，美国人严谨地关闭着所有的门窗，一进门扑面而来一股浓烈的油漆气味。基于帮我租房的访问学者对美国环境保护和人权保障制度的信心，我迫使自己相信室内空气是达标且无害的，只是气味有些刺鼻而已。我屏口气，打开所有的窗户，打量着装修一新而空空如也的房间，心想今天晚上我怎么睡呢？于是我打开万能的哈佛访学微信群，迅速浏览，果然发现一条出售二手床的信息，我马上打电话过去，对方是一位在哈佛医学院访学的中国学者，可以加价负责送货上门，终于在晚上 8 点多，我拥有了到哈佛之后的第一件家具。

就这样，我开始了到哈佛大学肯尼迪政府学院为期半年的绿色发展访问学者研究生涯。半年的时光，其实一晃而过，期间自有种种感悟，但给我留下深刻印象的，有两件事：一件是气候变化在美国，另一件则是美国的气候变化。

先说第一件，以我在国内长期从事气候变化工作所获得的印象，气候变化在美国一直是一个有争议的话题，也是受政党政治和利益集团博弈影响而无法推动的议题，美国在气候变化问题上的不重视、不作为，是影响全球气候治理进程的重要因素。在美期间，我深切感受到政党政治对美国气候变化政策的影响。2015 年 10 月 23 日，就在美国环保署在联邦公报中正式发布清洁电力计划当天，西弗吉尼亚州、德克萨斯州等 24 州即向华盛顿巡回上诉法院联合起诉环保署，认为该计划超出政府法定权力，涉嫌违宪。同年 11 月 18 日，该计划被国会以 52：46 票予以否决。一个月后，奥巴马在白宫行使了总统搁置否定权，清洁电力计划于 12 月 22 日正式生效。反对该计划的各州向上诉法院要求在法律诉讼未尘埃落定之前，政府应暂停实施该计划。2016 年 1 月，上诉法院拒绝了这一提议。然而，就在各州开始着手制定各自的减排计划时，不同寻常的事情发生了。2016 年 2 月 9 日，最高法院以 5 票赞成 4 票反对通过了暂缓实施该计划的裁定，要求在有关《清洁电力计划》法律诉讼悬而未决期间，各州暂缓执行该计划。美国舆论哗然，因为这是最高法院第一次叫停一个还没在下级法院走完论证程序的案件。"暂停"裁定堪称史无前例。5：4 的比例恰好是最高法院大法官中共和党支持者和民主党支持者的比例。更富戏剧性的是，没过几天，最高法院保守派代表、支持暂停清洁电力计划的斯卡利亚法官突然离世，更增加了清洁电力计划的命运的扑朔迷离。目前，有关清洁电力计划的法律诉讼还在继续。但吊诡的是，美国却迎来了一位根本不相信气候变化问题的特朗普总统和一位一直主张撤销美国环保署的环保署长。另一方面，让我颇为意外的是，气候变化问题在美国学术界和社会层面，俨然已成为一个受到极其广泛关注的重大课题。以哈佛大学为例，气候变化不仅已成为所有本科生必修的 8 类通识教育重要课程之一，也是经济、政治、管理、法律、外交、地质、大气等学科研究的重点领域。不论是劳伦斯·萨默斯开设的全球化课程，还是曼昆开设的经济学课程，都把气候变化问题作为教学的重要内容。学校有关气候变化的重大研究项目，各个层面的讲座、研讨、论坛，比比皆是。其他如麻省理工学院、耶鲁等学校，大体也是如此。同时，在州层面和城市层面，应对气候变化已经成为政府关注和着力解决的重点问题。大多数的美国市镇，都有自己应对气候变化的计划或行动方案，气候变化在社会层面上，已成为各界广泛关注的社会问题。

第二件使我印象深刻的事，则是半年之内，美国反常的气候和天气。由于 2014 年冬天波士顿发生的惊世骇俗的严寒和暴雪，以及之前朋友有关此地十月飞雪的告诫，8 月底抵达波士顿的我，基本没有带夏季的服装。然而 2015 年冬天的第一场雪，比往年来得太晚了些。入秋之后，气温反复异常偏高，12 月下旬白天气温忽然升到 20℃ 左右，以至到了圣诞节前夕，包括波士顿在内的美国东部竟然和风细雨、樱花怒放！为纪念邻居房前一树樱花盛开，鄙人还曾赋诗一首：久惮波城十月雪，今逢圣诞雨樱芬。自信青天不欺我，天涯别赠一树春。但是冬天转眼即至。新年刚过，寒潮来袭，果然大雪纷飞。那雪非一般大也，往往一场数天，稍息几天又是一场，令人印象深刻。而最神奇的是，一次大雪连下三天，在大雪仍然纷飞的夜晚，我应邀赴朋友家宴，喝酒聊天，夜半归去，忽然发现气温陡升，大雪竟然直接转变成了大雨，第二天早上再看，数尺的积雪都被雨水冲走了！然而奇葩的天气还不算完。2016 年 2 月初，我去华盛顿世界银行开会，往昔这个时节该是隆冬季节，但那天天气相当温和。下午 4 点多钟，当我和同事开完会，刚刚走出世界银行大楼，天空突然一声炸雷，那声音如同就在头顶炸响，至今令人毛骨悚然，震动使路边停放的车辆警报大作，许多路上的行人直接蹲在了地上。雷声过后，即是暴雨如注，倾盆而下。航班晚点，是必然结果。意料之外的是，美国航空公司的航班在晚点

5 个多小时后，竟然要趁着暴雨稍歇，坚持起飞！当午夜飞机在浓厚的云层上下反复穿梭，不远处每次雷电炸响都会引起飞机剧烈颠簸的时候，我有点理解了为什么人类有时候需要宗教信仰。

这本书的由来，严格来说，并非计划中的产物。恰恰是访学期间的这些感受和感想，让我下定决心，希望在繁忙的本职工作之外，再为应对全球气候变化做点什么。因为在美国半年的经历已经表明，对于气候变化问题，不管特朗普信不信，反正我是信了。

艾略特曾预言，"这世界的结局并非轰然崩塌，而是将在哭哭啼啼中死去"。今天，当高碳发展的恶果凸显，全球变暖、雾霾围城，我们要做的不是为世界哭泣，而是真的要行动起来、做点什么。因为，这世上本没有路，走的人多了，便成了路。

2017 年 1 月 3 日凌晨

参考文献

国务院：国务院关于印发能源发展"十二五"规划的通知，2013，http://www.gov.cn/zwgk/2013-01/23/content_ 2318554.htm。

国务院：国务院关于印发"十三五"控制温室气体排放工作方案的通知，2016，http://www. shanghai. gov. cn/nw2/nw2314/nw2315/nw32813/nw32816/nw39557/userobject82aw23433.html?1。

国务院：国务院关于印发"十二五"节能减排综合性工作方案的通知，2011，http://www.gov.cn/zwgk/2011-09/07/content_ 1941731.htm。

新华社：中华人民共和国国民经济和社会发展第十三个五年规划纲要，2016，http://www.gov.cn/xinwen/2016-03/17/content_ 5054992.htm。

新华社：强化应对气候变化行动——中国国家自主贡献，2015，http://www.cma. gov. cn/2011xwzx/2011xqxxw/2011xqxyw/201507/t20150701_ 286553.html。

国家发展与改革委员会：煤炭工业发展"十二五"规划，2012，http://www.china.com.cn/policy/txt/2012-03/22/content_ 24961312.htm。

国家发展与改革委员会：关于印发《煤电节能减排升级与改造行动计划（2014—2020 年）》的通知，2014，http://www. sdpc. gov. cn/gzdt/201409/t20140919_ 626240.html。

国家能源局：国家能源局关于规范煤制油、煤制天然气产业科学有序发展的通知，2014，http://zfxxgk. nea. gov. cn/auto83/201407/t20140722_ 1828.htm。

财政部、国家能源局：关于出台页岩气开发利用补贴政策的通知，

2012，http://jjs.mof.gov.cn/zhengwuxinxi/tongzhigonggao/201211/t20121105_692290.html。

中华人民共和国主席 胡锦涛：中华人民共和国可再生能源法，2005，http://www.gov.cn/ziliao/flfg/2005-06/21/content_8275.htm。

国家发展与改革委员会：关于印发可再生能源中长期发展规划的通知，2007，http://www.gov.cn/zwgk/2007-09/05/content_738243.htm。

国家发展与改革委员会：可再生能源发展"十一五"规划，2008，http://www.nea.gov.cn/2011-08/22/c_131065984.htm。

国家发展与改革委员会：可再生能源发展"十二五"规划，2012，http://news.bjx.com.cn/html/20120810/379617.shtml。

国家能源局：可再生能源"十三五"发展规划（征求意见稿），2016，http://www.dxddcx.com/news/a/201601/8631.html。

国家能源局：国家能源十三五规划，2016，http://www.pincai.com/group/622186.htm。

国家能源局：电力发展"十三五"规划（2016—2020年），2016，http://www.ctctc.cn/info/40196.jspx。

国务院：国家能源局发布《电力发展"十三五"规划（2016—2020年）》，2011，http://www.gov.cn/zwgk/2012-01/13/content_2043645.htm。

国务院：能源发展战略行动计划（2014—2020年），2014，http://news.xinhuanet.com/energy/2014-11/20/c_127231635.htm。

交通运输部：关于加快推进新能源汽车在交通运输行业推广应用的实施意见，2015，http://www.moc.gov.cn/zfxxgk/bnssj/dlyss/201503/t20150318_1790182.html。

财政部：关于印发《风力发电设备产业化专项资金管理暂行办法》的通知，2008，http://www.mof.gov.cn/zhengwuxinxi/zhengcefabu/2008zcfb/200808/t20080822_66469.htm。

财政部：关于实施金太阳示范工程的通知，2009，http://www.china.

com.cn/policy/txt/2009-07/23/content_ 18186602.htm。

国家能源局：关于印发《光伏电站项目管理暂行办法》的通知，2013，http://www.nea.gov.cn/2014-09/04/c_ 133620583.htm。

国务院：关于促进光伏产业健康发展的若干意见，2013，http://www.gov.cn/zwgk/2013-07/15/content_ 2447814.htm。

国家能源局：关于开展分布式光伏发电应用示范区建设的通知，2013，http://www.nea.gov.cn/2014-09/04/c_ 133620588.htm。

国家能源局：关于印发分布式光伏发电项目管理暂行办法的通知，2013，http://zfxxgk.nea.gov.cn/auto87/201312/t20131211_ 1735.htm。

国家能源局：关于支持分布式光伏发电金融服务的意见，2013，http://www.nea.gov.cn/2014-09/04/c_ 133620586.htm。

国家能源局：关于进一步落实分布式光伏发电有关政策的通知，2014，http://zfxxgk.nea.gov.cn/auto87/201409/t20140904_ 1837.htm。

国家发展与改革委员会：关于印发《分布式发电管理暂行办法》的通知，2013，http://bgt.ndrc.gov.cn/zcfb/201308/t20130813_ 553449.html。

国家发展与改革委员会：中国应对气候变化的政策与行动 2016 年度报告，2016，http://whs.ndrc.gov.cn/zcfg/201611/t20161102_ 825491.html。

财政部、国家税务总局、国家发展改革委：关于公布公共基础设施项目企业所得税优惠目录（2008 年版）的通知，2008，http://www.chinaacc.com/new/63/64/80/2008/9/wa25322835584298002107160.htm。

国家发展与改革委员会：关于推进"互联网+"智慧能源发展的指导意见，2016，http://news. xinhuanet. com/energy/2016 - 02/29/c _ 1118190136.htm。

国家应对气候变化战略研究和国际合作中心：我国低碳试点实践现状及未来工作方向研究，2013，http://www.efchina.org/Reports-zh/reports-20130606-zh。

国家发展和改革委员会：中国应对气候变化的政策与行动 2014 年度报告，2014，http://www. sdpc. gov. cn/gzdt/201411/W0201411265380315

62552.pdf。

国家发展与改革委员会：工业节能"十二五"规划，2012，http://www.miit.gov.cn/n1146295/n1146562/n1146650/c3074314/content.html。

工信部、国家发展和改革委员会、科技部、财政部：关于印发《工业领域应对气候变化行动方案（2012—2020 年）》的通知，2013，ht-tp://www. miit. gov. cn/n1146290/n1146417/n1146532/c3303711/content. html。

国务院："十三五"控制温室气体排放工作方案，2016，http://www. gov.cn/zhengce/content/2016-11/04/content_ 5128619.htm。

国务院：国务院关于印发《中国制造 2025》的通知，2015，http://www.gov.cn/zhengce/content/2015-05/19/content_ 9784.htm。

工信部：工业和信息化部发布《"能效之星"产品目录（2015 年）》2015，http://www. miit. gov. cn/n1146285/n1146352/n3054355/n3057542/n3057544/c4423888/content.html。

国务院：关于化解产能严重过剩矛盾的指导意见，2015，http://www. scio. gov. cn/32344/32345/32347/33367/xgzc33373/Document/1447657/1447657.htm。

国务院：国务院关于印发"十二五"节能减排综合性工作方案的通知，2011，http://www.nea.gov.cn/2011-09/08/c_ 131115016.htm。

工信部：工业和信息化部出台有色金属工业节能减排指导意见，2013，http://www. miit. gov. cn/n1146290/n1146402/n1146435/c3319239/content.html。

工信部：关于印发《2013 年工业节能与绿色发展专项行动实施方案》的 通 知，2013，http://www. gov. cn/gzdt/2013 - 03/27/content _ 2363321.htm。

国家发展与改革委员会：国家发展改革委关于印发《节能低碳技术推广管理暂行办法》的通知，2014，http://hzs. ndrc. gov. cn/newzwxx/201401/t20140110_ 575400.html。

国家发展与改革委员会：中国逐步淘汰白炽灯路线图，2011，http://www.gov.cn/zwgk/2011-11/14/content_ 1992476.htm。

国务院：国务院关于印发循环经济发展战略及近期行动计划的通知，2013，http://www.gov.cn/zwgk/2013-02/05/content_ 2327562.htm。

国家发展改革委：国家发展改革委关于印发《2015 年循环经济推进计划》的通知，2015，http://www. gov. cn/xinwen/2015 - 04/20/content_ 2849620.htm。

国务院：关于加快推行合同能源管理促进节能服务产业发展的意见，2010，http://www. china. com. cn/policy/txt/201004/06/content _ 19748525.htm。

国务院：国务院关于印发中国应对气候变化国家方案的通知，2007，http://www.gov.cn/gongbao/content/2007/content_ 678918.htm。

国务院：国务院关于印发"十二五"控制温室气体排放工作方案的通知，2012，http://www.gov.cn/zwgk/2012-01/13/content_ 2043645.htm。

国务院：国务院关于印发"十二五"节能减排综合性工作方案的通知，2012，http://www.nea.gov.cn/2011-09/08/c_ 131115016.htm。

国务院：国务院关于印发节能减排"十二五"规划的通知，2014，http://www.gov.cn/gongbao/content/2012/content_ 2217291.htm。

国务院：国务院办公厅关于印发 2014—2015 年节能减排低碳发展行动方案的通知，2014，http://www. gov. cn/zhengce/content/2014 - 05/26/content_ 8824.htm。

住房和城乡建设部：关于印发"十二五"建筑节能专项规划的通知，2012，http://www.gov.cn/zwgk/2012-05/31/content_ 2149889.htm。

住建部：《住房城乡建设事业"十三五"规划纲要》，2016，http://www. jinchuan. gov. cn/xxgkml/zfbm/qfgs/ghjh _ 1321/fzgh _ 1322/201609/t20160912_ 70553.html。

国务院：《国家新型城镇化规划（2014—2020 年）》，2014，http://www.hbfgw.gov.cn/hbgovinfo/ghjh/zcqgh/201403/t20140318_ 76244.html。

国家发展与改革委员会、环保部、国家能源局：关于印发《加强大气污染治理重点城市煤炭消费总量控制工作方案》的通知，2015，http://www.ne21.com/news/show-67842.html。

国家发展与改革委员会：关于印发国家应对气候变化规划（2014—2020 年）的通知，2014，http://www.sdpc.gov.cn/zcfb/zcfbtz/201411/t20141104_642612.html。

国家发展与改革委员会：国家发展改革委关于组织开展重点企（事）业单位温室气体排放报告工作的通知，2014，http://www.sdpc.gov.cn/zcfb/zcfbtz/201403/t20140314_602463.html。

国家应对气候变化战略研究和国际合作中心：我国低碳试点实践现状及未来工作方向研究，2013，http://www.efchina.org/Attachments/Report/reports-20130606-zh/reports-20130606-zh。

工信部：工业节能"十二五"规划，2012，http://jns.miit.gov.cn/n11293472/n11295091/n11299485/14480445.html。

国家发展与改革委员会：关于印发重大环保装备与产品产业化工程实施方案的通知，2014，http://www.miit.gov.cn/n11293472/n11293832/n12843926/n13917042/16137389.html。

工信部：2014 年工业绿色发展专项行动实施方案，2014，http://www.miit.gov.cn/n11293472/n11293832/n12843926/n13917012/15934889.html。

孟浩、陈颖健：《美国 CO_2 排放现状、应对气候变化的对策及启示》，《世界科技研究与发展》2012 年第 4 期。

郭鸿鹏、马成林、杨印生：《美国低碳农业实践之借鉴》，《环境保护》2011 年第 21 期。

国家能源局：《国家能源局关于规范煤制油、煤制天然气产业科学有序发展的通知》，《煤化工》2014 年第 4 期。

葛艳华：《加快推动能源消费革命提高煤炭清洁高效利用水平国家能源局印发〈煤炭清洁高效利用行动计划（2015—2020 年）〉》，《中国电业：发电版》2015 年第 5 期。

李志青：《从被动走向主动的美国气候政策》，《东方早报》2013 年 8 月
30 日。

财政部：《可再生能源发展专项资金管理暂行办法》，《可再生能源》
2006 年第 12 期。

陈劲：《构建"中国制造 2025"创新管理战略》，《中国经济报告》
2015 年第 8 期。

国务院办公厅：国务院办公厅关于印发《2014—2015 年节能减排低碳
发展行动方案》的通知，《造纸信息》2014 年第 7 期。

宫仁：《"十二五"建筑节能专项规划》，《建筑工人》2012 年第 7 期。

林海燕、程志军、叶凌：《绿色建筑新标准——国家标准〈绿色建筑评
价标准〉GB/T50378—2014 解读》，《建设科技》2014 年第 16 期。

郭凯：《乘用车燃料消耗量第四阶段标准明年起实施》，《标准生活》
2015 年第 1 期。

元简：《页岩气革命给美国气候政策带来的挑战》，《国际问题研究》
2012 年第 6 期。

王维、周睿：《美国气候政策的演进及其析因》，《国际观察》2010 年
第 6 期。

任天逸：《新能源汽车在交通运输行业推广的问题及对策研究》，《交通
建设与管理》2014 年第 8 期。

刘建翠：《中国交通运输部门节能潜力和碳排放预测》，《资源科学》
2011 年第 4 期。

胡鞍钢：《生态文明建设与绿色发展》，《林业经济》2013 年第 3 期。

肖艳、张汉林：《美国温室气体减排的实践与气候谈判的立场关联性研
究》，《武汉理工大学学报（社会科学版）》2013 年第 3 期。

李春光：《中美城市生活垃圾处理处置的比较》，《上海建设科技》2013
年第 4 期。

马建英：《美国的气候治理政策及其困境》，《美国研究》2013 年第
4 期。

杜莉:《美国气候变化政策调整的原因、影响及对策分析》,《中国软科学》2014 年第 4 期。

赵行姝:《气候变化与美国国家安全:美国官方的认知及其影响》,《国际安全研究》2015 年第 5 期。

刘元玲:《美国奥巴马政府气候治理政策的发展与演变》,《当代世界》2015 年版。

住建部科技发展促进中心:《中国建筑节能发展报告 2016》,中国建筑工业出版社 2016 年版。

王伟光、郑国光:《应对气候变化报告 (2014)》,社会科学文献出版社 2014 年版。

[美] 布莱恩·费根:《大暖化:气候变化怎样影响了世界》,中国人民大学出版社 2008 年版。

[日] 田家康:《气候文明史:改变世界的 8 万年气候变迁》,东风出版社 2012 年版。

国务院:《能源发展战略行动计划》,人民出版社 2014 年版。

刘竹:《哈佛中国碳排放报告》2015 年版。

温刚、傅平:《美国气候政策形势及其影响》,《中国财经报》2013 年版。

王学东:《气候变化问题的国际博弈与各国政策研究》,时事出版社 2014 年版。

Rosencranz: U. S. *Climate Change Policy under G. W. Bush*, Golden Gate University Law Review, 2002, vol. 32, no. 4, pp. 479-491.

Royden: U. S. *Climate Change Policy Under President Clinton: A Look Back*. Golden Gate University Law Review, 2002, vol. 32, no. 4, pp. 415-478.

NicholasLutsey、Daniel Sperling: *America′s bottom-up climate change mitigation policy*, Energy Policy, 2008, vol. 36, no. 2, pp. 673-685.

Bush: *G. W. President Bush Discusses Global Climate Change*, 2016, https://georgewbush - whitehouse. archives. gov/news/releases/2001/06/ 20010611-2.html.

Hanemann： *U. S. Scientists and Economists' Call for Swift and Deep Cuts in Greenhouse Gas Emissions*，2016，http://www. env - econ. net/2008/04/us - scientists-a.html.

U. S. Environmental *Protection Agency*： *Summary of the Energy Independence and Security Act*，2016，https://www. epa. gov/laws - regulations/summary-energy-independence-and-security-act.

US EPA： *Factsheet*： *Settlement Agreements to address greenhouse gas emissions from electric generating units and refineries*，2012，http://www. epa. gov/carbonpollutionstandard/pdfs/settlementfactsheet.pdf.

US DOE： *Better Tools for Better Plant*，Advanced Manufacturing Office Webcast，2011，http://www1. eere. energy. gov/industry/pdfs/webcast _ 20111115_ better_ tools_ better_ plants.pdf.

Michael J. *Graetz*： *End of Energy*： *The Unmaking of America's Environmental*，*Security and Independence*，Cambridge，Massachusetts： The MIT Press，2013.

Julie Kosterlitz： "Corporate-Environmental Alliance Breaks the Mold"，*National Journal*，（May 30，2009），http://www.nationaljournal.com/njmagazine/nj_ 20090530_ 9442.php.

责任编辑:姜　玮
封面设计:姚　菲

图书在版编目(CIP)数据

道生太极:中美气候变化战略比较/田成川 等 著. —北京:人民出版社,2017.8
ISBN 978－7－01－017886－8

Ⅰ.①道…　Ⅱ.①田…　Ⅲ.①气候变化-对策-对比研究-中国、美国
　Ⅳ.①P467

中国版本图书馆 CIP 数据核字(2017)第 156781 号

道生太极:中美气候变化战略比较
DAO SHENG TAIJI ZHONGMEI QIHOU BIANHUA ZHANLÜE BIJIAO

田成川 等 著

人民出版社 出版发行
(100706　北京市东城区隆福寺街 99 号)

北京汇林印务有限公司印刷　新华书店经销

2017 年 8 月第 1 版　2017 年 8 月北京第 1 次印刷
开本:710 毫米×1000 毫米 1/16　印张:24
字数:344 千字

ISBN 978－7－01－017886－8　定价:70.00 元

邮购地址 100706　北京市东城区隆福寺街 99 号
人民东方图书销售中心　电话 (010)65250042　65289539